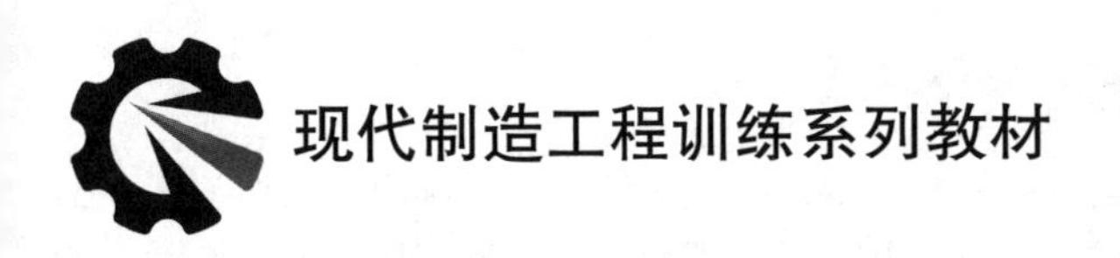

工程创意项目训练

吕常魁　黄娟　主编

電子工業出版社
Publishing House of Electronics Industry
北京·BEIJING

内 容 简 介

本教材定位于创意能力的培养，融合人文因素与技术功能，贴近生活，以花器、戒指等生活中常见物品的创意设计与快速原型制作为主要训练载体，完成创意项目训练；同时兼顾工科专业的训练需求，增加了创意作品的逆向设计与制作、基于慧鱼创意组件的机器人设计与制作等训练项目。各章节内容按项目实施的一般形式组织，含项目需求、技术背景、创意设计、原型制作等内容。本教材以“重在设计、物化验证”为指导思想，以“设计思维”为导向开展创意设计训练，采用 3D 打印、组件搭建等工艺方法，实现设计的快速原型制作，通过对物理原型的体验，验证、评价设计方案的合理性与创意性。

图书在版编目（CIP）数据

工程创意项目训练 / 吕常魁，黄娟主编. —北京：电子工业出版社，2023.1

ISBN 978-7-121-44910-9

Ⅰ. ①工… Ⅱ. ①吕… ②黄… Ⅲ. ①工程技术－高等学校－教材 Ⅳ. ①TB1

中国国家版本馆 CIP 数据核字（2023）第 015379 号

责任编辑：杜　军　　　特约编辑：田学清
印　　刷：天津千鹤文化传播有限公司
装　　订：天津千鹤文化传播有限公司
出版发行：电子工业出版社
　　　　　北京市海淀区万寿路 173 信箱　　　邮编：100036
开　　本：787×1092　1/16　印张：11.75　字数：316 千字
版　　次：2023 年 1 月第 1 版
印　　次：2023 年 1 月第 1 次印刷
定　　价：39.00 元

凡所购买电子工业出版社图书有缺损问题，请向购买书店调换。若书店售缺，请与本社发行部联系，联系及邮购电话：（010）88254888，88258888。

质量投诉请发邮件至 zlts@phei.com.cn，盗版侵权举报请发邮件至 dbqq@phei.com.cn。

本书咨询联系方式：dujun@phei.com.cn。

前　言

创意是创新的源泉，是创造与发明的起点。创意能力的培养是工程教育中的重要环节。如今，随着信息技术的飞速发展与创意产业的蓬勃兴起，个体创造力的引领效应日益凸显，未来人才创意能力的培养，已经跃升到一个战略层面。

创意能力的培养，本质上是在工程教育的过程中，对学习、思维方式的自然培育。本教材主要从生活中常见的DIY产品中提炼训练案例，在某种程度上弱化了对先期专业知识与专业技能的硬性要求，具有一定的专业普适性，融合了技术与人文，实施创意项目训练。本教材尝试从方法论层面实现创意能力培养的目标，不追求大而全，从创意思维、创意设计能力培养的角度开展项目训练，以“重在设计、物化验证”为指导思想，产品设计与制作并举，以“设计思维”为产品设计导向，在反复迭代的“设计—物化验证—再设计”过程中，实现对创意思维与创意能力的培养。

本教材是在总结南京航空航天大学公共实验教学部“工程训练”课程项目式训练的基础上编写而成的，具有以下特色。

1. 按项目实施的一般形式组织章节内容。本教材的各章节包含项目需求、技术背景、创意设计、原型制作等内容，以典型工程案例贯穿创意设计与原型制作环节。

2. 原型制作服务于设计。视物理原型制作为创意设计的一部分，原型制作的目的是验证创意设计的合理性。采用3D打印、组件搭建等工艺方法，实现物理原型的快速制作与验证，为创意思想的生成与再设计提供快速反馈。

本教材共6章。第1章为绪论，阐述创意能力培养的理念，以创意设计为主体的训练目标，以及创意项目训练的设计依据。第2章基于慧鱼创意组件，通过机器人创意设计与制作来验证项目，引导学生掌握创意设计理念与产品的基本概念。3D打印是本教材的创意项目实现快速原型制作所应用的主要工艺方法。第3章通过创意模型的3D打印与实物体验，使学生进一步认识创意产品，并了解3D打印的工艺过程，掌握设备的操作技能。第4、5章结合3D打印技术，分别引入了创意作品的逆向设计与制作、创意金属工艺品的设计与制作这两个具有一定综合性的创意DIY项目。在第6章，本教材引入了具有较强人文与艺术特色的创意花器的设计与制作项目，以进一步激发学生的发散思维，增强学生的美学意识。

本教材第1章由吕常魁编写；第2章由黄娟编写；第3章由苑海燕编写；第4章由施扬和南京双庚电子科技有限公司的贡森编写；第5章由东南大学的郭坤编写；第6章由许玲编写。

本教材是南京航空航天大学“工程训练”课程系列教材之一。南京航空航天大学公共实验教学部的张庆教授提出了本教材的编写方案，公共实验教学部的徐锋教授与王化明教授在教材编写过程中给予了指导性帮助，提出了宝贵的修改意见和建议，南京双庚电子科技有限公司的宋元山工程师为本教材提供了丰富的3D打印素材。在此向他们，以及其他为本教材的编写提供各种指导与帮助的同行、同事、参考文献的编者表示衷心的感谢。

限于编者水平，疏漏、错误之处在所难免，恳请广大读者批评指正。

编者

2022年8月

目　　录

第1章 绪论

1.1 创意、创意产业与技术

创意即有创造性、有价值的想法或构思，是人们基于一定的专业知识与实践经验，针对主题，发挥想象力，综合开展逻辑思维、创新思维、直觉与灵感等多种思维活动的结果。创意是人脑的基本功能之一，是人类与生俱来的能力。

创意是创新的源泉，是创造力的核心体现。创新思维之父爱德华·德·波诺曾说过："毫无疑问，创造力是最重要的人力资源。没有创造力，就没有进步，我们将会永远重复同样的模式。"在人类科学史中，许多伟大的科学发现与技术发明，如苯环结构的发现，蒸汽机、硫化橡胶、心脏起搏器、三极管、空调、互联网的发明，以及当代人工智能（Artificial Intelligence，AI）领域最伟大的成就之一——卷积神经网络（Convolutional Neural Networks，CNN）的构建，都萌生于绝妙的创意。

如今，随着数字化技术与先进制造技术的飞速发展，创意更是被提升到了一个前所未有的战略高度，被认为是推动经济增长的主要因素，产生了一种新的经济形态——"创意产业"（Creative Industry）。"创意产业"也称"创意经济"（Creative Economy），是技术、经济与文化交融的产物，泛指主要依托人的创造性智慧和技能，具有高技术、高文化附加值特点的知识密集型生产与服务，通常包括软件、工业设计与时尚设计、建筑、出版、广告、电影、广播电视、视觉艺术、工艺品、博物馆、旅游、音乐与表演艺术等产业。作为一种新的经济形态，创意产业已成为英、美等西方发达国家经济增长的新引擎，以至于很多学者认为，当今世界已经进入创意时代。

创意体现于设计。创意设计的过程实施与物化验证离不开工程技术的支持。互联网、人工智能、物联网（Internet of Things，IoT）、虚拟现实（Virtual Reality，VR）与增强现实（Augment Reality，AR）、3D 打印、区块链（Blockchain）等现代技术已成为创意产业的重要支撑。互联网平台为个体创作提供了前所未有的自由空间与丰富的机会。基于 AI 的大数据分析与智能决策技术为新闻、新媒体、百货零售、服装、美食等行业提供了有力的营销决策支持，并使得千人千面的个性化定制服务成为现实；基于 AI 的作曲、绘画、新闻撰写、服装设计、影视特效等技术已在行业中崭露头角。3D 打印是增材制造（Additive Manufacturing）的主流技术，实现了基于数字模型的快速原型制造，已被广泛应用于创意产业及医疗、电子、汽车制造、航空航天等领域。设计师可以通过 3D 打印，快速实现原型验证与创意思想迭代；3D 打印理论上可成型任意复杂结构的特点，赋予了设计者更大的创作自由与更广阔的创作空间。就创意设计而言，3D 打印技术已融为设计的一部分。

在当今的数字化时代，层出不穷的新生技术，正在改变着创意内容的价值链，不断影响、重塑着整个创意产业。

1.2 创意设计与设计思维

创意的使命是解决问题，体现用户价值。“博观而约取，厚积而薄发”，好的创意不是凭空出现的，其往往源自设计者专业知识与实践经验的积累，对生活中日常事物的用心观察、关联想象与思考，打破常规、多视角考虑问题的意识与习惯，以及对主题问题的浓厚兴趣与专注研究。正如现代广告业大师大卫•奥格威所言，“大创意来自无意识（潜意识）……，但你的无意识必须是博识的，否则你的思想就毫无意义。”知识积累与项目实践是培养诸如敏锐的直觉、丰富的想象力、开放的思维、良好的沟通与表达能力等优秀创造性品质的必由之路。

创意绝不是天马行空，创意设计同时受到用户价值、技术可行性、商业可行性三个因素的制约。创意设计最终表达为投放市场的产品，作为产品，就要技术上能实现，并且具有商业价值。针对形成的创意概念，要考虑技术因素，如现有技术条件能否实现？技术团队研发能力能否达到？研发周期多长？要考虑商业因素，如未来产品的市场定位是什么？潜在客户群有哪些？关键业务是什么？产品生产涉及哪些合作伙伴？产品的成本结构与收入来源有哪些？在满足这两个条件的前提下，实现令用户满意的设计。

什么是令用户满意的设计？流畅、有效地将技术资源转化为用户价值是创意设计的核心任务。德国工业设计大师 Dieter Rams 提出的“设计十项原则”，较完整地诠释了什么是好的设计，处处彰显着“以人为本”的人文内涵。

如何实施“以人为本”的设计？美国 IDEO 公司推广的“设计思维”（Design Thinking），从方法论层面，将“以人为本”的创意设计理念推向了极致，形成了一个科学的创意思维体系。“设计思维”将产品设计焦点从纯技术的解决方案转移到了面向用户的解决方案上，将产品设计划分为“共情”（Empathy）、“问题定义”（Define）、“概念设计”（Ideate）、“原型制作”（Prototype）、“测试”（Test）五个阶段。

（1）共情：将对情景的充分理解和对用户的深度研究放在实践的核心位置，通过观察、倾听、访谈等方法，与用户产生共情，进而分析出用户的核心诉求；

（2）问题定义：基于所获得的用户需求，以人为中心，重新组织和定义问题，获得真正的核心工程问题；

（3）概念设计：鼓励发散、联想等思维方式，采用诸如头脑风暴法、六顶思考帽法等多种创意技法，激发自由思维并扩大问题空间，集思广益，获得尽可能多的解决方案；

（4）原型制作：基于所获得的方案，制作原型产品或开发原型系统，基于用户的体验进行取舍、改进；

（5）测试：使用在原型制作阶段中确认的最佳解决方案，进一步完善并严格测试相应的原型产品。

上述五个阶段不一定连续，不必遵循某种特定的顺序，可以同时进行也可以迭代重复，在设计过程中不断地修正原型，更新－测试－反馈－修正，循环往复。目前，“设计思维”已被社会各界广泛接受，并得到了有效验证。

对于创意项目训练，通过合理选题与需求导向控制，使“设计思维”的理念、方法可以自然地融入到训练过程中。

1.3 关于创意项目训练

本教材中的创意项目训练均包含创意设计与原型制作两个环节。项目的选题与设计遵循“强调设计，物化验证”的理念，即以“设计思维”为导向，以培养创意设计能力为主要目的。生成物理原型可看作创意设计的一部分，通过用户对物理原型的体验，验证设计方案的合理性与创意性。

项目选题需考虑以下几方面因素。

（1）适合所有专业的学生。

项目应该没有过于专业的先期知识或技能的要求，适合所有专业的学生。鉴于此，项目以 DIY 主题项目为主，尽量贴近日常生活，以日常生活中常见、常用物品的设计为题，如花瓶、戒指、产品 LOGO、手机外壳等。这样，每个参训者既是创意改良产品的设计者，又是长期使用、体验产品的用户，容易实现“设计思维”中的“共情”。同时，日常生活的所见所闻为项目实施提供了丰富的创作素材，易于激发学生的灵感与创意思维，使其设计、制作出有价值、有创意的作品。

（2）能够实现快速的原型制作。

项目应便于灵活调整训练内容，以适合不同的训练周期。项目“强调设计，物化验证”的设计初衷，以及短训练周期下同时实现设计与原型制作的需求，都要求实现快速的原型制作，以留出足够的时间，实现“设计—检验—修正”的迭代过程。所以需要尽量选择快速、灵活、操作简单的制造工艺或方法，如很多 DIY 作品的原型制作可以通过 3D 打印快速实现，创意金属工艺品的制作可以通过联合 3D 打印与熔模铸造工艺方法实现，复杂系统则可以应用组件实现机构的快速搭建，通过图形化编程工具实现快速编程。

（3）融合人文与技术。

创意思维虽然具有较强的开放性与发散性，但最终要收敛于用户价值。项目需求应体现人文与技术并重的设计导向，所选择的项目主题应该易于表达创意理念，体现美学、精神关怀等人文因素，同时还要有一定的技术功能需求，体现设计的应用价值。项目虽然没有先期专业知识与技能的要求，但仍然需要学生掌握一定的基础设计知识，具备基本的 CAD 设计能力，掌握与 3D 打印等原型制作工艺相关的操作技能。

基于上述思路，我们引入了基于慧鱼创意组件的机器人设计与制作项目，以体现产品概念，培育学生的工程创意意识；依托 3D 打印技术，在创意模型的快速成型制作项目的基础上，结合熔模铸造技术，引入了创意金属工艺品的设计与制作项目；同时，考虑到基于三维扫描的逆向设计技术在汽车、玩具、家电、鞋业、艺术品、文物考古、生物医学等领域越来越广泛的应用，增加了创意作品的逆向设计与制作项目。陶艺融合了艺术、人文、技术等诸多元素，是创意能力培养的优秀载体。鉴于此，我们还增加了具有浓厚的人文气息与艺术特色的创意花器的设计与制作项目。

项目内容如下：

（1）基于慧鱼创意组件的机器人设计与制作：设计机器人的运动方案、驱动装置与传动系统，应用慧鱼创意组件搭建机器人本体，编写控制程序，集成联调后完成机器人的制作。

（2）创意模型的快速成型制作：设计产品模型，并应用 FDM 工艺实现模型的制作。

（3）创意作品的逆向设计与制作：应用三维扫描技术获取典型产品的 3D 点云数据，对点云数据进行后续处理，应用 3D 打印技术实现产品的逆向制作。

（4）创意金属工艺品的设计与制作：设计小型创意金属工艺品，应用 SLA 工艺打印蜡模，应用熔模铸造工艺实现创意金属工艺品的制作。

（5）创意花器的设计与制作：设计创意花器，综合应用多种成型手法、装饰手法，完成创意花器的制作。

上述项目可按简化项目与主题项目两种方案建设。简化项目的训练周期一般为 16～32 学时，可应用于日常短周期的工程训练。主题项目的训练周期一般为 64 学时以上，应用于大时间跨度的综合项目训练。建议按小班制实施教学，学生一般以 3～6 人为一组，自行分工，协同作业。

第 2 章　基于慧鱼创意组件的机器人设计与制作

2.1　项目训练任务

2.1.1　训练内容

根据机器人设计的任务要求，利用慧鱼创意组件设计并制作一个机器人，具体包括选题、机器人运动方案设计、机器人驱动装置与传动系统设计、机器人装配结构设计、机器人装配、机器人控制程序的编写和机电联调等内容。设计题目可来源于国内外各种大学生机器人比赛、大学生工程训练能力大赛等大赛项目或实际工程案例，根据学生的专业基础，在原题的基础上进行修改，可修改为偏机械、偏控制、综合三大类，然后再分成低、中、高三个难度级别，来满足不同学生的训练要求。

2.1.2　训练形式

项目训练采用团队分工合作形式完成：学生以 4～6 人为一组，每组设 1 名组长总负责，其余组员分别承担不同任务，最后合作完成项目训练任务。

2.1.3　训练要求

（1）完成机器人机械和控制方案的设计（要求方案合理、可操作性强）；

（2）完成机器人整机结构的装配（要求零件选用合适、结构稳固、运动部件工作可靠、电气元件接线正确）；

（3）完成机器人控制程序的编写和机电联调（要求程序简洁、规范、易读，机器人能稳定地完成项目训练任务的要求）。

2.1.4　训练目的

（1）让学生了解机电综合产品，并培养学生解决简单工程问题的能力；

（2）使学生能够在多学科背景下的团队中承担团队成员及负责人相应的职责。

2.2 机器人概述

2.2.1 机器人的定义和分类

机器人是集机械电子、控制论、计算机科学、信息学、材料学和仿生学等多种学科于一体，自动化发展的产物，是当今物理世界中人工智能和综合自动化最高水平的体现，在工业、医学、农业、建筑业甚至军事等领域中均有重要用途。对于机器人的定义，每个人都有不同的理解。例如，美国机器人协会（RIA）对机器人的定义是“机器人是用以搬运材料、零件、工具的可编程序的多功能操作器或是通过可改变程序动作来完成各种作业的特殊机械装置”；日本工业机器人协会（JIRA）对机器人的定义是“工业机器人是一种装备有记忆装置和末端执行器（End Effector）的，能够转动并通过自动完成各种移动来代替人类劳动的通用机器”。常见的机器人种类如下。

工业机器人：指面向工业领域的机器人。随着智能制造的发展，工业机器人已在包括一些传统工业领域（食品、医疗行业）在内的众多领域得到了应用。工业机器人按结构可分为多关节机器人、直角坐标型机器人、圆柱型机器人和并联机器人等；按用途可分为装配机器人、焊接机器人、搬运机器人、喷涂机器人、切割机器人、码垛机器人、包装机器人和手术机器人等。

服务机器人：指应用在日常生活领域，为了提高人们的生活水平，服务于人类的机器人，包括家政服务机器人、导游机器人、教学机器人、表演机器人、宠物机器人（仿生机器人、仿人形机器人）等。随着人工智能、物联网在机器人上的应用，服务机器人变得越来越“聪明”，如用户可以远程命令家政服务机器人完成打扫卫生、做饭、洗衣等家务；宠物机器人会自动观察用户的心情，并根据不同的心情给出不同的回应等。

特种机器人：指应用在特殊领域的机器人。例如，用于抢险、救灾等危险活动的抢险机器人；用于探索人类无法到达或者难以生存的空间的机器人（“祝融”号火星车、“玉兔号”月球车、水下机器人、管道机器人等）；用于军事领域的特种机器人（反恐防暴机器人、排爆机器人、侦察无人机等）。

从只能在工厂做简单工作的第一代工业机器人到有视觉、触觉等感官功能的各种工业和服务机器人，再到通过自己学习就能变得越来越“聪明”的智能机器人，机器人技术正朝着以下三个方向大步前进：①随着智能制造的推进，工业机器人在各个工业领域会越来越普及，它将不再固定在一个工作点，而是具备移动性及智能性，并能与人协同工作；②随着计算机科学技术的日益成熟和模块化设计的普及，机器人的制造成本越来越低廉，特别是各种服务机器人将作为管家、保姆及玩乐伴侣走进千家万户；③随着生物技术、新材料技术与人工智能的结合，智能机器人向仿生系统、群集协作系统、人机高度交互协作方向发展。

2.2.2 机器人设计方法

机器人作为综合类机电产品，其设计过程应该参照机电产品的设计过程。首先分析任务要求，确定机器人要完成的功能；其次根据功能要求，利用各种渠道查阅相关资料，进行调研，整理出有用的资料，梳理出几种可行的功能实现思路；再次按照各种思路，采用机械设计的方法设计机器人总体方案，并加以验证和比较；最后确定出一个综合评价最优的方案，根据方案进行结构化设计并付诸实施。机器人设计过程包括运动方案设计、驱动装置与传动系统设计、装配结构设计和控制系统设计等。

2.3　机器人运动方案设计

机器人运动方案设计是机器人设计的重要环节，是实现机器人各种任务要求的具体机械系统实现形式和方法。运动方案的优劣直接决定了机器人工作性能的好坏。运动方案设计过程一般包括机械功能分解、功能原理设计和执行系统设计。

2.3.1　机器人机械功能分解及功能原理设计

机器人机械功能分解及功能原理设计就是把机器人所要实现的机械功能转化为几个具体的动作和功能，拟定每个动作和功能的机械工作原理方案。例如，一个家用扫地机器人的功能要求是完成对各房间地面的清洁。要实现这一总功能，可分解为如下具体的动作功能：直行、转弯、除灰等。同一功能目标可以选择不同的功能原理来实现。例如，直行功能可以用类人行走方式完成，也可以用类车行驶方式完成。根据机器人的机械功能分解和功能原理，就可以确定机器人所需要的执行机构数目、运动形式及它们之间的运动协调关系。不同的机械功能分解和功能原理就会有不同的机械组合方案。根据实际应用特点和要求，对各种功能原理进行分析比较，确定既能满足机器人的机械功能要求，又能简便实现的最佳功能原理方案。下面以“物料搬运机器人”为例来具体说明机械功能分解及功能原理设计过程。

例 1：自主设计并制作一款能执行物料搬运任务的智能移动机器人。该机器人能够在规定场地内自主行走，机器人的工作场地如图 2-1 中粗黑线（宽 20mm）标示区域所示。机器人从出发区出发，到达出库区后自主寻找、识别物料（直径 40mm 的圆柱体和边长 30mm 的红、绿立方体），按任务要求将物料分别搬运至入库区的指定位置，圆柱体放到蓝色圈位置，立方体按颜色（红、绿）分别放到红色圈和绿色圈位置。

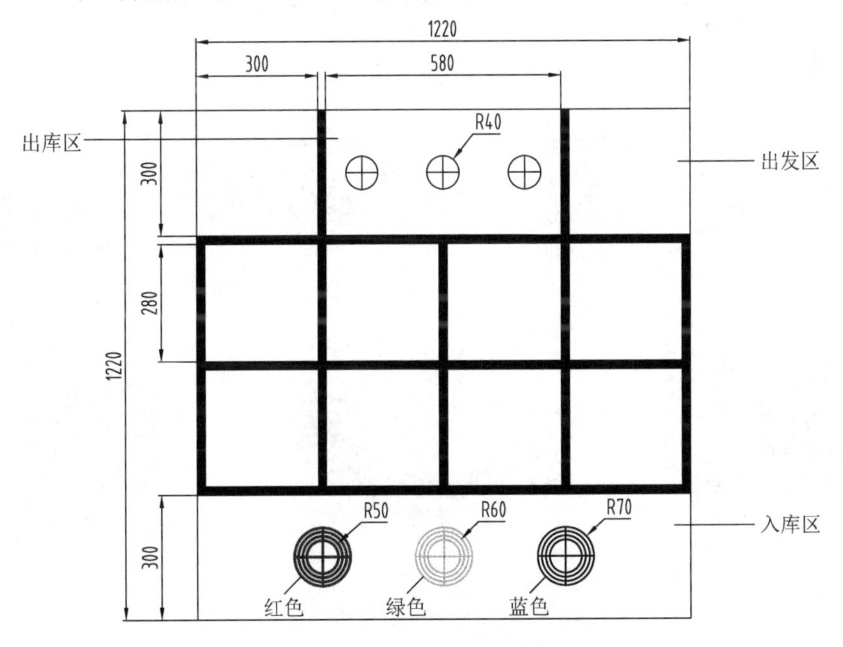

图 2-1　物料搬运机器人工作场地

分析任务要求，要完成对出库区物料的搬运任务，机器人要实现的机械运动为：机器人从出发区出发，到达出库区→抓取物料→移动到入库区→放下物料，如此循环，完成三个物料的搬运工作。根据以上运动要求，可以把机器人所要完成的机械功能分解为如下动作和功能：底盘移动功能；机械臂的抬起、放下和移动动作；机械爪的抓取和松开动作。

对上面分解出的动作和功能，分别完成功能原理方案设计，并进行分析。

1. 底盘移动

底盘移动主要实现的是机器人直行和转弯的平地移动动作，可以采用行走、行驶、履带式等方式来完成。

行走方式是指机器人通过模仿人和动物迈步行走来实现移动，有两足、四足、多足和爬行等形式，如图 2-2（a）～（c）所示。采用行走方式的机器人能适应较复杂的环境，移动速度相对较慢，一般有特殊的机械结构，采用鲁棒的控制方式，其难点是步态控制与协调。

行驶方式是指机器人通过轮子的转动来实现移动，有三轮、四轮、多轮、全向轮和麦克纳姆轮等形式，如图 2-2（d）～（f）所示。普通轮子在普通平坦路面上具有较高的移动效率，机械结构相对简单，转弯较难控制，不适用于复杂地形。全向轮和麦克纳姆轮是可以向任意方向运动的轮子，它们都由一个轮毂和多个辊子组成。轮毂是整个轮子的主体支架，辊子则是安装在轮毂上的鼓状物。全向轮的轮毂轴与辊子转轴相互垂直，而麦克纳姆轮的轮毂轴与辊子转轴呈 45° 角。它们的轮毂与普通轮子一样，可以绕其中心轴旋转，同时其周边辊子也可以自行旋转，所以全向轮和麦克纳姆轮与传统的差分驱动方式相比，可以在平移的同时完成旋转，不需要先完成旋转，再进行平移，能实现真正的全方向运动。

履带式是指机器人采用履带式装甲运兵车或坦克的移动原理来实现移动，有单履带和多节履带形式，如图 2-2（g）所示。移动是由驱动扭矩通过驱动轮使履带与地面间产生摩擦、相互作用而实现的，当驱动力大于滚动阻力与牵引阻力之和时，就产生了使机器人向前移动的力。履带式结构的传动效率比较高，移动时重心波动很小、运动平稳，适用地形范围较广，机械结构相对简单，但运动灵活性不如行走方式和行驶方式。

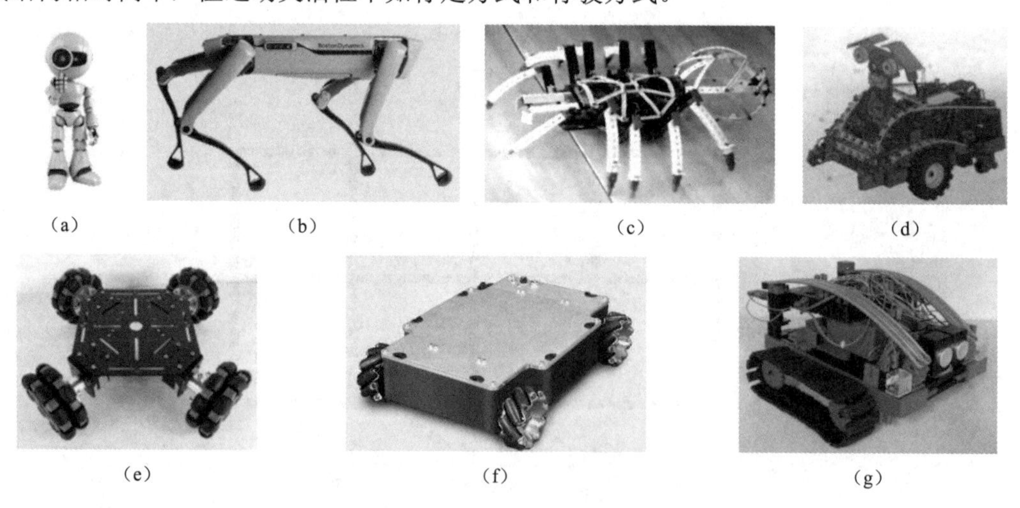

（a）（b）（c）（d）（e）（f）（g）

图 2-2　机器人的移动方式

2. 机械臂

机械臂主要完成抬起、放下和移动动作，可以采用关节、直角坐标轴等方式。

关节方式指机械臂模仿人类胳膊或动物腿完成物料的抬起和放下动作，有单关节和多关节等方式，如图 2-3（a）～（c）所示。采用关节方式的机械臂由多个旋转和摆动机构（相当于人的肘、腕、大臂、小臂等）组合而成，其特点是操作灵活性好，运动速度快，操作范围大。六自由度串联工业机器人是关节方式的典型应用。

直角坐标轴方式指机械臂利用在多个相互垂直坐标轴上相对移动实现空间定位的原理来完成物料的抬起和放下动作，有一轴、二轴、三轴和多轴形式，如图 2-3（d）所示。采用直角坐标轴方式的机械臂的特点是控制简单、直观性强、定位精度高，但运动速度慢、结构尺寸大。

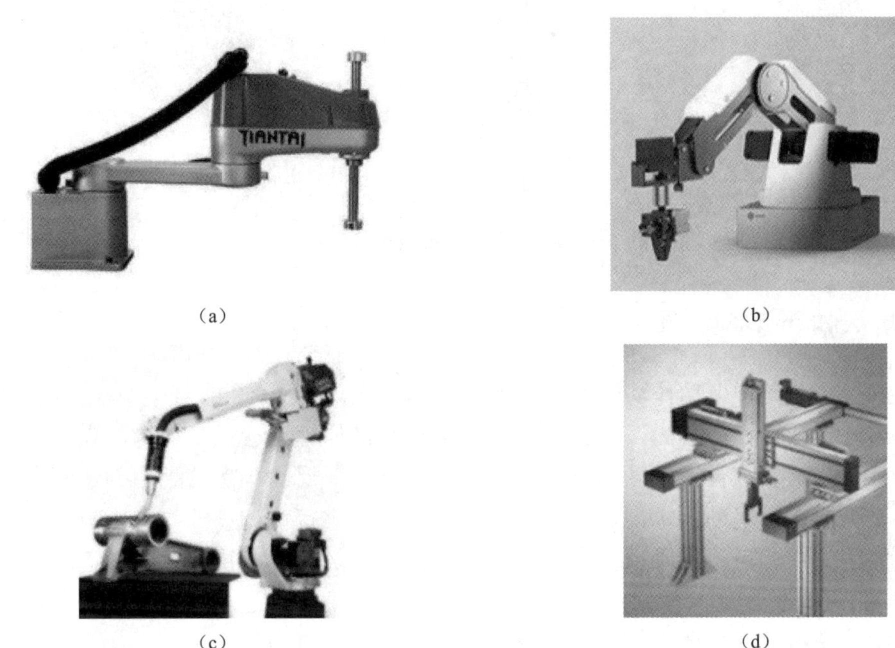

（a）　（b）

（c）　（d）

图 2-3 机器人机械臂

3. 机械爪

机械爪实现对指定物料的抓取和松开，可以采用吸盘、多爪、复合材料变形等方式。

吸盘方式是指机械爪采用真空原理，即利用真空负压来“吸附”工件以达到夹持工件的目的，一般通过控制气泵来吸附工件，如图 2-4（a）所示。真空吸附具有干净、吸附平稳、可靠、不损坏所吸附工件表面等优点。吸盘方式除了要求有足够的真空气压，还对吸盘结构、材料和被吸附工件表面的贴合程度等要求比较高，一般要求被吸附工件表面光滑，且不能太重。

多爪方式是指机械爪模仿人手或动物爪来完成物料的抓取和松开动作，有二指、三指、多指多关节方式，一般通过气动、电动来驱动完成，如图 2-4（b）～（d）所示。采用多爪方式的机械爪具有人手的灵活性和机械的强耐力度，可以根据被抓持工件的形状、尺寸、质量、材料和作业要求等设计成不同的结构形式。其灵活性越大、通用性越广，则其机械结构越复杂。

复合材料变形方式是指机械爪利用柔性材质可变形的原理来完成抓取和松开动作，如图 2-4（e）所示。采用这种方式的机械爪能够自适应地包覆住目标物体，无须根据物体精确的尺寸、形状进行预先调整，抓取动作轻柔，适用于抓取易受损伤或软质不定形的物体。

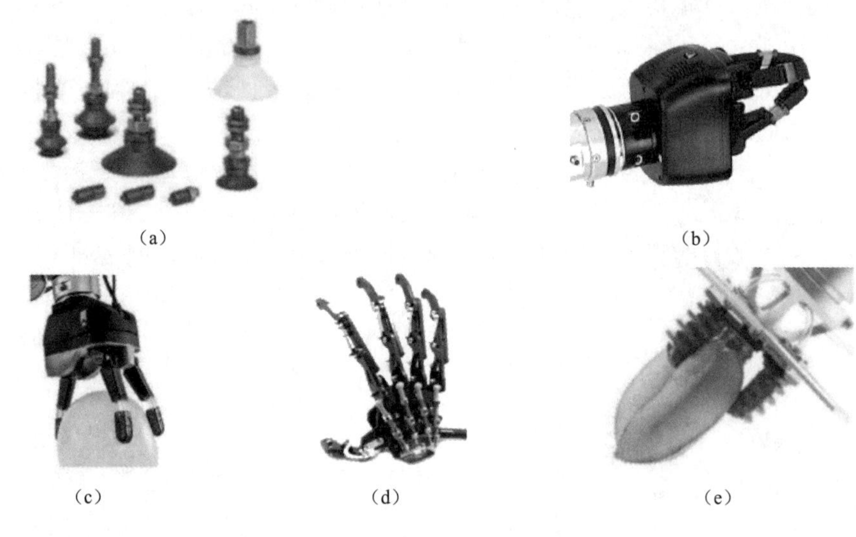

（a）　（b）　（c）　（d）　（e）

图 2-4　机器人机械爪

2.3.2　机器人执行系统设计

机器人执行系统是每个动作功能原理实现的具体形式，它由一个或若干个执行机构组成。机器人执行系统设计过程：首先，根据机器人各运动功能原理设计执行机构，在选择功能原理和设计执行机构时要综合考虑动力源形式、机构复杂性、尺寸、运动副的制造复杂性等因素；其次，按机器人的运动要求，对多个执行机构的运动进行协调设计；再次，确定各执行机构中各构件的位置和尺寸，画出执行机构的运动简图；最后，对执行机构做运动和动力分析（常用 MATLAB 或 ADAMS 分析），检验其是否满足机器人的运动要求，确定最优方案。

本章介绍的是拼装类机器人的制作，执行系统设计过程可简化如下：设计各执行机构；选择构件；确定各构件的相对位置和尺寸；画出各执行机构的运动简图；拼装并验证机构。

要想设计出合理的机器人执行系统，我们首先要了解机器人的基本执行机构（如平面连杆机构、凸轮机构、齿轮机构、螺旋机构等），这些基本执行机构具有进行运动变换和传递动力的基本功能（如运动缩小、放大、轴线变向、轴向平移、运动分解、运动合成、运动换向、多种运动形式变换等）。在执行机构中执行终端运动的构件称为执行构件，机器人通过执行机构把驱动装置和传动机构传递的动力变换成执行构件上的运动来完成每一个具体任务。机器人执行构件常用的运动形式有直线运动、连续回转运动、摆动等。下面根据机器人执行构件的运动形式展开介绍机器人常用的执行机构。

1. 直线运动

（1）螺旋机构。

一般用于将主动轴的旋转运动转化为螺母及相关构件的直线运动，它由螺杆、螺母和机架组成，如图 2-5 所示。一般情况下，螺杆为主动件，螺母为从动件，螺杆旋转一周带动螺母直线移动一个螺距；也可以将螺母位置固定，而螺杆一面旋转，一面沿轴向移动；特殊情况下，也可以将螺母作为主动件，使其沿轴向移动，从而迫使螺杆转动。图 2-6 所示为车床十字拖板结构，它由两组独立的螺旋机构组成，当电动机分别驱动螺杆旋转时，螺母带动上面的拖板部件分别沿两个相互垂直的轴向直线运动。

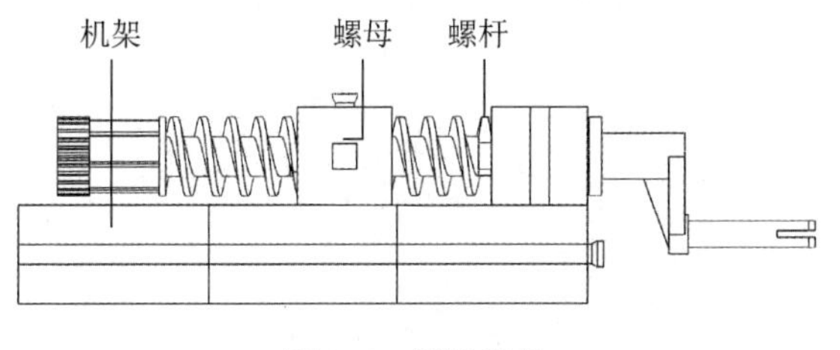

图 2-5　螺旋机构

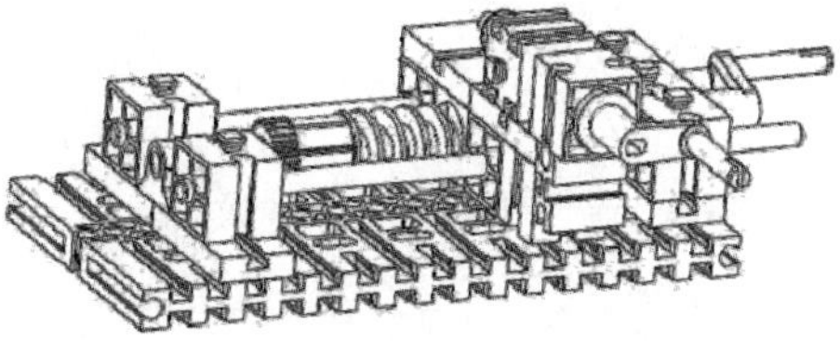

图 2-6　车床十字拖板结构

（2）齿轮齿条机构。

齿轮齿条机构是由一对直齿圆柱齿轮机构演变而来的，当一对圆柱齿轮中的一个圆柱齿轮的直径变为无限大时，这个齿轮就可以被看作齿条，如图 2-7 所示。齿轮齿条机构的作用是把主动件齿轮的旋转运动转化为被动件齿条上的直线移动。图 2-8 所示为齿轮齿条机构在门上的应用，当主动件齿轮旋转时，带动被动件齿条及门在导轨上做左右方向的开关门动作。

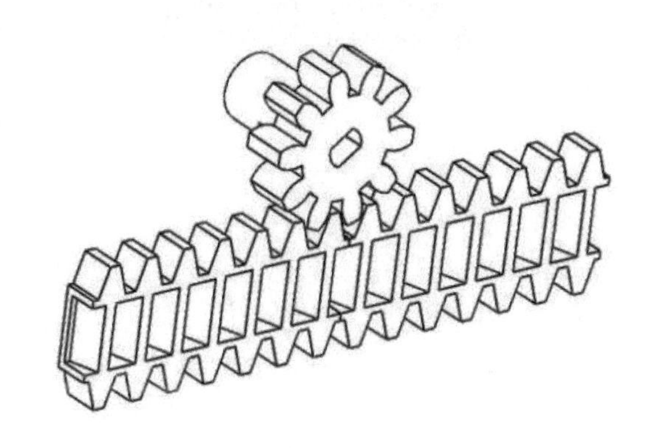

图 2-7　齿轮齿条机构

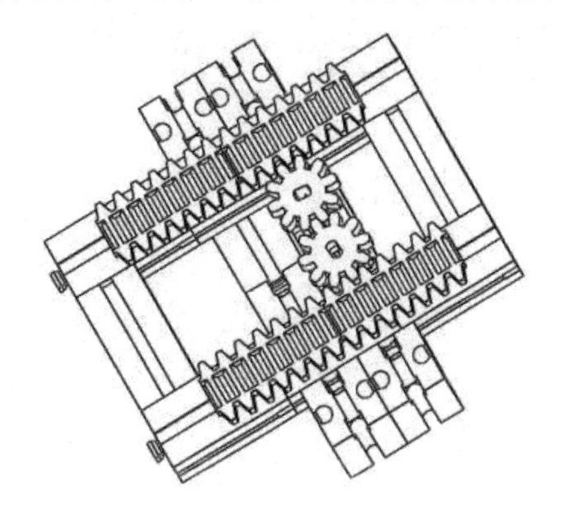

图 2-8　齿轮齿条机构在门上的应用

（3）曲柄滑块机构。

在平面连杆机构中，最基本的是铰链四杆机构，如图 2-9 所示。在铰链四杆机构中，固定不动的构件称为机架；两端都是以活动铰链与其他构件连接的构件称为连杆；有一端是以固定铰链与机架连接的构件称为连架杆。如果连架杆与机架连接的固定铰链是周转副，则把该连架杆称为曲柄；如果连架杆与机架连接的固定铰链是摆转副，则把该连架杆称为摇杆。若一连架杆为曲柄，另一连架杆为摇杆，则将该机构称为曲柄摇杆机构；若两个连架杆都是摇杆，则将该机构称为双摇杆机构；若两连架杆均为曲柄，则将该机构称为双曲柄机构。在双曲柄机构中，若两对边构件长度相等且平行，则将其称为平行四杆机构，如图 2-10 所示。曲柄滑块机构由曲柄摇杆机构变形而来，当曲柄转动时，摇杆上点的轨迹是圆弧，摇杆长度越长，圆弧曲线越平直，当摇杆为无限长时，曲线可被看作一条直线，这时若把摇杆做成滑块，转动副变成移动副，得到的机构就是曲柄滑块机构，完成的是旋转运动向直线运动的动力传递，如图 2-11 所示。弓锯结构是曲柄滑块机构实现往复直线运动的应用实例，如图 2-12

所示。当曲柄连续转动时，带动连架杆，连架杆再带动锯子沿着滑道做循环往复的直线运动。

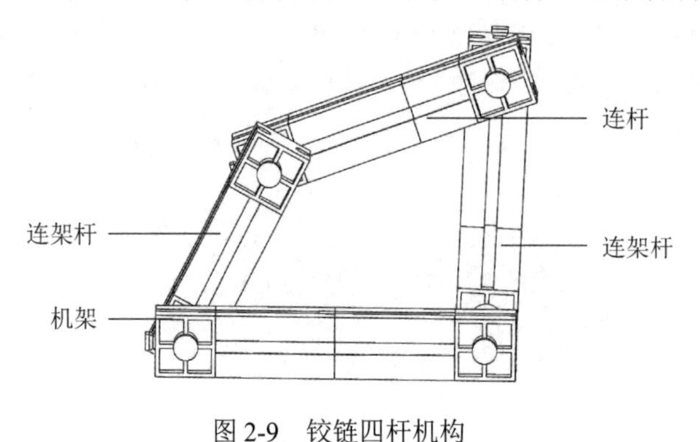

图 2-9　铰链四杆机构

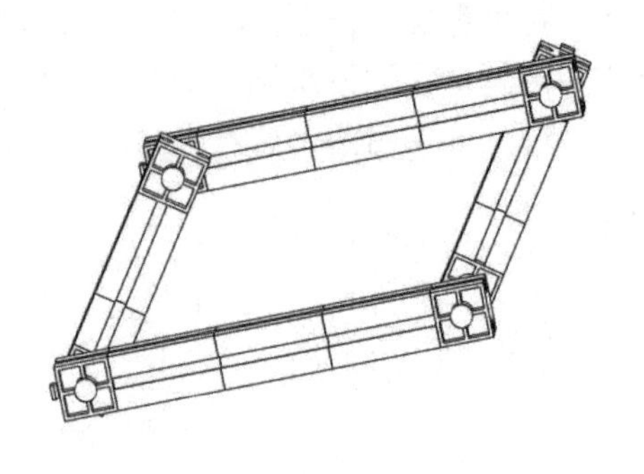

图 2-10　平行四杆机构

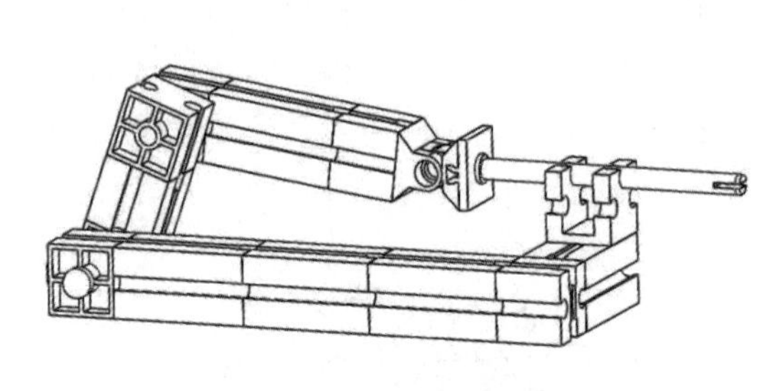

图 2-11　曲柄滑块机构

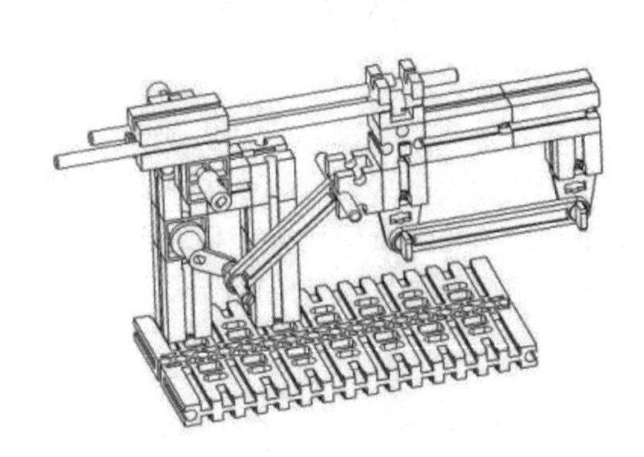

图 2-12　弓锯结构

（4）凸轮机构。

凸轮机构由凸轮、从动件和机架组成，如图 2-13 所示。凸轮是指具有曲线轮廓或凹槽等特定形状的构件，凸轮机构因机构中有一特征构件——凸轮而得名。当凸轮做等速运动时，从动件通过运动副与之接触，在凸轮轮廓线或凹槽的推动下，相对于机架做连续或间歇的符合预定运动规律的运动。凸轮机构最大的优点是只要设计出适当的凸轮轮廓，就可以使从动件按照预期的运动规律做运动，而且结构简单、紧凑，设计方便；缺点是凸轮与从动件之间是点或线接触，形成的运动副为高副，容易磨损，因此只适用于传动力不太大的执行机构。凸轮机构从动件按照运动形式分为两种，移动从动件和摆动从动件，它们分别把旋转运动转换成直线运动和往复摆动。

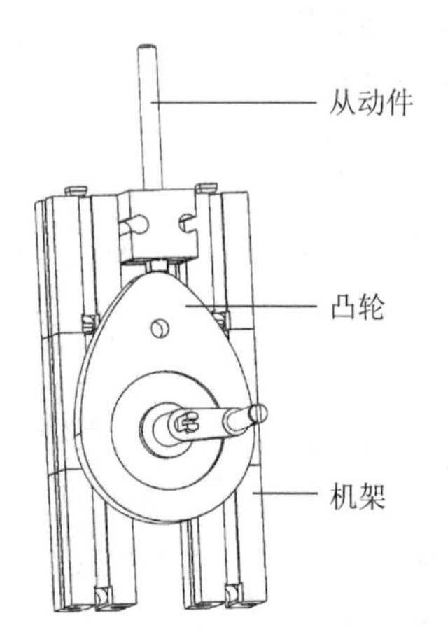

图 2-13　凸轮机构

2．连续转动

普通的匀速连续回转运动可以根据转速要求和电动机轴与执行轴之间的关系直接选择合适的传动机构（如定轴轮系直齿轮、锥齿轮传动机构、蜗杆传动机构等）来完成。这里介绍周转轮系，如图 2-14 所示。

周转轮系由行星轮、太阳轮、内齿轮和行星架组成。当太阳轮转动时，行星轮产生自转和围绕太阳轮旋转两种连续转动，图 2-15 所示是周转轮系在搅拌机上的应用。

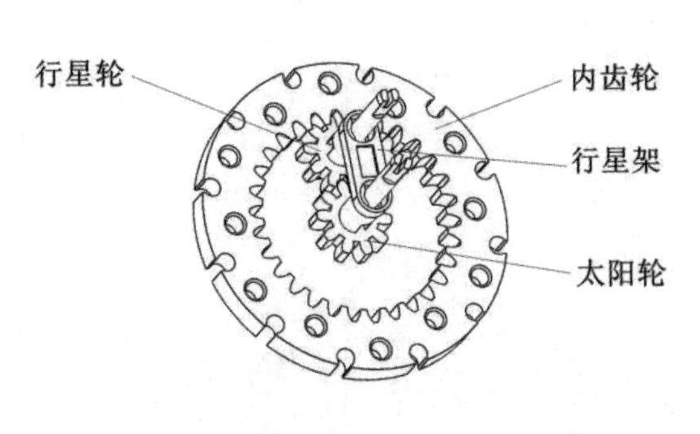

图 2-14　周转轮系

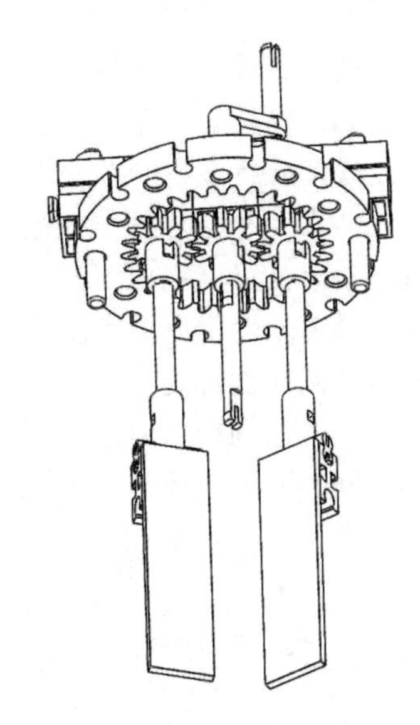

图 2-15　周转轮系在搅拌机上的应用

3. 摆动

通过曲柄摇杆机构可以把曲柄的旋转运动转化为摇杆的往复摆动。图 2-16 所示的缝纫机脚踏板机构是曲柄摇杆机构的应用实例，当脚踩着踏板做连续上下摆动时，连架杆做旋转运动，同时带动皮带轮做连续的回转运动，本实例中摇杆为主动件，曲柄为从动件。

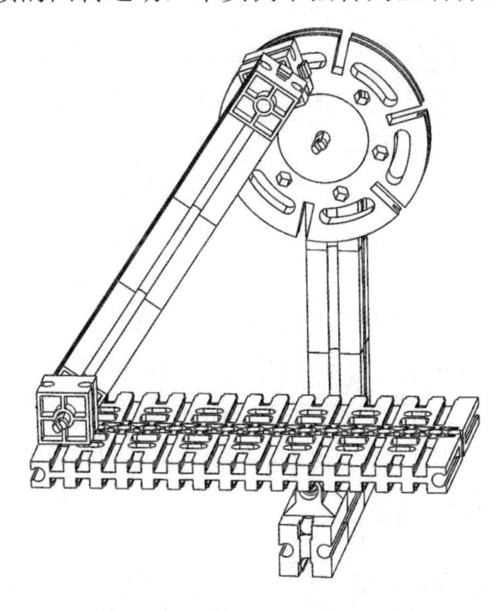

图 2-16　缝纫机脚踏板机构

2.3.3　执行系统设计实例

根据前一节对机器人的功能分解可知，机器人要有移动底盘、机械爪与机械臂共三个执行系统。下面具体介绍移动底盘执行系统的设计。

根据前一节的功能原理分析可知，机器人移动可通过行走、行驶、履带式等形式实现。

行驶式机器人的车轮种类和摆放方式比较多，主要有三轮、四轮、多轮、星型轮和全向轮等，这里介绍三轮和四轮移动底盘执行系统的设计。

三轮移动底盘执行系统一般分为两种。第一种如图 2-17（a）所示：差速驱动双轮加万向轮的机构，在两个轮子上分别装上驱动系统，当两轮同速时，可实现前进、后退，当两轮以不同的速度运动时，可以完成不同转弯半径的转弯动作；当两轮同速反向时，可实现原地转向。万向轮作为随动轮给双轮底板增加一个支撑点，保持底盘的稳定。第二种如图 2-17（b）所示：单驱差动双轮加转向驱动轮机构，其转向原理与自行车转弯类似，前轮通过驱动系统可以做平面转动，达到转向要求，后面两轮由同一个驱动系统通过差速器根据前轮不同的转向分别设置不同的速度，从而实现前进、后退、转向，该机构无法完成原地转向。

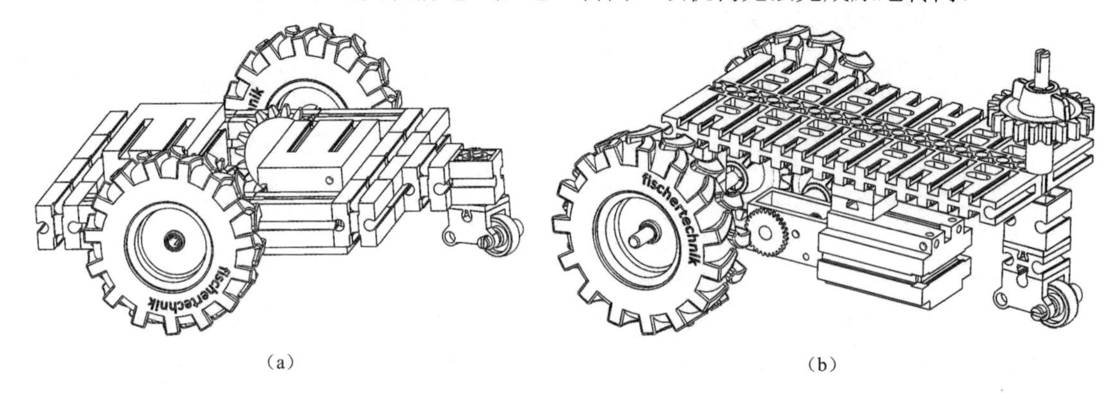

（a）　　（b）

图 2-17　三轮移动底盘执行系统

四轮移动底盘执行系统一般分为四种。第一种如图 2-18（a）所示：两轮差速驱动加两个万向随动轮机构，万向轮可以放置于前端、后端或前、后端各一个。这种机构类似于上文介绍的三轮移动底盘执行系统的第一种机构，较其多了一个万向轮，底盘更稳定，转向随动性更好，不容易卡死；第二种如图 2-18（b）所示：后两轮通过差速器相连，采用同一个驱动系统驱动，前两轮通过连杆组连接驱动系统，完成两轮平行转向，两轮间再通过差速器相连，此机构类似于汽车，控制相对简单，但结构相对复杂，特别是前轮的连杆转向机构，容易出现滞后现象；第三种如图 2-18（c）所示：结构类似于第一种，其在前轮与后轮之间增加了一个悬挂机构，可以适应不平坦路面；第四种如图 2-18（d）所示：四个轮子分别装上驱动系统，四轮驱动不易打滑，但加速性能和贴地性能不如两轮驱动。

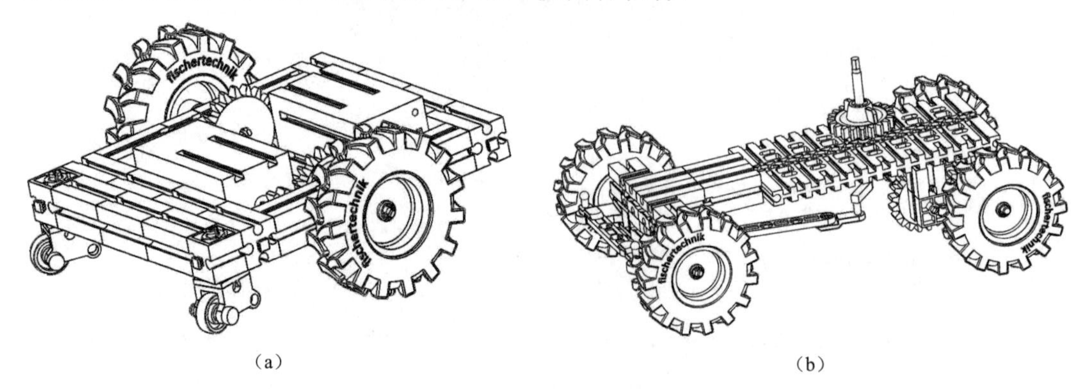

（a）　　（b）

图 2-18　四轮移动底盘执行系统

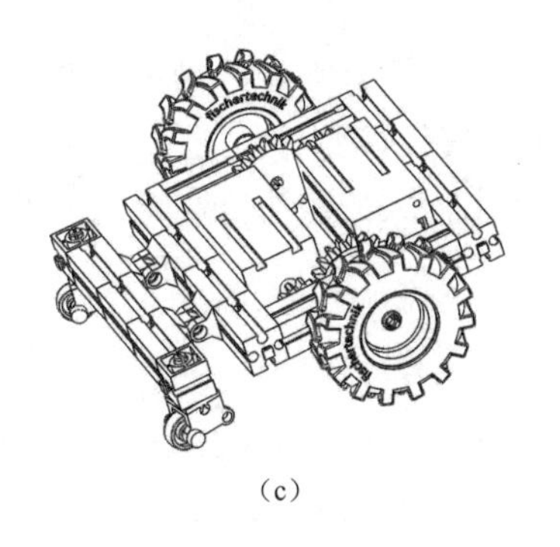

（c）

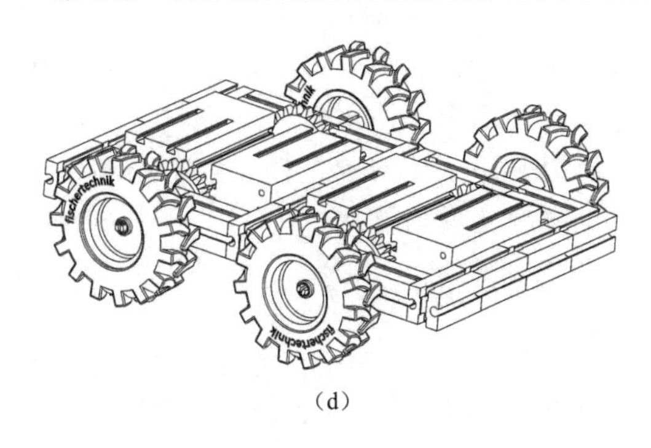

（d）

图 2-18　四轮移动底盘执行系统（续）

2.4　机器人驱动装置与传动系统设计

机器人驱动装置是给机器人执行系统提供动力的机构，常用的驱动装置有电动机驱动、气压驱动、液压驱动和内燃机驱动等。机器人传动系统的主要作用是对驱动装置提供的运动和动力按执行系统的需要进行转换，改变输入、输出的速度和扭矩，并传递给执行系统。机器人驱动装置与传动系统的设计过程：首先，根据机器人各执行机构的运动参数和运动阻力，分别确定各传动机构的传动比，并为各传动机构选择合适的驱动和传动类型；其次，确定各传动机构的传动路线，合理分配各级传动比；再次，确定各传动机构中各构件的尺寸，并合理布置各传动机构在机器人中的空间位置，画出传动系统简图（用来表示原动机、传动机构和执行机构之间的动力传递关系）；最后，对传动机构做运动和动力分析，检验其是否满足执行系统的动力要求，确定最优方案。

本章介绍的是拼装类机器人的制作，驱动装置与传动系统设计过程可简化如下：设计传动机构；选择原动机和传动零件；确定传动机构中各构件的相对位置和尺寸；画出传动系统简图；拼装并验证传动机构。

2.4.1　机器人常用驱动装置及选择

机器人的驱动装置直接影响机械传动形式、传动系统的复杂程度和执行机构的动作精度。一般情况下，根据机器人各个机械运动的动力参数，以及对传动精度的要求来选择合适的驱动装置。机器人常用的驱动装置有电动机和气压驱动。电动机（也称马达）是指根据电磁感应原理，将电能转换成机械能（机械机构动力源）的一种电磁装置。气压驱动系统是将压缩空气产生的压力转换为机械能的动力装置。

1．直流有刷电机

直流电机是目前机器人领域使用最多、应用最广的动力装置，直流电机是将直流电能转换为机械能的电动机。一般的直流电机也称直流有刷电机，它由定子、转子、电刷和换向器组成。定子是永磁磁钢，转子是线圈绕组，两个电刷是用来引入电压和电流的，它们通过绝缘座固定在电机外壳上，直接连接外部直流电源的正、负极，把电源连接到电机转子的换向器上，而换向器连通了转子上的线圈，线圈极性不断地交替变换与外壳上固定的磁铁形成作用力，从而转动起来。由于直流有刷电机转动时电刷与换向器发生摩擦产生阻力和大量热量，所以直流有刷电机有效率相对较低、噪声大、寿命短等缺点。但是直流有刷电机制造简单、成本低，并且具有启动快、制动及时、调速范围大、控制相对简单等优点，所以它适用于对定位精度要求不高、要求调速范围比较大的经济性机器人，也被广泛应用于家用电器和玩具中。

2．直流无刷电机

直流无刷电机由电动机主体和电子调速器（电调）两部分组成。因为去掉了直流有刷电机用来换向的电刷，故称为直流无刷电机。直流无刷电机的电动机主体与直流有刷电机类似，由转子和定子组成，只不过结构相反，转子是永磁磁钢，连同外壳一起和输出轴相连，定子是线圈绕组。直流无刷电机依靠改变输入到定子线圈上的电流波交变频率和波形，在线圈绕组周围形成一个绕电机轴旋转的磁场，这个磁场驱动转子转动，直流无刷电机就转起来了。因为输入的是直流电，所以需要使用电子调速器将其变成三相交流电，控制直流无刷电机的转速。为了检测转子的极性，在直流无刷电机内装有位置传感器。电子调速器通过接收直流无刷电机的启动、停止信号来控制直流无刷电机的启动和停止；通过接收位置传感器信号和正反转信号来控制逆变桥各功率管的通断，从而产生连续转矩；通过接收速度指令和速度反馈信号来控制和调整转速。直流无刷电机相比于直流有刷电机，提高了整体性能，弥补了直流有刷电机的缺陷，但因为需要电子调速器，所以成本比较高，目前在无人机和 AGV 小车上得到了广泛应用。

3．空心杯电机

空心杯电机属于直流永磁的伺服、控制电动机，也可以将其归类为微特电机。空心杯电机在结构上突破了传统电动机的转子结构形式，采用的是无铁芯转子，也叫空心杯型转子。这种新颖的转子结构彻底消除了由于铁芯形成涡流而造成的电能损耗，同时其质量轻、体积小且转动惯量低，减少了转子自身的机械能损耗。转子的结构变化使空心杯电机的运转特性得到了极大改善。空心杯电机分为有刷和无刷两种，有刷空心杯电机的转子无铁芯，无刷空心杯电机的定子无铁芯。空心杯电机克服了有铁芯电动机不可逾越的技术障碍，其突出的特点集中在电动机的主要性能方面，其应用领域近年来得到了迅速拓展，尤其是在工业发达国家，已经涉及到大部分行业和许多产品。但是由于空心杯电机工艺复杂，所以其研发和生产成本比较高。

4．步进电机

步进电机与普通直流、交流电动机的原理均不同，步进电机转动依靠的是定子线圈绕组不同相位的电流及定子和转子上齿槽产生的转矩。步进电机与驱动器可以组成开环位置控制系统。步进电机可以通过控制脉冲个数来控制角位移，达到准确定位的目的；同时可以通过控制脉冲频率来控制电机转动的速度和加速度，达到调速的目的。步进电机一般适用于不需要位置反馈的位置控制场景。

5．伺服电机

伺服电机又称执行电动机，在自动控制系统中，被用作执行元件，把所收到的电信号转换成电动机轴上的角位移或角速度输出，它主要由电动机本体和编码器组成。伺服电机与驱动器可以组成闭环伺服系统。伺服电机内部的转子是永磁铁，驱动器控制的 U/V/W 三相电形成电磁场，转子在此磁场的作用下转动，同时伺服电机自带的编码器反馈信号给驱动器，驱动器对反馈值与目标值进行比较，调整转子转动的角度，从而实现精准的闭环位置控制。伺服电机常用于需要高精度定位的控制场景。

6. 舵机

舵机实际上是简化版的伺服系统，它一般由外壳、电路板、直流电机、齿轮组和位置检测器等组成。舵机的工作原理是：控制系统发出控制信号并传输给电路板，电路板根据信号判断舵机的旋转方向，再驱动直流电机开始转动，电机转轴通过减速齿轮组将动力传至摆臂，同时位置检测器将位置信号送回电路板，判断是否已经到达定位值，如果没有，则继续旋转，直至到达定位值。舵机的可控转角一般在-90°～90°之间，但有些舵机的可控转角为 270°、300°、360°。舵机一般应用于精度要求不高的角度定位控制场景。

7. 气压驱动系统

气压驱动的动力源是压缩空气，压缩空气由压缩机（气泵）产生。气压驱动系统一般由气泵、储气罐、气缸和控制阀等组成。气泵将处于大气压环境下的空气压缩，被压缩的空气采用储气罐储存。高压空气流在控制阀的控制下推动气缸的活塞做来回的直线运动，从而产生所需要的力和运动，驱动机械系统工作。

2.4.2　机器人常用传动机构

机器人传动机构主要负责把驱动装置提供的原动力转换为执行机构所需要的运动和动力。这里主要介绍常用的带传动机构、链传动机构、齿轮传动机构、蜗杆传动机构。

1. 带传动机构

带传动是通过带与带轮间的摩擦力把主动轴的运动和动力传给从动轴的一种机械传动形式。带传动机构一般由主动带轮、从动带轮、传动带和机架组成，如图 2-19 所示。当主动带轮转动时，通过带和带轮间的摩擦力，驱使从动带轮转动并传递动力。带具有良好的弹性，能够缓冲和吸振，因此传动平稳、噪声小。带传动机构结构简单、成本低廉。但带在工作时，带与带轮之间会产生弹性滑动，不能保证严格的传动比，这一特性使得当阻力过大时，带与带轮之间出现打滑现象，带轮空转可以防止损坏其他零件，起到自动保护的作用。带传动机构适合对传动比要求不高、两轴相距较远的场景。

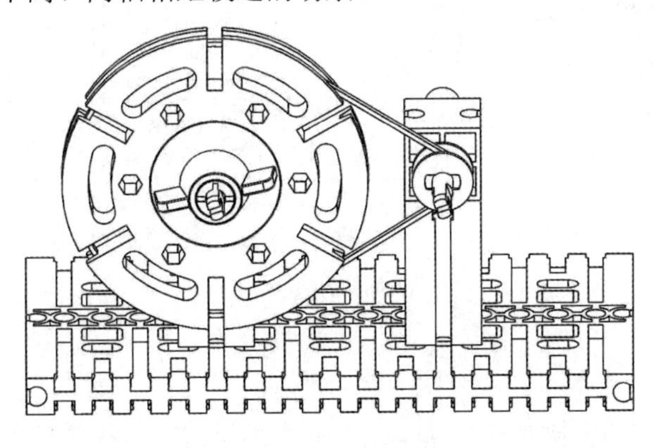

图 2-19　带传动机构

2．链传动机构

链传动机构通过链轮轮齿与链节的啮合来传递运动和动力，如图 2-20 所示。链传动机构由主动链轮、从动链轮和链条组成。链传动机构的传动方式与带传动机构类似，与带传动机构相比，链传动机构无弹性滑动和打滑现象，因此能保证准确的传动比。

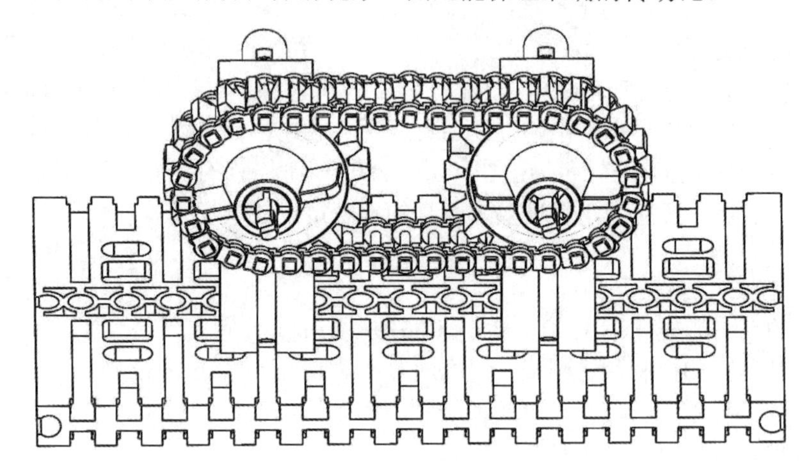

图 2-20　链传动机构

3．齿轮传动机构

齿轮传动机构通过成对的轮齿依次啮合来传递两轴之间的运动和动力，可以用来传递空间任意两轴间的运动。齿轮传动机构由主动齿轮、从动齿轮和机架组成。齿轮传动机构传动准确、平稳、机械效率高，使用寿命长，工作安全、可靠，适用速度范围大，一般一对齿轮的传动比不要大于 5～7，当需要大传动比时，可以采用齿轮轮系的多级传动来实现。齿轮传动机构主要分为平面齿轮传动机构和空间齿轮传动机构，图 2-21（a）所示是直齿轮的平行轴平面齿轮传动机构，图 2-21（b）所示是锥齿轮的 90° 交错轴的平面齿轮传动机构，图 2-22 所示是盘齿轮的空间相交轴齿轮传动机构。

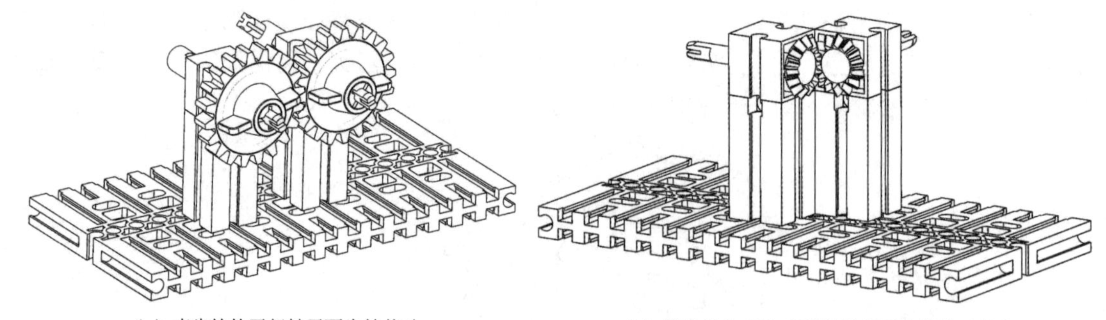

（a）直齿轮的平行轴平面齿轮传动　　（b）锥齿轮的 90° 交错轴的平面齿轮传动机构

图 2-21　平面齿轮传动机构

4．蜗杆传动机构

蜗杆传动机构是空间交错轴间传递运动和动力的机构。蜗杆传动机构是由蜗杆和蜗轮组成的，蜗杆类似于螺杆，蜗轮类似于一个具有凹形轮缘的斜齿轮，如图 2-23 所示（这里用普通齿轮代替蜗轮）。蜗杆为主动件，蜗轮为从动件，通常两者在空间上交错 90°。蜗杆传动机构具有传动比大、传动平稳、能自锁等特点。

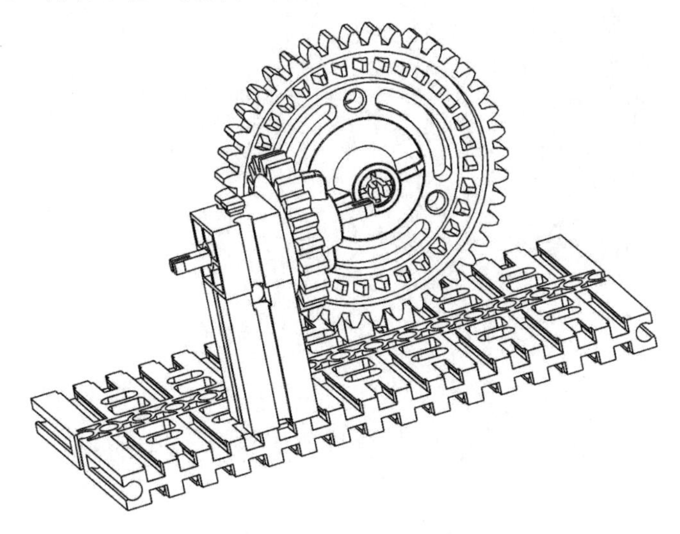

图 2-22　盘齿轮的空间相交轴齿轮传动机构

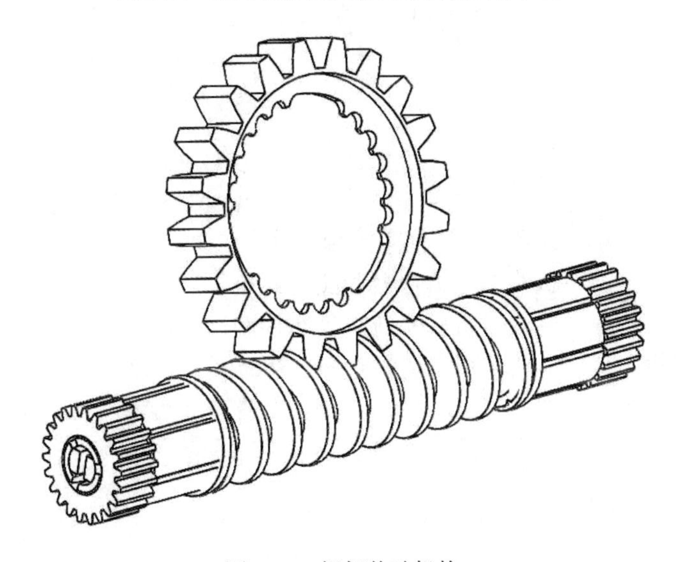

图 2-23　蜗杆传动机构

2.4.3　驱动装置与传动系统设计实例

根据 2.3 节对机器人执行系统的设计，我们给机器人四轮移动底盘（两轮差速驱动加两个万向随动轮）配上合适的驱动装置和传动系统。

两驱动轮的驱动系统采用带有脉冲编码器（63 个脉冲/转）的直流电机，传动机构采用传动比为 1∶2 的直齿轮传动机构实现减速。机器人通过脉冲编码器的反馈可以实现同步和闭环控制，从而提高机器人移动过程中的速度稳定性和定位精度，通过减速传动机构提升底盘的扭矩来适应车身的负载，驱动装置和传动系统简图如图 2-24 所示。

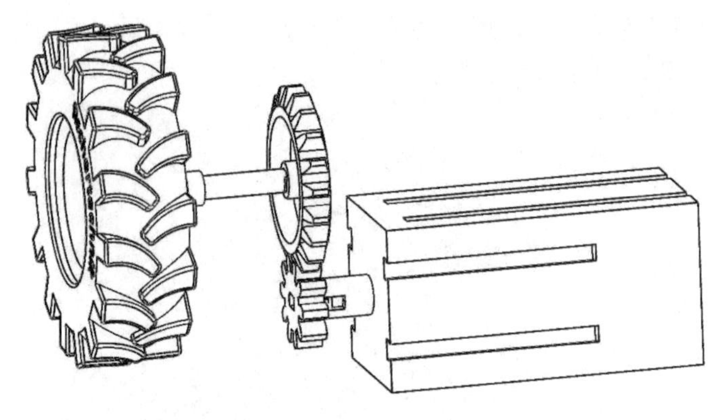

图 2-24　驱动装置与传动系统简图

2.5　机器人装配结构设计与制作

机器人装配结构是实现机器人机械功能的物质载体，机器人任何机械功能的实现都依赖于具体的机械结构。

2.5.1　设计步骤

机器人装配结构的设计过程：首先，根据机器人运动方案把机器人分解成具体的各个部件；其次，根据各部件的设计要求确定关键性结构和其他相关的连接结构，完成各个部件的装配结构设计；最后，考虑机器人各部件间的相关性和整体尺寸要求，把各个部件组合起来，设计合适的能支撑和容纳各机构的整体框架和支撑系统，绘制机器人装配图和所有零件图。绘制机器人装配图的过程实际上是机械系统总体布局的过程，一般先布置执行系统，然后再布置传动系统和支撑系统等，通常都是从粗到细、从简到繁，经过多次反复修改后确定的。

本章的实践载体是拼装类零件，零件的设计环节省略（可参考《机械设计基础》），本章介绍的机器人装配结构设计过程包括零件的选用和装配图的绘制。

2.5.2　典型零件介绍

本项目使用的零件是德国慧鱼公司开发的慧鱼创意组件，该零件采用模块组合技术，可用其中大量结构和功能各异的基本单元零件进行各种机构的拼装。零件的基本构件有 1000 余种，主要采用燕尾槽插接的方式连接，可多次拆装、长期重复使用，可用于机械专业初学者对各种机构的了解与学习或者机构设计早期阶段的方案验证，也可用于机构的教学和大学生的一些比赛项目。常用的基本构件如表 2-1 所示。

表 2-1　常用的基本构件

图示	说明	图示	说明
	板类零件		联轴器

续表

图示	说明	图示	说明
	六面拼装体		轴支撑件
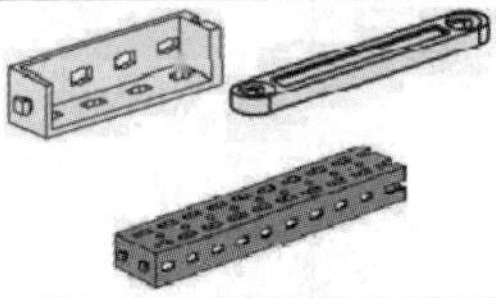	杆类零件		单头轴
	连接类零件		转向柱
	铆钉		曲轴
	光杆		转向轴
	梁与支撑杆之间的连接件		轴与杆类零件之间的连接件
 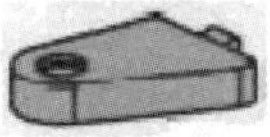	转向块		轴与燕尾槽零件之间的连接件
			轴锁紧环
	转向卡爪		轴套
	铰链		卡环
	蜗杆、螺母、螺帽		滑轮
		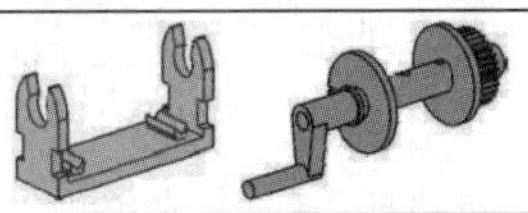	缆索绞盘架、缆索绞盘转鼓
		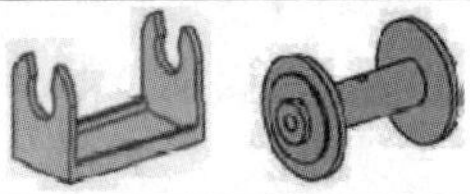	绕线轴
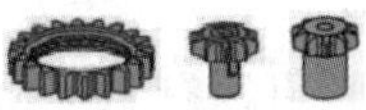	齿轮		舵机架、舵机杆
	皮带轮		缆索绞盘转鼓制动器
	转台齿轮		缆索转鼓卡环
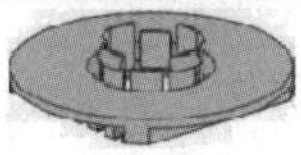	转台底座		缆索转鼓

续表

图示	说明	图示	说明
	脉冲计数轮		单作用气缸
	锥齿轮		双作用气缸
	内齿轮		手动三位四通阀
	凸轮		单向阀
			气缸活塞连接头
	齿条		真空吸盘
	齿轮箱		气管
	双头轴		气管连接头

2.5.3 结构设计方法

结构设计要从结构的关键性设计要求入手，首先确定实现关键性设计要求的结构，然后再逐步考虑其他设计要求，添加其他结构，直到满足所有设计要求。结构设计的基本原则是：设计的结构功能和工作状态要明确；在可以实现同样的功能要求的条件下，应优先考虑结构较简单的方案；设计的结构要安全可靠。这里以连杆机构为例介绍结构设计方法。

连杆机构可以实现多种运动形式之间的转换，其中的平面四杆机构在机器人执行机构的设计过程中应用广泛。平面四杆机构中常用的是铰链四杆机构。铰链四杆机构的运动副为转动副，如果一个构件相对于另一构件能做整周转动，则称其为周转副，如果一个构件相对于另一构件只能做小于 360° 的摆动，则称其为摆转副。对于铰链四杆机构，在结构设计过程中要根据杆长之间的关系判断它的类型，从而确定机构中转动副的形式，判断方法如下。

若机构满足杆长之间的关系（最短杆与最长杆的长度之和小于或等于其余两杆长度之和），则最短杆两端有两个周转副。如果有一个周转副是固定铰链，则该机构有一个曲柄，是曲柄摇杆机构；如果两个周转副都是固定铰链，则该机构有两个曲柄，是双曲柄机构；如果两个周转副都没有固定铰链，则该机构没有曲柄，是双摇杆机构。

若机构不满足杆长之间的关系，则该机构没有周转副，无论选取哪一个构件作为机架，都为双摇杆机构。

在铰链四杆机构的结构设计中，结构设计的关键点是连杆和转动副（铰链）构件的选择，这里列举两种常用的连杆机构及相关转动副结构拼装实例，如图 2-25 所示。

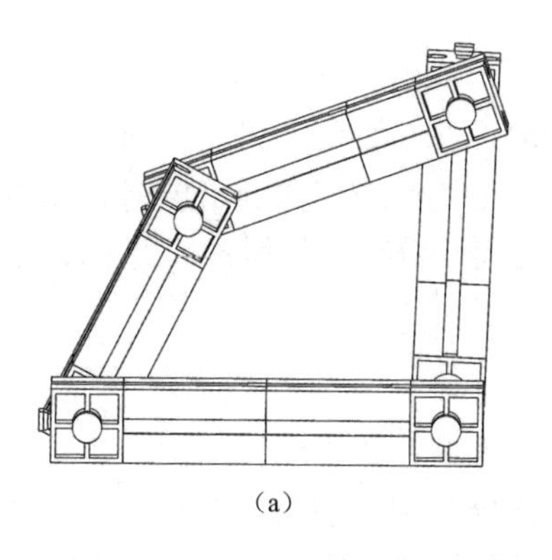
（a）

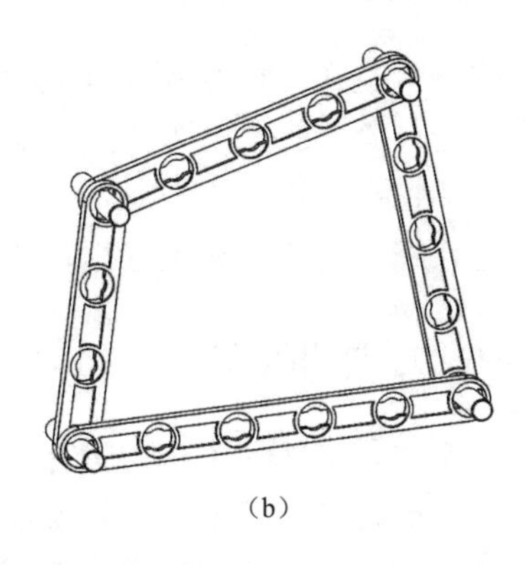
（b）

图 2-25　连杆机构及相关转动副结构拼装实例

2.5.4　装配结构设计实例

根据 2.3 节中对机器人运动方案的分析，按照装配结构的设计步骤，首先把机器人结构分成移动底盘、机械臂和机械爪三个部件，然后根据机器人总体要求，进行总体装配结构设计。下面具体介绍机器人底盘结构的设计过程。

底盘结构的主体是机器人的移动机构，同时要承载机械臂、机械爪部件及控制器和传感器等元器件，综合各部件尺寸、质量及运动特点，这里采用轻便、尺寸方便控制的框架结构，把笨重的电动机嵌入框架的前端，后端平台用于安装机械臂，这种布置方式降低了底盘的重心，平衡了机器人的承载量，增强了机器人移动的稳定性，装配图如图 2-26 所示。

图 2-26　机器人底盘的结构装配图

2.6　机器人控制系统设计

机器人有了完成各种运动的机械机构，也有了驱动执行机构的动力装置，但是还缺乏控制、协调动力装置工作的发命令机构。机器人控制系统相当于机器人的大脑，可以控制和协调机器人的一切动作。机器人控制系统包括硬件和软件两部分。硬件包括主控系统、传感器及相关电气元件等，软件主要是指实现各种功能的执行程序（命令），机器人通过执行程序完成对机器人的控制。机器人控制系统设计过程包括：制定控制方案并画出控制流程图；选择或设计主控系统、传感器和电气执行件；设计控制电路图；编写控制程序；机电联调。

2.6.1 控制方案的制定

控制方案的制定按如下步骤进行：首先，分析机器人的任务要求和运动方案，确定机器人的总控制功能要求；其次，对要实现的控制功能进行分解，分别制定控制方案；再次，综合各控制方案对控制系统的要求，选择或设计满足各种性能要求的控制系统、传感器和电气执行件；最后，设计出控制电路图，绘制出机器人工作流程图。下面以 2.3 节中的实例为例来介绍机器人控制方案的制定。

根据机器人运动方案中的机械功能分解，我们把机器人控制系统要完成的功能分解为以下 3 个部分：机器人移动和精确定位功能、机器人物料识别功能、机器人搬运物料的路径规划功能。下面具体介绍机器人的移动方案。

机器人的移动动作主要分为直行、左转弯、右转弯。根据机器人的运动方案，本例采用四轮双驱差速完成机器人的运动转变。理论上左、右驱动电动机同步就可实现机器人的直行功能，但实际上由于轮子直径的误差、地面摩擦系数变化及电动机本身的误差，单独用电动机同步无法保证机器人的直行功能，必须通过反馈校正的方法来实现。由于场地上有黑色线条，本例除用带有编码器的电动机以外，另外在机器人底部中心前端位置安装了一个双头的红外轨迹传感器，通过传感器感应机器人与线条的相对位置，然后微调左、右电动机的速度实现直行的功能，循迹流程如图 2-27 所示。当轨迹出现非线性变化时（本例有 90° 转弯），可以通过调整电动机的差速值来确定转弯的弯度，实现循迹的功能，左、右转弯 90° 流程如图 2-28 所示。

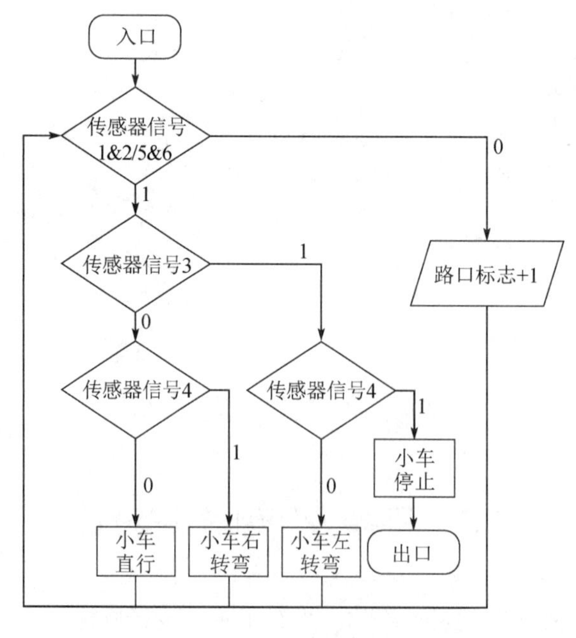

图 2-27 循迹流程

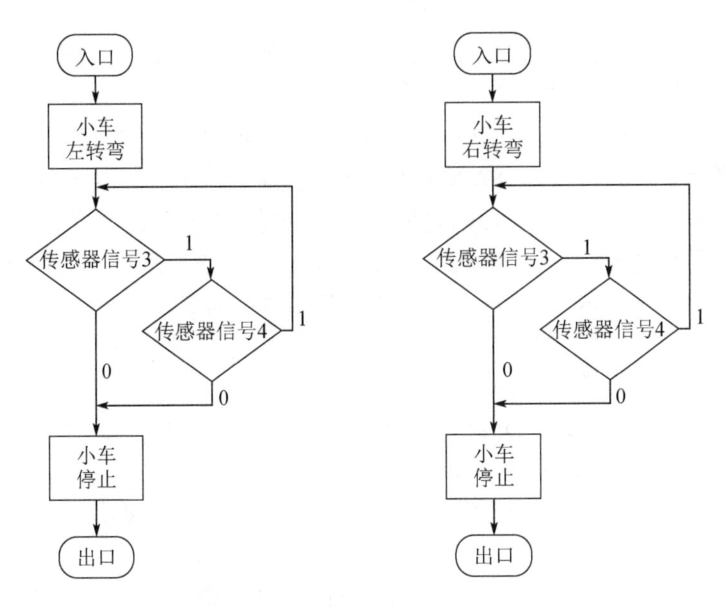

图 2-28　左、右转弯 90°流程

2.6.2　主控系统

机器人的主控系统是机器人控制系统的核心，相当于人的大脑。目前常用的是各种基于单片机的开发系统，如 8051 系列、ARM 系列、AVR 系列、DSP 等。

1．主控系统的选择

根据机器人的运动方案和控制方案需求，确定主控系统所需功能，包括输入/输出点数、接口控制要求、运行速度等，然后综合考虑各种主控系统的稳定性、性价比、可开发性等因素，选择或设计合适的机器人主控系统。机器人主控系统可以用单片机自行设计，其优点是可以根据机器人的具体任务要求设计最精简和实用的控制模块，但前提是设计者要有相关电路设计经验（集成电路、印制电路板原理图设计及布线）。对于初学者来说，选择一个厂家开发成熟的机器人控制器可以快速地体验机器人设计与制作的乐趣和其带来的成就感。目前市场上应用比较多的有各种开发板（如正点原子公司、硬石电子公司的系列产品等）及组合类机器人厂家开发的各种控制器（如德国慧鱼公司开发的 ROBO TX 控制器、ROBO TXT 控制器，机器时代（北京）科技有限公司开发的探索者系列 ARM 板和 Arduino 板，大疆的 Robomaster 开发板等）。本节采用 ROBO TXT 控制器作为机器人的主控系统。

2．ROBO TXT 控制器

ROBO TXT 控制器是德国慧鱼公司开发的一款通用型微控制器，如图 2-29 所示。

ROBO TXT 控制器包括 32 位 ARM Cortex A8 处理器 + Cortex M3 协处理器；128 MB DDR3 RAM，64 MB Flash 内存；一个 Micro SD 卡插槽；2.4 英寸的彩色触摸屏，分辨率为 320 像素×240 像素；Bluetooth/Wi-Fi RF 通信模块，支持 BT 2.1 EDR+ 4.0，WLAN 802.11 b/g/n；红外无线接收模块，适用于遥控套件；内置 Linux 操作系统，支持 ROBO Pro 编程软件、C 语言编译器等。其接口功能如下。

① USB-A 接口（USB-1）：连接诸如慧鱼 USB 摄像头的设备。

② 扩展板接口：连接额外的 ROBOTICS TXT 控制器，用以扩充输入/输出接口；另外可以作为 I2C 接口，连接 I2C 扩展模块。

③ Mini USB 接口（USB-2）：USB 2.0 端口，用于计算机与控制器建立通信。

④ 红外接收管：红外接收管可以接收来自慧鱼控制组件包中遥控器的信号，这些信号可以被读取到控制程序中。这样，遥控器就可以远程控制 ROBOTICS 系列模型了。

⑤ 触摸屏：彩色触摸屏显示控制器的状态，通过触摸屏可以完成对控制器的操作。

⑥ Micro SD 卡插槽：Micro SD 卡可以通过其插入控制器，从而提供额外的存储空间。

⑦ 9V 供电端：9V 充电电池接口，这个接口可以为控制器提供一个移动电源。

⑧ 9V 供电端：直流开关电源接口。

⑨ 输出端 M1～M4 或 O1～O8：信号输出口，可以给 4 个直流电机提供信号，或者给 8 个电灯或电磁铁等电气执行件提供信号。

⑩ 输入端 C1～C4：快速脉冲计数端口，最高脉冲计数频率可达 1kHz（每秒 1000 个脉冲信号）。

⑪ 9V 输出端（正极端子）：为各种传感器提供工作电压。

⑫ ON/OFF 开关：开启或关闭控制器（持续按下 1 秒）。

⑬ 扬声器：播放储存于控制器或 SD 卡中的声音文件。

⑭ 9V 输出端（正极端子）：为各种传感器提供工作电压。

⑮ 纽扣电池仓：ROBO TXT 控制器包含实时时钟（Real-Time Clock）模块，该模块由一个 CR 2032 纽扣电池供电。

⑯ 通用输入端 I1～I8：信号输入口，在 ROBO Pro 软件中，通过修改功能模块属性可以被设置为数字量传感器（微动开关/干簧管/光敏晶体管/轨迹传感器）、模拟量传感器（热敏电阻/光敏电阻/颜色传感器/超声波距离传感器）。

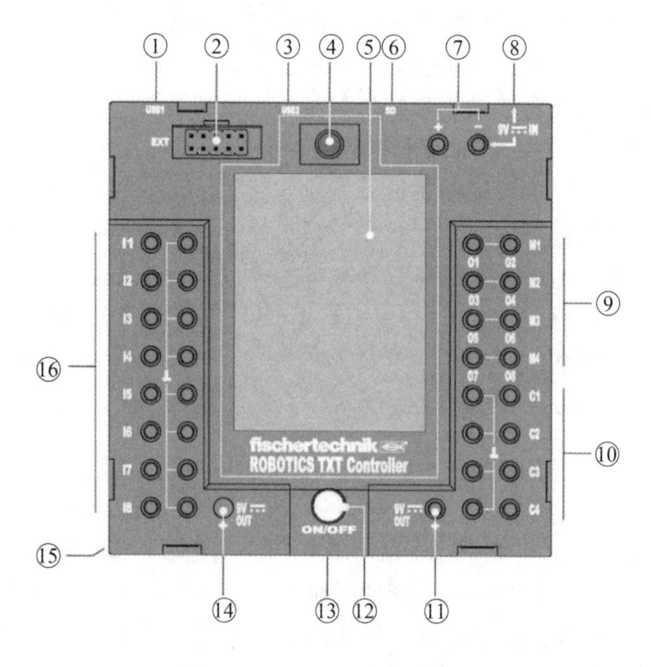

图 2-29 ROBO TXT 控制器

3．ROBO TXT 控制器的操作

（1）控制器的电源要求是 DC 9V～10V 之间，供给方式有两种：直接通过电源插座接入和可充电电池供给，如图 2-30 所示。

图 2-30　电源

（2）ROBO TXT 控制器的触摸屏操作。

ROBO TXT 控制器通过 ON/OFF 开关启动和关闭控制器，持续按下 1 秒打开，再持续按下 1 秒关闭。控制器其他的操作通过触摸屏完成，触摸屏操作说明见表 2-2。

表 2-2　触摸屏操作说明

名称	图示	说明
主菜单		第 1 行：启动程序（START PROGRAM） 第 2 行：文件（FILE） 第 3 行：设置（SETTINGS） 第 4 行：测试（TEST）
第二级菜单	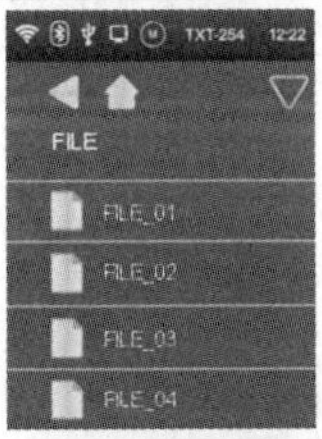	文件选择
	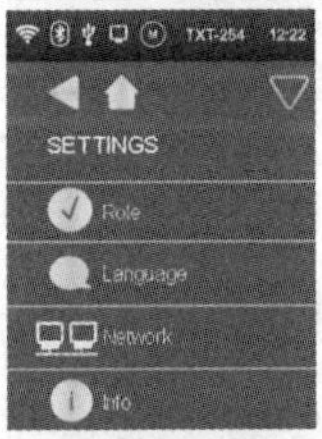	设置 第 1 行：角色（Role） 第 2 行：语言（Language） 第 3 行：网络（Network） 第 4 行：信息（Info）
	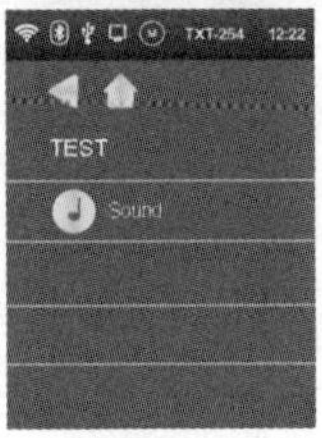	测试 声音（Sound） 通向声音选择页面，在这里可以选择和试听各个声音

续表

名称	图示	说明
第三级菜单	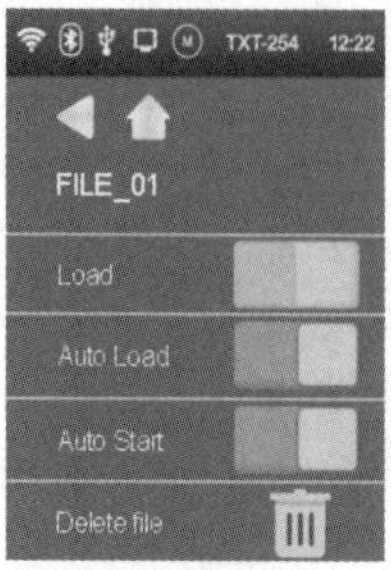 TXT-254 12:22 FILE_01 Load Auto Load Auto Start Delete file	程序文件 第 1 行：加载（Load） 第 2 行：自动加载（Auto Load） 第 3 行：自动启动（Auto Start） 第 4 行：删除程序文件（Delete file）
	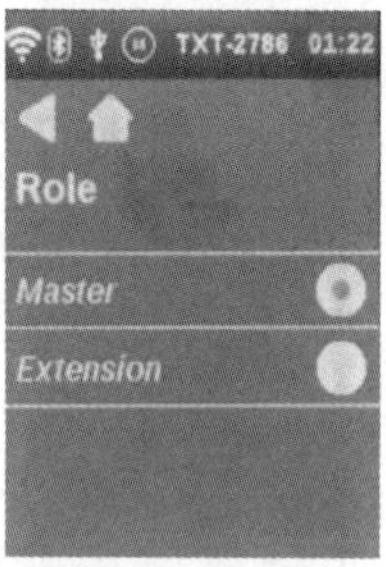 TXT-2786 01:22 Role Master Extension	角色 在这里可以将控制板设置为主控制板或扩展板
	 TXT-254 12:22 LANGUAGES English Deutsch Espagnol Francais	语言 在这里可以选择系统菜单语言
	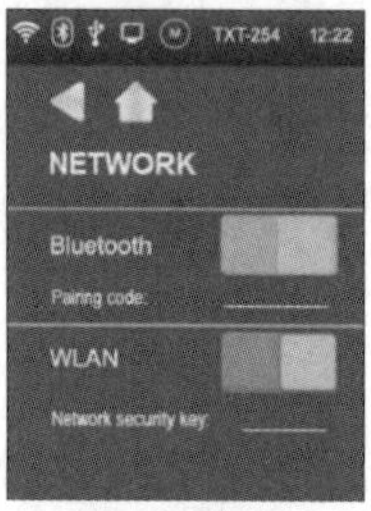 TXT-254 12:22 NETWORK Bluetooth Pairing code: WLAN Network security key:	网络 第 1 行：蓝牙（Bluetooth） 在这里可以开启或关闭蓝牙功能，显示有配对代码 第 2 行：WLAN 在这里可以开启或关闭 WLAN 功能，显示有网络安全密钥
	 TXT-254 12:22 INFO Version, Serial number	控制板信息

续表

名称	图示	说明
第三级菜单	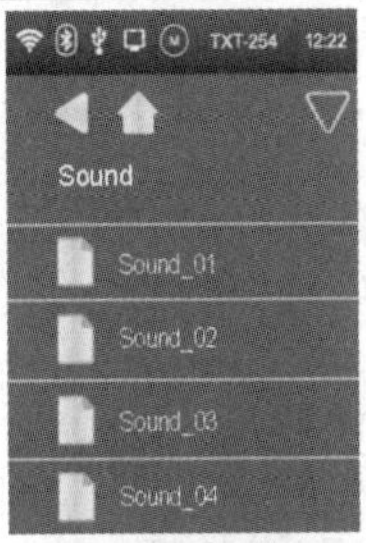	声音 在这里可以选择和试听各个声音文件
状态栏		WLAN
		蓝牙
		USB
		在线模式 在线模式下，程序在计算机中运行，数据在计算机与 ROBO TXT 控制器之间持续交换
		这个图标表示控制器是作为主控制板或扩展板。 M =主控制板，E =扩展板 可以在“SETTINGS”→“Role”菜单下设置
		序号 每个控制器都有唯一永久的序号。如果控制系统中有多个控制器，则序号可以作为分配控制信号的区分因素
		时间 显示当前时间
控制按钮		后退
		返回主菜单
		选择菜单的导向按钮

（3）控制器与计算机的 USB 连接。

控制器首次与计算机连接时，必须安装 USB 驱动。如果计算机上安装有 ROBO Pro 软件，一般在安装软件时会自动安装 USB 驱动。连接方式如下。

① 将控制板通过 USB 数据线连接到计算机。

② 接通控制板电源。

③ 通过 ON/OFF 开关启动控制器（按下持续 1 秒）。

④ 显示屏会显示欢迎界面，操作系统加载完成后，显示主菜单。

⑤ 打开计算机上的 ROBO Pro 软件，单击工具栏中的图标，在弹出的“Interface/Port”对话框的“Port”选区中选择“USB/WLAN/Bluetooth”单选按钮，在“Interface”选区中选择

"ROBO TXT Controller"单选按钮，单击"OK"按钮，在打开的"Select TCP/IP Address"对话框中选择"Default USB"单选按钮，单击"OK"按钮，使控制器与计算机建立通信，如图 2-31 所示。

⑥ 控制器中状态栏显示 USB 连接，说明 USB 通信正常。

⑦ 单击工具栏中的图标，弹出"Interface test"对话框，若其中的"Connection"显示框内显示"Running"，如图 2-32（a）所示，则表示通信正常；如果出现图 2-33 所示的提示窗口或者"Interface test"对话框中的"Connection"显示框内显示"Stopped"，如图 2-32（b）所示，则表示通信异常，检查 USB 数据线和软件接口设置及驱动和计算机 USB 硬件接口。

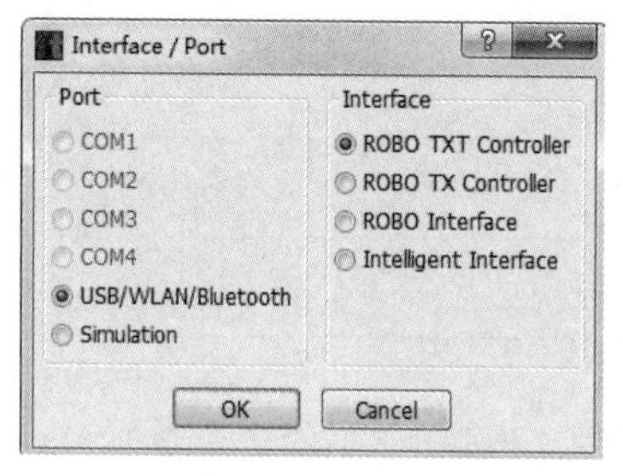

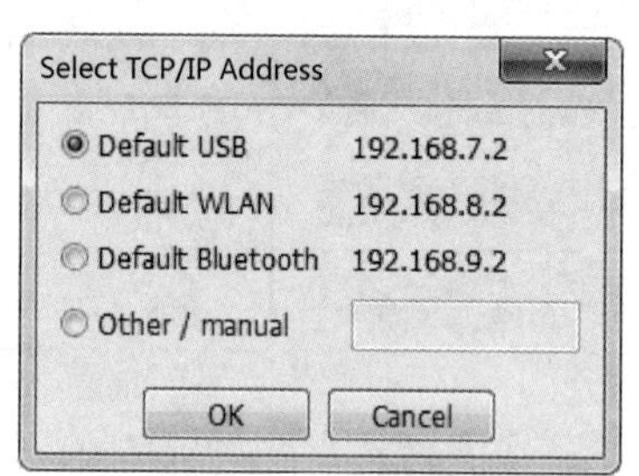

图 2-31　USB 接口设置

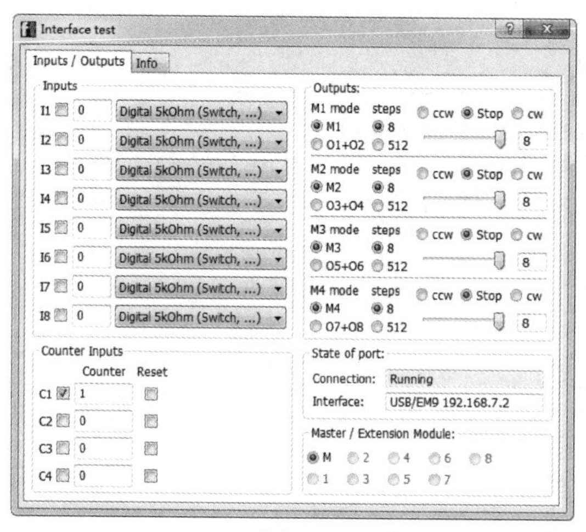

（a）

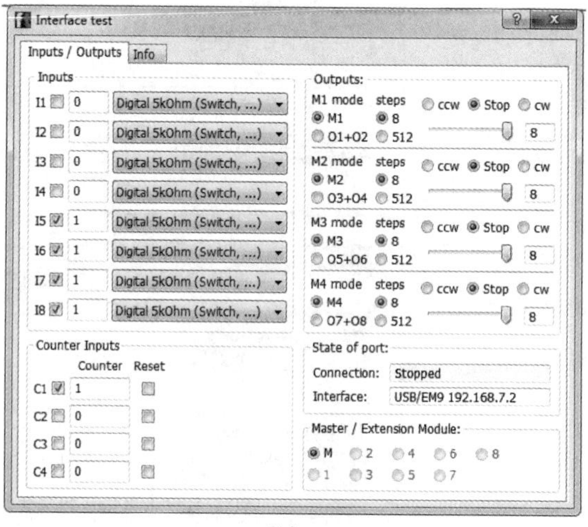

（b）

图 2-32　接口测试对话框

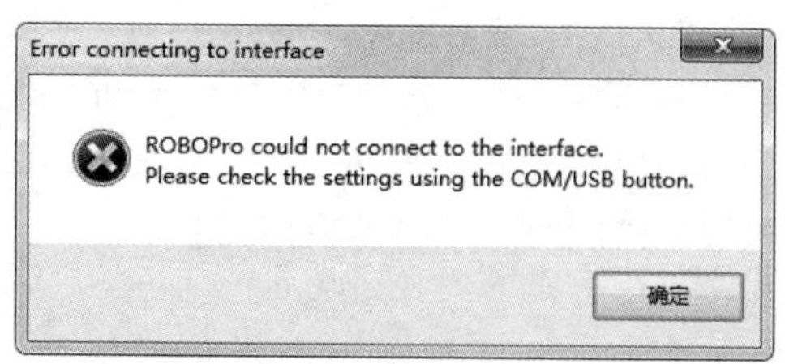

图 2-33　接口 Error 提示窗口

2.6.3　常用传感器

传感器是一种检测装置，能感受到被测量的信息，并能将检测到的信息按一定规律变换成电信号或其他形式的信息输出，以满足信息的传输、处理、存储、显示、记录和控制等要求。机器人常用的传感器有以下几类。

触动传感器：触动传感器是一种行程按钮开关，通过外力触动按钮使内部常开或常闭触点发生变化，一般应用于感应运动部件的变化（如行程限位）。

温度传感器：温度传感器是感应温度及温度变化的传感器，常用的有热敏电阻。热敏电阻的阻值随着温度的升高而减小，根据阻值可以计算当前的温度。

颜色传感器：颜色传感器是一种感应物体颜色的传感器，通过测量构成物体颜色的三基色的反射比率实现颜色检测。颜色传感器一般分为有色标传感器和 RGB（红绿蓝）颜色传感器两种基本类型。

轨迹传感器：轨迹传感器是一种感应轨迹的传感器，常用的有红外轨迹传感器和灰度传感器。红外轨迹传感器由红外发射器和红外接收器两部分组成，红外发射器不断地发射信号，当遇到地面不同颜色时，反射到红外接收器中的信号强弱就会不同，红外接收器把这些不同的信息转化为相应的电信号输出。灰度传感器的工作原理与颜色传感器类似，利用地面有轨迹颜色和地面无轨迹颜色对同一有色光线的不同反射判断出灰度传感器与轨迹的相对位置。

生物感应传感器：生物感应传感器是感应有生命物体的传感器，如热红外传感器（任何物体只要温度在绝对零度以上都会产生红外辐射，人体也是天然的红外辐射源。热红外传感器利用了人体的红外辐射特性，人体热辐射能量被光学系统聚焦在热红外传感器上后转变成电信号，从而判断生命体的存在）。

距离传感器：常用的测量距离的传感器有超声波距离传感器、红外距离传感器和激光雷达距离传感器等。超声波距离传感器利用超声波遇到物体反射的特点，通过发出和接收超声波的时间差及超声波在空气中的传播速度来计算与障碍物的距离，测量精度一般为 cm，测量距离一般为 3m 左右。激光雷达距离传感器利用一束脉冲激光来测距，当发出的激光束到达目标物体时，激光束被目标物体反射回传感器，传感器记录激光束发出和返回的时间，记录的这些数据经过计算可以得出目标物体与传感器之间的距离，利用这些数据还可以建立目标物体的三维模型，因此激光雷达距离传感器被广泛应用于无人机领域。

视觉传感器：即摄像头，通过摄像头可以获得物体图像和物体状态变化等信息，可用于机器人对物体形状、颜色、线条、二维码等的识别。

加速度传感器：加速度传感器是一种用来测量运动物体线性加速度的传感器。加速度传感器主要由检测质量块、支承、阻尼系统、弹簧、电位系统及壳体组成。当物体运动时，检测质量块与壳体产生相对运动，当弹簧力与惯性力达到平衡时，检测质量块与壳体之间的相对运动停止，这时根据弹簧的形变可以计算运动物体的加速度。

角速度传感器：陀螺仪是用来测量运动物体角速度的传感器，三轴陀螺仪可以通过角速度测量运动物体 6 个方向的位置、运动轨迹和加速度。MPU6500 是集三轴加速度传感器和三轴陀螺仪于一体的集成模块。

磁力计：又叫高斯计，磁力计可用于测量磁场方向和磁场强度，在惯性导航中起着确定物体方向的作用。MPU9250 是集三轴加速度传感器、三轴陀螺仪和三轴磁力计于一体的集成模块。

气压计：气压计通常用来测量大气压力及相应的绝对高度，或者通过两个高度值相减得到相对高度。当无人机与地面距离过大，超声波距离传感器失效时，通常使用气压计测量无人机的高度。

全球定位系统：全球定位系统是一种全球导航卫星系统，可以提供物体的三个绝对位置（经度、纬度、高度）的状态信息，还包括物体在当下的三个速度状态向量，其精度一般为米级，由于卫星信号在室内的强度较弱，所以其在室内环境下不可用。常用的全球定位系统有美国的全球定位系统（GPS）、俄罗斯的GLONASS导航系统、我国的北斗卫星定位系统。

慧鱼创意组件中的传感器（本章实例中所用传感器）说明如表2-3所示。

表2-3　慧鱼创意组件中的传感器说明

名称	图示	说明	接线图
微动开关		一种触动传感器：三个接口组成一对常开触点和一对常闭触点。红色按键有按下和弹出两种状态。当红色按键被按下时常开触点闭合，常闭触点断开。红色按键弹出时恢复常态。 适用负载的最大电流为50mA（DC 3V～32V），最大触发行程为3.3mm，触发动作行程为1.6mm，恢复行程为0.7mm，重复精度为0.1mm	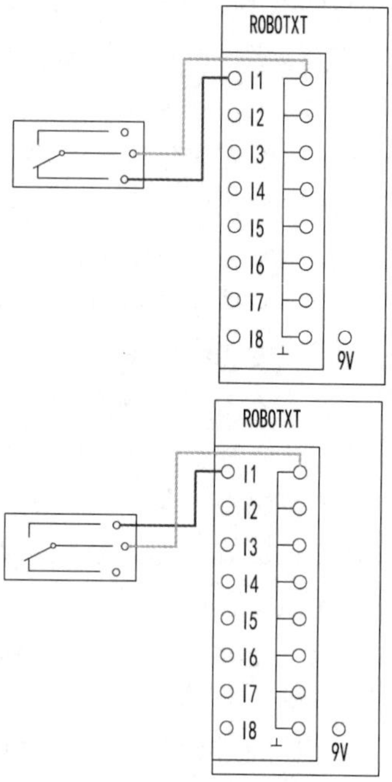 ROBOTXT I1 I2 I3 I4 I5 I6 I7 I8 9V ROBOTXT I1 I2 I3 I4 I5 I6 I7 I8 9V
换向开关		一种可以把输入DC电压转换成正DC电压、负DC电压、0电压输出的三挡位开关	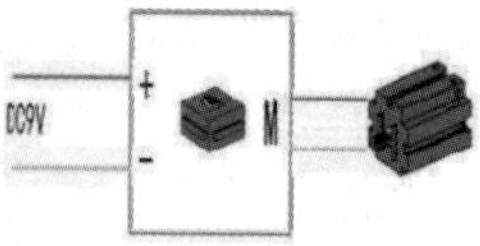 DC9V + - M
温度传感器		一种负温度系数热敏电阻（NTC）：阻值随温度的上升而减小，用于测量环境温度，室温条件下阻值为1.5kΩ，功率为450mW	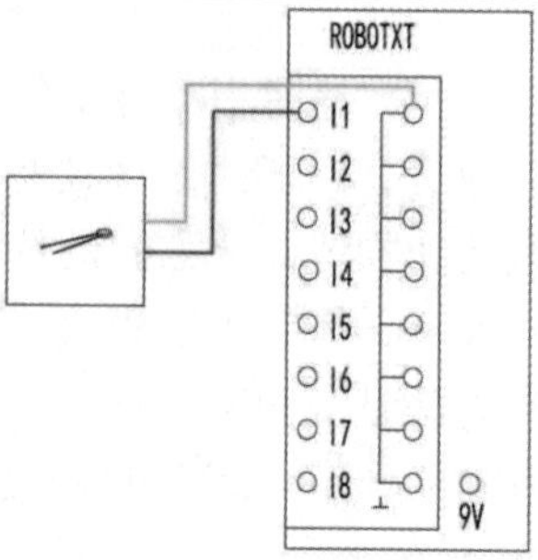 ROBOTXT I1 I2 I3 I4 I5 I6 I7 I8 9V

续表

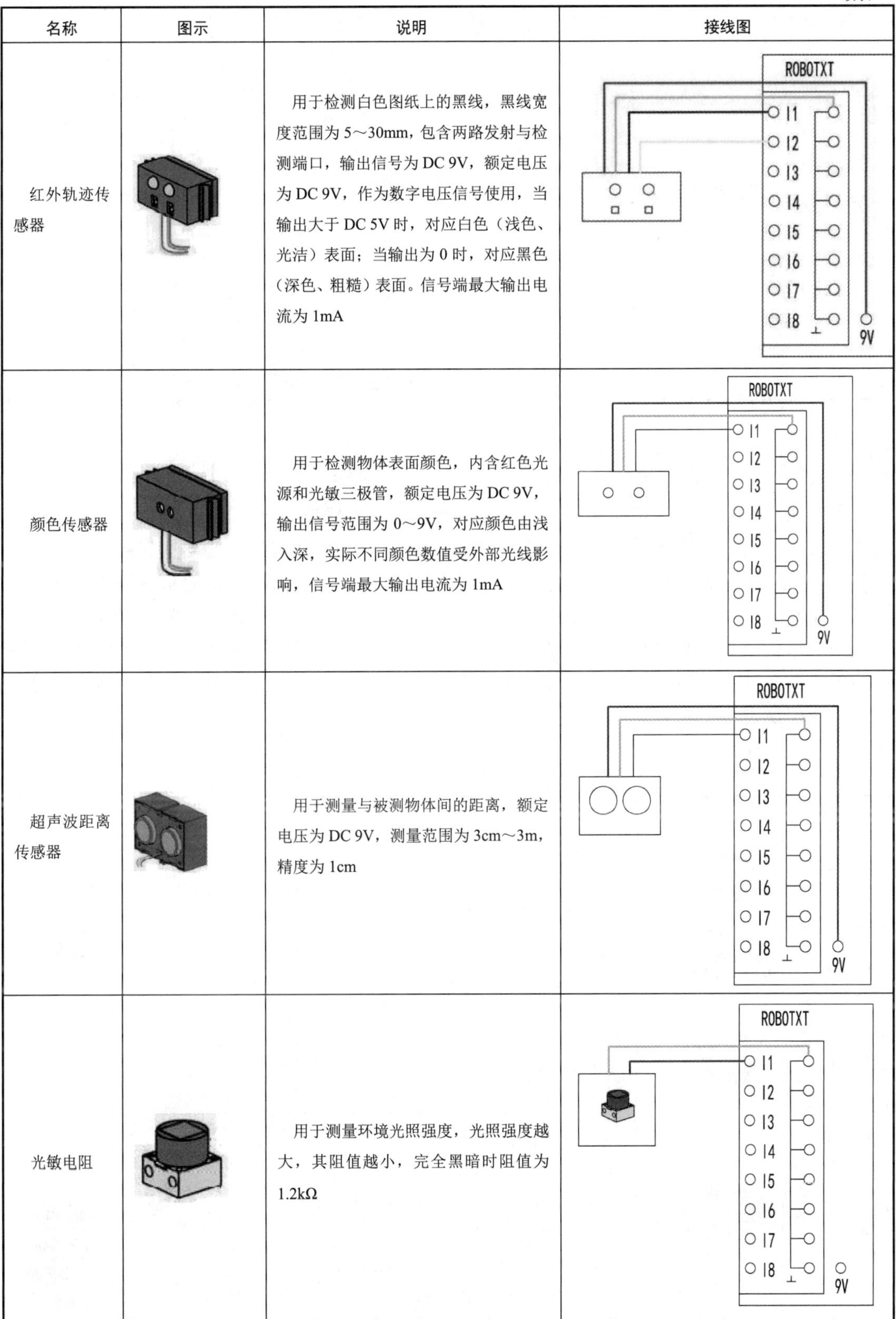

名称	图示	说明	接线图
红外轨迹传感器		用于检测白色图纸上的黑线，黑线宽度范围为 5～30mm，包含两路发射与检测端口，输出信号为 DC 9V，额定电压为 DC 9V，作为数字电压信号使用，当输出大于 DC 5V 时，对应白色（浅色、光洁）表面；当输出为 0 时，对应黑色（深色、粗糙）表面。信号端最大输出电流为 1mA	ROBOTXT I1 I2 I3 I4 I5 I6 I7 I8 9V
颜色传感器		用于检测物体表面颜色，内含红色光源和光敏三极管，额定电压为 DC 9V，输出信号范围为 0～9V，对应颜色由浅入深，实际不同颜色数值受外部光线影响，信号端最大输出电流为 1mA	ROBOTXT I1 I2 I3 I4 I5 I6 I7 I8 9V
超声波距离传感器		用于测量与被测物体间的距离，额定电压为 DC 9V，测量范围为 3cm～3m，精度为 1cm	ROBOTXT I1 I2 I3 I4 I5 I6 I7 I8 9V
光敏电阻		用于测量环境光照强度，光照强度越大，其阻值越小，完全黑暗时阻值为 1.2kΩ	ROBOTXT I1 I2 I3 I4 I5 I6 I7 I8 9V

续表

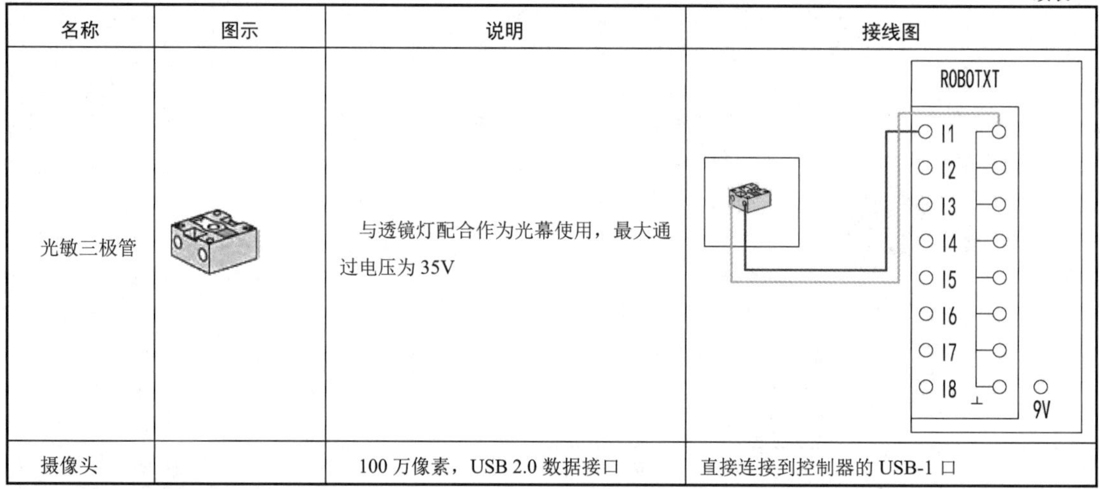

名称	图示	说明	接线图
光敏三极管		与透镜灯配合作为光幕使用，最大通过电压为35V	ROBOTXT I1 I2 I3 I4 I5 I6 I7 I8 9V
摄像头		100万像素，USB 2.0数据接口	直接连接到控制器的USB-1口

2.6.4 常用电气执行件

电气执行件是机器人控制系统中控制信号输出的接收对象，负责将控制信号转换为相应的电信号，从而带动执行系统完成自动化动作。对一般控制器来说，输出接口电流比较小，一些小功率电气执行件（如二极管、继电器等）可以直接被驱动，具体要根据主控系统输出接口电流和电气执行件功率来判断，这里不详述。而大功率电气执行件（如电动机）都要通过驱动电路的放大电路来驱动。本章采用的ROBO TXT控制器接口已将原有ARM板输出接口的电流驱动放大，所以可以直接驱动与之配套的电气执行件。慧鱼创意组件中的相关电气执行件说明如表2-4所示。

表2-4 慧鱼创意组件中的相关电气执行件说明

名称	图示	说明	接线图
XS电机		额定电压为DC 9V，最大输出功率为955mW，转速为5995r/min，扭矩为1.52mNm，电流为0.265A	ROBOTXT 01 02 03 04 05 06 07 08 M1 M2 M3 M4 C1 C2 C3 C4 9V
迷你电机		最大工作电压为9V，最大工作电流为0.65A，最大转速为9500r/min	
XM电机		最大工作电压为9V，最大工作电流为0.9A，最大转速为340r/min	
编码电机		额定电压为DC 9V，最大输出功率为1096W，转速为1735r/min，扭矩为60.29mNm，电流为465mA，其中编码器额定电压为DC 9V，信号端为NPN开路集电极输出，最大电流为2mA，电动机的输出轴每转一圈，编码器输出63个脉冲信号	ROBOTXT 01 02 03 04 05 06 07 08 M1 M2 M3 M4 C1 C2 C3 C4 9V

续表

名称	图示	说明	接线图
灯	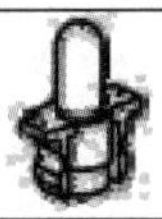	最大工作电压为 9V，最大工作电流为 0.1A	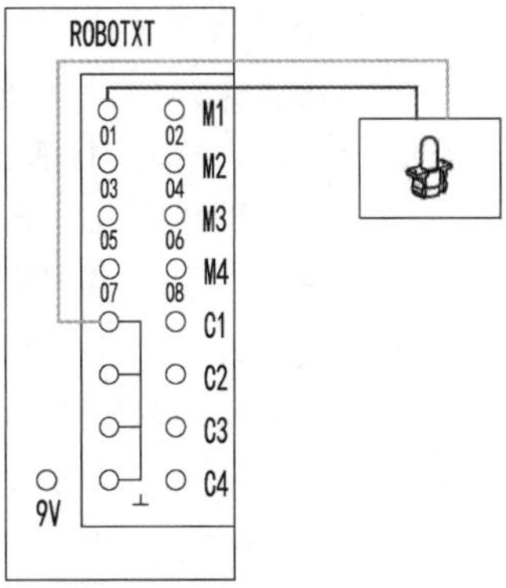
透镜灯		最大工作电压为 9V，最大工作电流为 0.15A	
电磁阀		二位三通电磁阀，最大工作电压为 9V，最大工作电流为 130mA	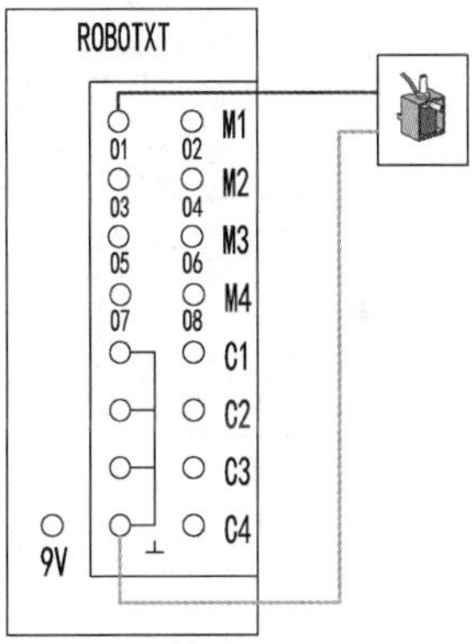
气泵		最大工作电压为 9V，输出气压为 0.7MPa～0.8MPa，气源流量为 2 L/min，工作电流为 200 mA	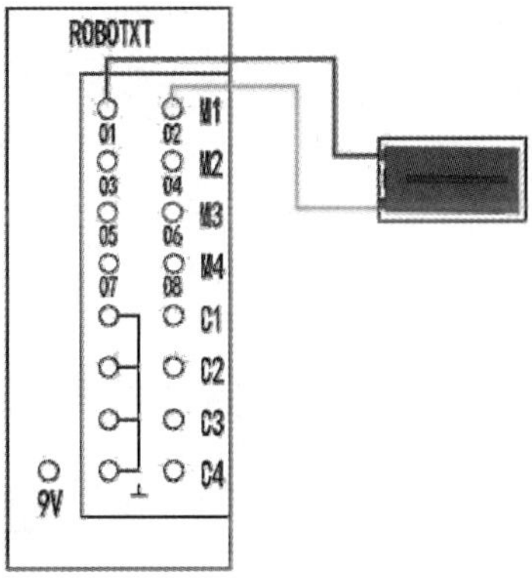

2.6.5　控制电路图绘制

根据机器人控制方案的要求，综合考虑控制器和各种传感器的性能，选择符合机器人控制方案的传感器和电气执行件，最后设计出控制电路图。下面以 2.3 节中的实例为例来介绍机器人控制电路图的设计。

本例中控制器采用的是慧鱼公司的 ROBO TXT 控制器，1 个主控板 IF1 和 1 个扩展板 EM1。根据控制方案中对机器人运动和精确定位功能、机器人物料识别功能、机器人搬运物料路径规划功能的要求和运动方案中对各动作的驱动要求，选择如下传感器和电气执行件。

① 3 个红外轨迹传感器：I1/I2 用于检测机器人左侧；I3/I4 用于检测机器人前端；I5/I6 用于检测机器人右侧。

② 1 个超声波距离传感器：I7 用于感应物料位置。

③ 1 个摄像头：用于检测物料形状、颜色，同时辅助小车调整姿态。

④ 2 个编码电机：M1/M2 驱动机器人的左、右轮。

⑤ 1 个迷你电机：M3 驱动机械臂沿 *Z* 轴运动。

⑥ 1 个迷你电机：M4 驱动机械臂沿 *Y* 轴运动。

⑦ 1 个气泵：M1（EM1）为机械爪提供动力。

⑧ 2 个电磁阀：M2/M3（EM1）实现机械爪的抓取功能。

⑨ 2 个行程开关：I1/I2（EM1）用于 *Y* 轴上下行程限位。

主控制板、扩展板接线图分别如图 2-34、图 2-35 所示，气管连接图如图 2-36 所示。

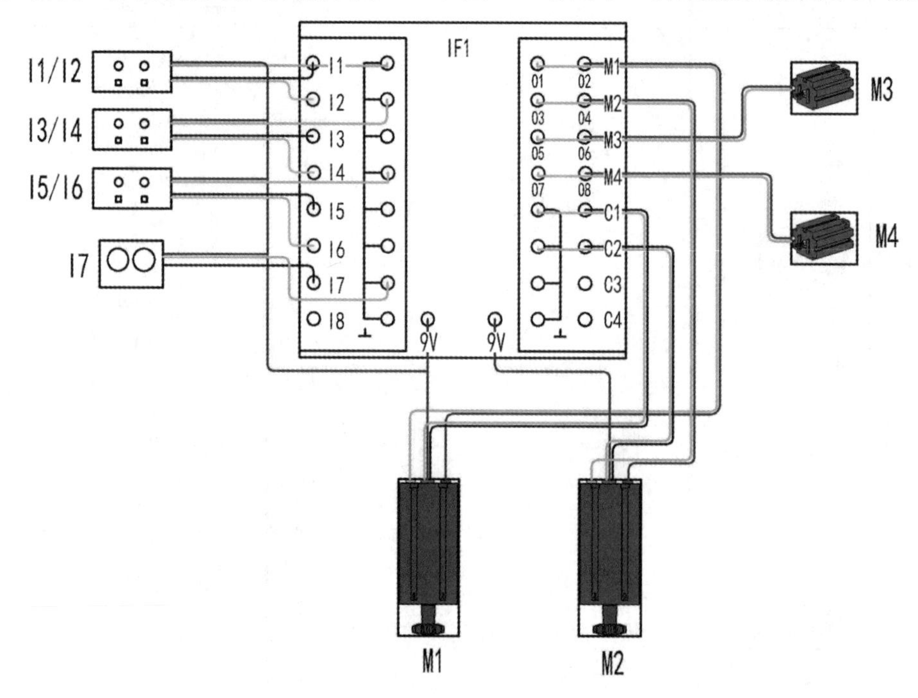

图 2-34 主控制板接线图

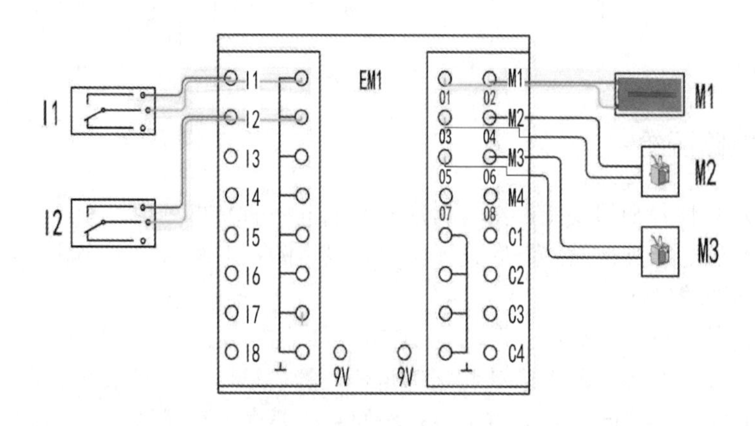

图 2-35 扩展板接线图

2.6.6　编程软件

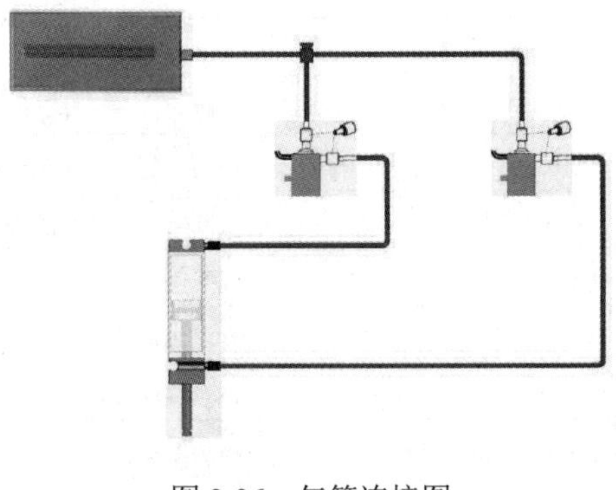

图 2-36　气管连接图

机器人控制功能的实现，需要通过执行编制的程序来完成。根据选择的主控系统硬件，我们选择对应的编程软件和编程语言来完成程序的编制，如 51 系列单片机我们通常用 MDK 软件、C 语言编程，STM32 系列单片机用 Keil 软件、C 语言编程等。不管采用哪种编程软件和编程语言，程序都是命令的符号化书写。最终程序都要通过编译转换为机器人主控系统能识别的机器语言来完成一系列的自动化命令。本章采用的是慧鱼公司对应 ROBO TXT 控制器的 ROBO Pro 软件、图形化语言编程。这种图形化编程方式能让初学者快速地掌握编程，实现机器人的自动化控制。

ROBO Pro 软件有好多版本，新版本控制器需要从慧鱼公司的官方网站下载对应版本的软件才能正常使用。一般新版本软件兼容旧版本控制器。

（1）安装软件及驱动。

单击软件安装包中的 setup.exe，按提示一步步将程序安装完毕，并按照提示安装完所有驱动。

（2）ROBO Pro 软件介绍。

ROBO Pro 编程分为 5 级，可根据编程需要在软件中选择 Level1～Level5，级别越高，功能模块越多。软件界面由菜单栏、工具栏、目录栏、编程模块、编程窗口及状态栏组成，如图 2-37 所示，菜单栏、工具栏及编程窗口的说明分别如表 2-5、表 2-6、表 2-7 所示。

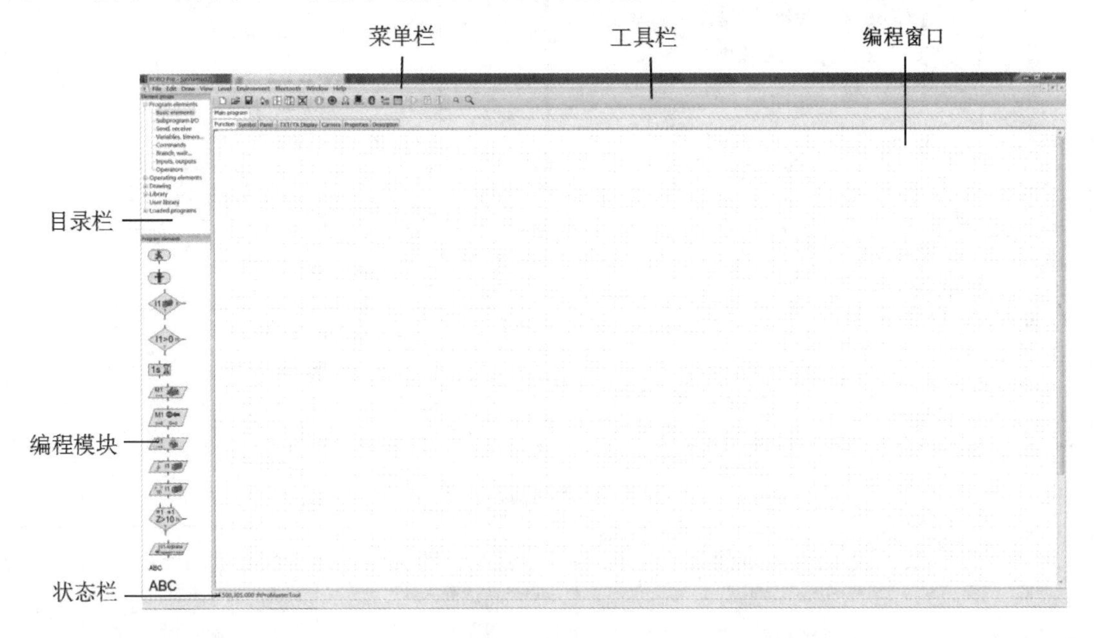

图 2-37　软件界面

表 2-5　菜单栏说明

菜单	功能说明
File 文件	新建、打开、存储、打印、用户自定义库
Edit 编辑	撤销、剪切、复制、粘贴、子程序操作、选择程序备份数量
Draw 绘图	对已绘制连接线的编辑与设置
Language 语言	选择语言
View 查看	设置 Toolbar 工具栏显示状态
Level 级别	设置编程级别，共有 5 个级别
Environment 环境	控制器类型设置，默认为 ROBO TX 控制器
Bluetooth 蓝牙	设置蓝牙连接
Window 窗口	设置编程窗口的显示方式
Help 帮助	查看软件属性、帮助、访问官网及下载更新

表 2-6　工具栏说明

工具图标	说明	工具图标	说明
	新建一个编程窗口		切换控制器的编程环境
	打开一个 ROBO Pro 程序		设置蓝牙通信
	保存当前的 ROBO Pro 程序		设置控制器与计算机的连接方式
	删除编程窗口中的编程模块或子程序模块		联机模式下测试控制器端口
	新建一个子程序。单击左边目录栏最下方的“loaded programs”按钮，在下方编程模块中会出现当前程序的所有子程序模块（带有入口和出口的绿色框）		在调试模式下执行程序
	复制当前子程序		在调试模式下暂停程序
	删除当前子程序		在调试模式下单步执行程序
	在联机（ROBO TXT 控制器与计算机连接）模式下运行当前程序		缩小编程模块
	终止所有运行的程序		放大编程模块
	下载程序。将编写好的程序下载到 ROBO TXT 控制器		

表 2-7　编辑窗口说明

选项标签	说明	选项标签	说明
Function（功能）	主程序显示区域	Camera（摄像头）	摄像头具有感应、检测等功能
Symbol（符号）	子程序被引用时的符号	Properties（属性）	设置主程序或子程序属性
Panel（面板）	控制面板绘制区域	Description（描述）	描述程序的功能
TXT/TX Display（显示屏）	编辑控制器显示屏的区域		

（3）ROBO Pro 功能模块介绍。

一个功能模块代表一种类型的编程功能，类似于 C 语言中的函数、类等功能。功能模块都有属性，通过属性可以改变功能模块的参数（接口地址、速度、状态、控制对象等），使得功能模块具有通用性，如数字量分支模块，在编程窗口右击该模块，出现图 2-38 所示的“Branch”对话框，在“Digital input”选区中选择数字量输入的地址（I、C 或 ME）；在“Interface/ Extension”下拉列表中选择控制器是主控制板还是扩展板（最多可以扩展 8 块板）；在“Sensor type”下拉列表中选择传感器类型（Pushbutton switch、Phototransistor、Reed switch、Trail sensor）；在“Swap 1/0 branches”选区中选择模块分支出口方向（默认下方为 1 出口，右方为 0 出口）。

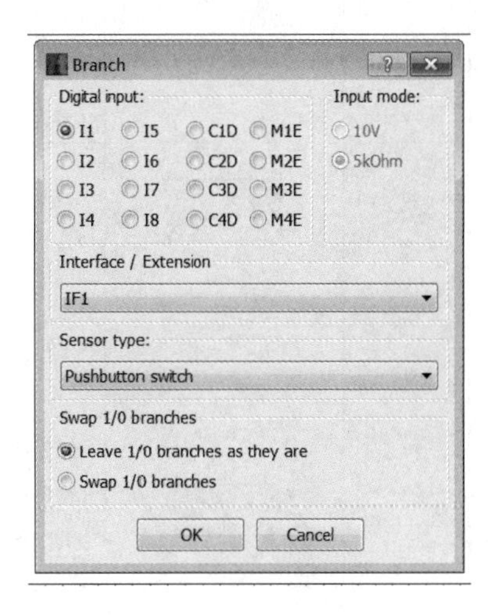

图 2-38　“Branch”对话框

功能模块有蓝框和橙框两种，模块上的接口也有蓝色和橙色两种端口。蓝框模块是流程模块，模块上的蓝色端口代表入口和出口，其中，上方为入口，下方为出口，用于与其他模块（功能模块或子程序）建立联系；模块上的橙色端口代表数据、命令的输入和输出，一般左边为输入、右边为输出，用于模块间数据和命令的传递。橙框模块是数据处理模块，用于处理数据，不参与流控，包括外部数据输入/输出、变量、数值运算、数据传递等功能模块，模块端口都为橙色端口。程序中与蓝色端口相连的线为蓝色，线上箭头的方向代表程序流程运行的方向；与橙色端口相连的线为橙色，线上箭头的方向代表数据或命令的流向。具体各功能模块的说明如表 2-8 所示。

表 2-8　各功能模块的说明

名称	ROBO Pro 图标	说明	案例
Level1 开始		程序进程的起点。如果一个程序由几个进程组成（可以同时运行），则每一个进程都必须有一个开始模块	程序开始—电机运行—碰到开关—电机停止
结束		程序进程的结束。进程也可以不含结束模块	
数字量 分支	I1 0 1	采样控制器输入端口数字量输入的状态（按钮开关、光敏三极管、干簧管、红外轨迹传感器）。如果是 1，则程序从“1”出口向下执行；如果是 0，则程序从“0”出口向下执行	

续表

名称	ROBO Pro 图标	说明	案例
模拟量分支	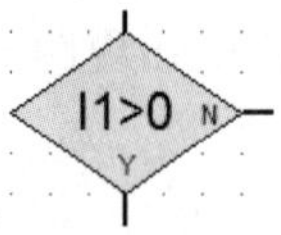 I1>0 N Y	采样控制板输入端口模拟量输入的值（热敏电阻、光敏电阻、距离传感器、颜色传感器）。若表达式的值为真，则程序从“Y”出口向下执行；若表达式的值为假，则程序从“N”出口向下执行	程序开始—电机运行—在 5cm 范围内感应到障碍物—电机减速—1s 后电机停止 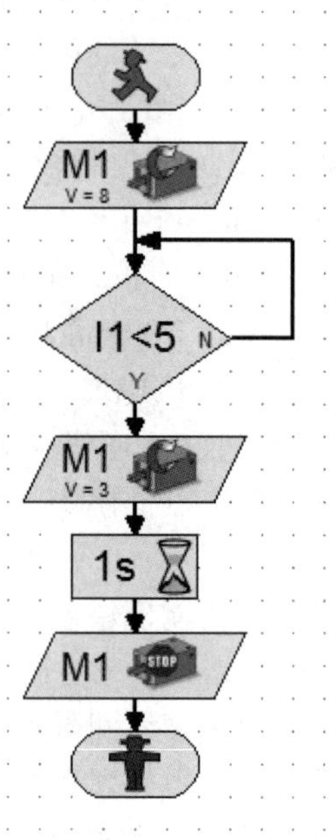
延时	 1s	流程执行延迟一个所设定的时间	
马达输出	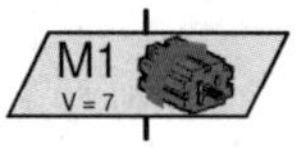 M1 V=7	控制控制板两级输出端口（M1～M4）的信号，该信号可以用来控制电机、灯、电磁阀、电磁铁等	
编码电机输出	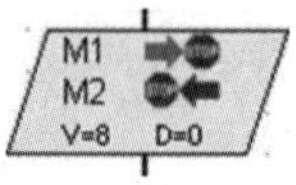 M1 M2 V=8 D=0	控制控制板两级输出端口（M1～M4）的信号，区别于上一个模块，该信号用来控制编码电机进行定位控制和同步控制	程序开始—按下一次按钮—电机转动一个设定的角度—循环运行 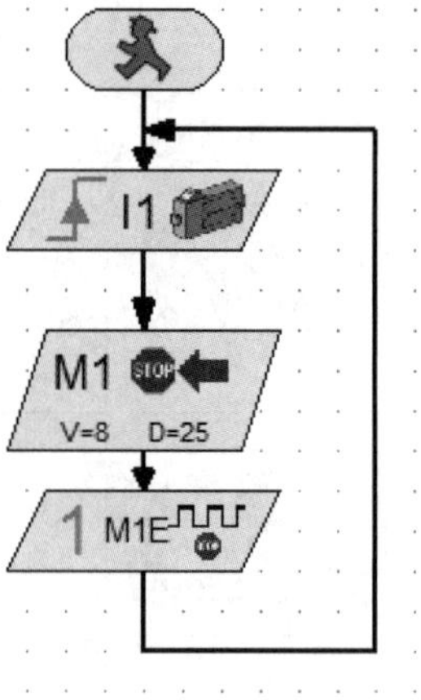
等待输入	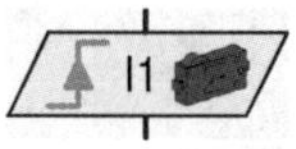 I1	等待数字量信号状态变化（控制器输入端口 I、计数输入端口 C、编码电机脉冲到达信号 ME 等）。程序将在该模块处停留，直到出现指定的数字量信号状态变化	
脉冲计数器	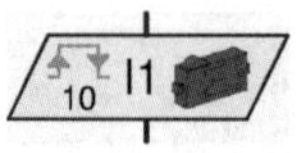 10 I1	等待脉冲计数到达。程序将在该模块处停留，直到脉冲计数到达设定的值	程序开始—每按下开关 4 次—灯闪烁 1 次—循环 10 次后—发出报警声并结束
灯输出	 O1 I=7	控制控制板一级输出端口（O1～O8）的信号，该信号可以用来控制单方向旋转电机、灯、电磁阀、电磁铁等	

续表

名称	ROBO Pro 图标	说明	案例
循环计数	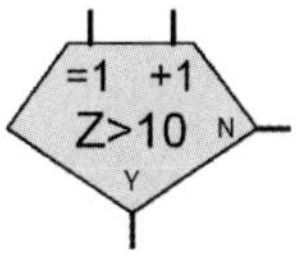	可以让某一个程序段执行给定的次数。类似于 C 语言中的 for 循环	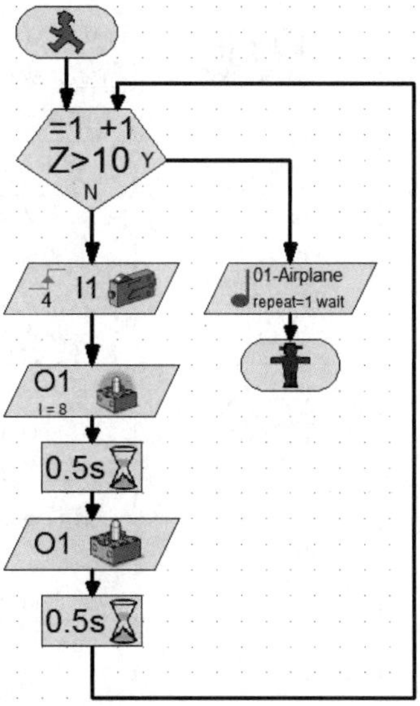
声音信号	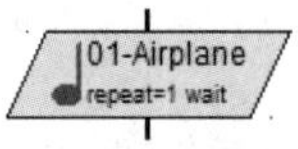	通过该模块，控制发声器发出满足给定要求的声音	
Level2 子程序入口		主程序或者上一层子程序通过它进入子程序模块	主程序：根据光敏传感器的输出值控制灯的开关 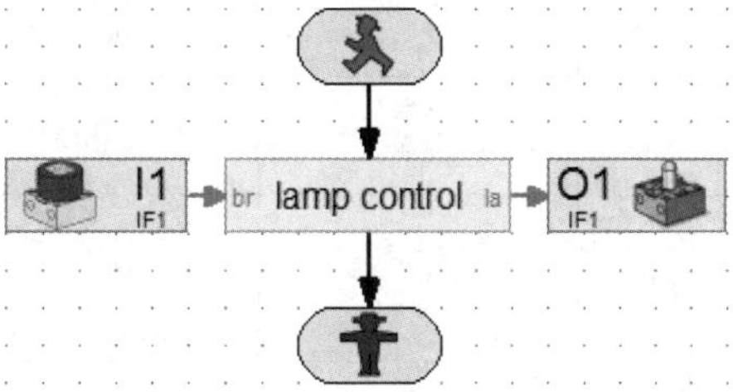 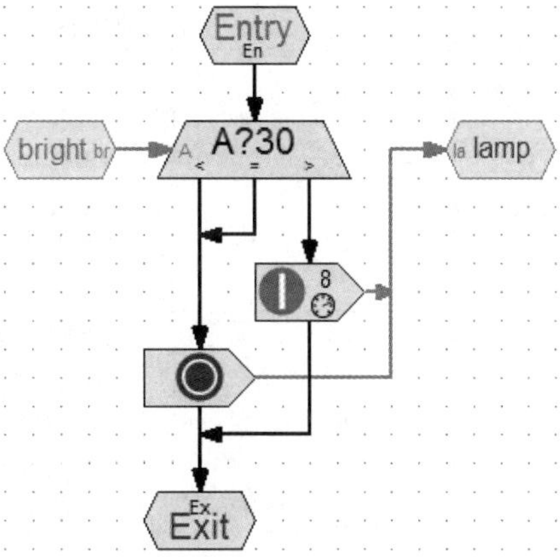
子程序出口		子程序通过它回到上一层子程序或者主程序	
Level3 子程序指令输入		通过该模块，主程序或者上一层子程序可以给子程序传递数据参数	
子程序指令输出		通过该模块，子程序可以给主程序或者上一层子程序返回数据	子程序：当光敏传感器的输出值≤30 时，关信号输出；当光敏传感器的输出值>30 时，开信号输出
输入		将控制器输入端口信号（按钮开关、光敏三极管、干簧管、红外轨迹传感器、热敏电阻、光敏电阻、距离传感器、颜色传感器）的状态值传递给程序	
灯输出		把命令传递给控制器单级输出端口（O1～O8）的信号，该信号可以用来控制单方向旋转电机、灯、电磁阀、电磁铁等	

续表

<table>
<tr><th>名称</th><th>ROBO Pro 图标</th><th>说明</th><th>案例</th></tr>
<tr><td>马达输出</td><td>M1 IF1</td><td>把命令传递给控制器两级输出端口（M1～M4）的信号，该信号可以用来控制电机、灯、电磁阀、电磁铁等</td><td rowspan="15">程序开始—给人数变量赋初始值 0—电机启动—在光电开关信号的每一个上升沿均使变量值加 1—人数变量值>30—电机停止 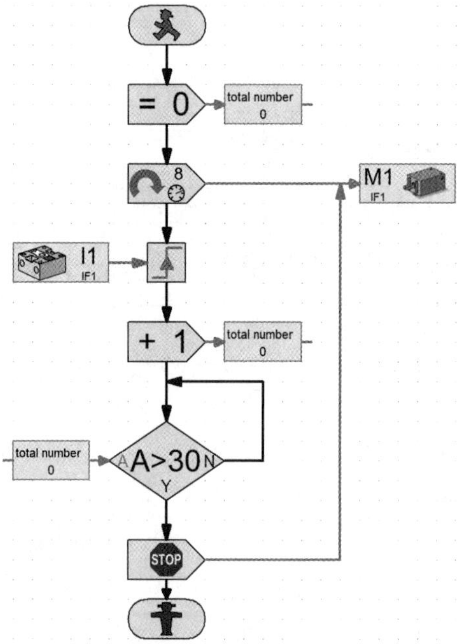</td></tr>
<tr><td>常量</td><td>0</td><td>定义一个固定不变的值</td></tr>
<tr><td>全局变量</td><td>Var 0</td><td>可以存储一个-32768～32767之间的整数或者一个48位的浮点数，定义变量的值随指令的执行而发生改变。</td></tr>
<tr><td>指令
=赋值</td><td>= 0</td><td>将一个数值分配给接收者，接收者可以是变量、定时器变量、序列表、面板输出等</td></tr>
<tr><td>+加</td><td>+ 1</td><td>使设定的值加到变量或者定时器变量上，改变变量或者定时器变量的值</td></tr>
<tr><td>-减</td><td>- 1</td><td>使变量或者定时器变量的值减去一个设定的值</td></tr>
<tr><td>右转</td><td>8</td><td>使右转指令和速度值传递给马达输出端口</td></tr>
<tr><td>左转</td><td>8</td><td>将左转指令和速度值传递给马达输出端口</td></tr>
<tr><td>停止</td><td>STOP</td><td>将停止指令传递给马达输出端口</td></tr>
<tr><td>打开</td><td>8</td><td>将打开指令和附带的亮度值传递给灯输出端口（或电磁阀、电磁铁输出端口）</td></tr>
<tr><td>关闭</td><td> 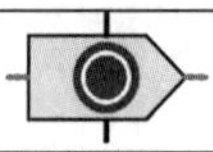</td><td>将关闭指令传递给灯输出端口（或电磁阀、电磁铁输出端口）</td></tr>
<tr><td>数据输入
分支</td><td>A>0 A N Y</td><td>读入“A”口的值，并与设定的值比较，若表达式为真，则程序从“Y”出口向下执行；若表达式为假，则程序从“N”出口向下执行</td></tr>
<tr><td>固定值
比较</td><td>A?0 < = ></td><td>读入“A”口的值，并与设定的值比较，若小于设定值，则程序从左边出口向下执行；若等于设定值，则程序从中间出口向下执行；若大于设定值，则程序从右边出口向下执行</td></tr>
<tr><td>比较</td><td>A?B < = ></td><td>读入“A”口和“B”口的值，并做出比较，若 <i>A</i><<i>B</i>，则程序从左边出口向下执行；若 <i>A</i>=<i>B</i>，则程序从中间出口向下执行；若 <i>A</i>><i>B</i>，则程序从右边出口向下执行</td></tr>
<tr><td>等待</td><td>Y N</td><td>等待数据输入信号状态变化。程序将在该模块处停留，直到出现指定的信号状态变化</td></tr>
</table>

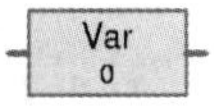

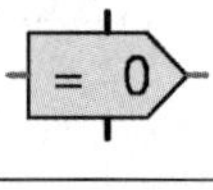

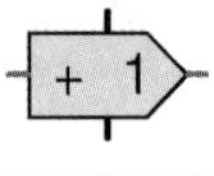

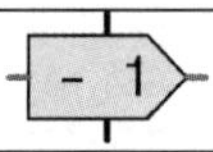

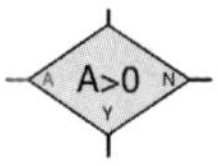

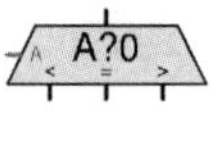

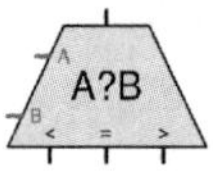

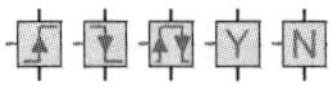

续表

名称	ROBO Pro 图标	说明	案例
脉冲计数	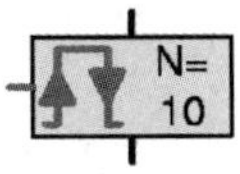 N= 10	等待数据输入信号脉冲计数到达。程序将在该模块处停留，直到脉冲计数到达设定的值	程序功能同上例 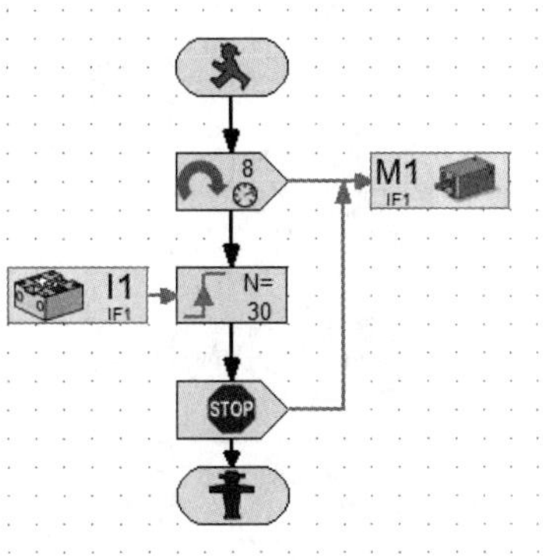 或（用 Level1 中模块） 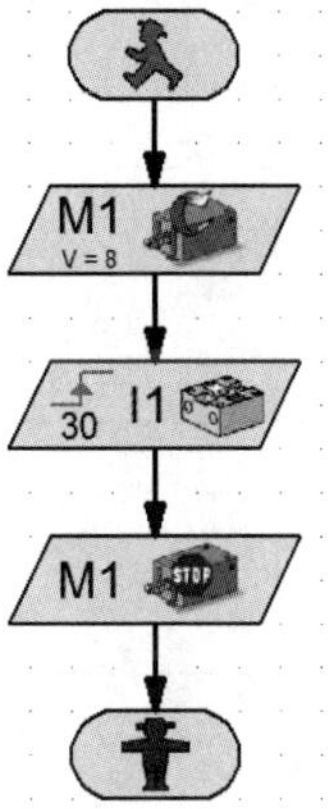
定时器变量	 × 10ms	可以存储一个以给定节拍为单位的时间值，模块从开始执行，每经过一个时间节拍，存储的变量值减少 1，直到为零	程序开始—电机开始运行—设置一个 100s 定时器—碰到开关后停止—将电机工作时间存入变量中 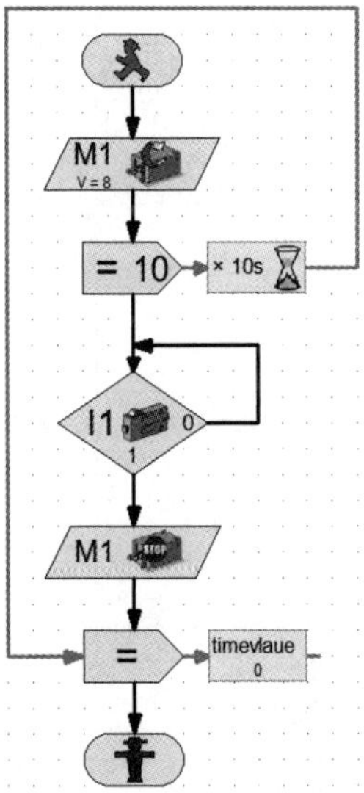

续表

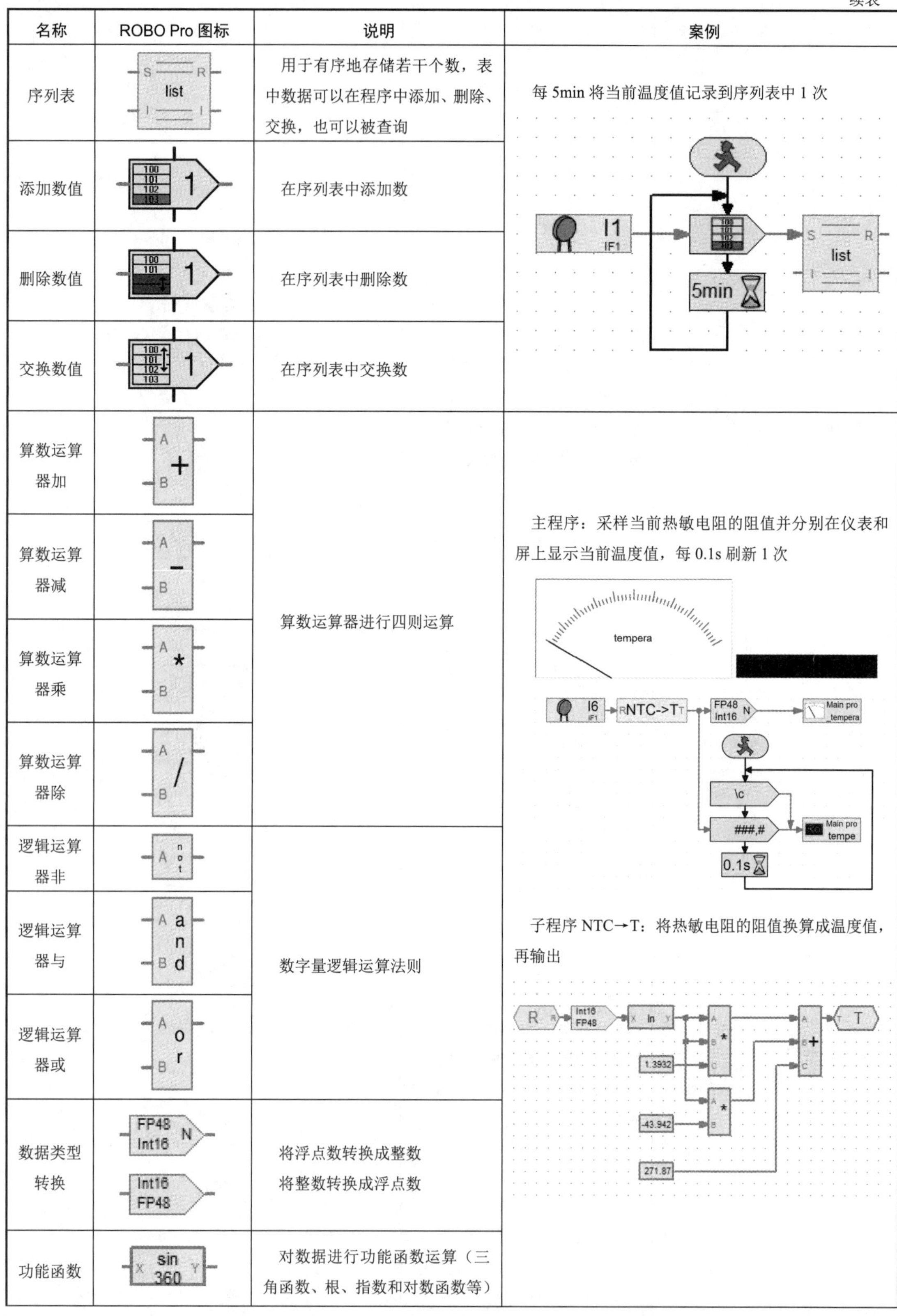

名称	ROBO Pro 图标	说明	案例
序列表		用于有序地存储若干个数，表中数据可以在程序中添加、删除、交换，也可以被查询	每 5min 将当前温度值记录到序列表中 1 次
添加数值		在序列表中添加数	
删除数值		在序列表中删除数	
交换数值		在序列表中交换数	
算数运算器加		算数运算器进行四则运算	主程序：采样当前热敏电阻的阻值并分别在仪表和屏上显示当前温度值，每 0.1s 刷新 1 次
算数运算器减			
算数运算器乘			
算数运算器除			
逻辑运算器非		数字量逻辑运算法则	子程序 NTC→T：将热敏电阻的阻值换算成温度值，再输出
逻辑运算器与			
逻辑运算器或			
数据类型转换		将浮点数转换成整数 将整数转换成浮点数	
功能函数		对数据进行功能函数运算（三角函数、根、指数和对数函数等）	

续表

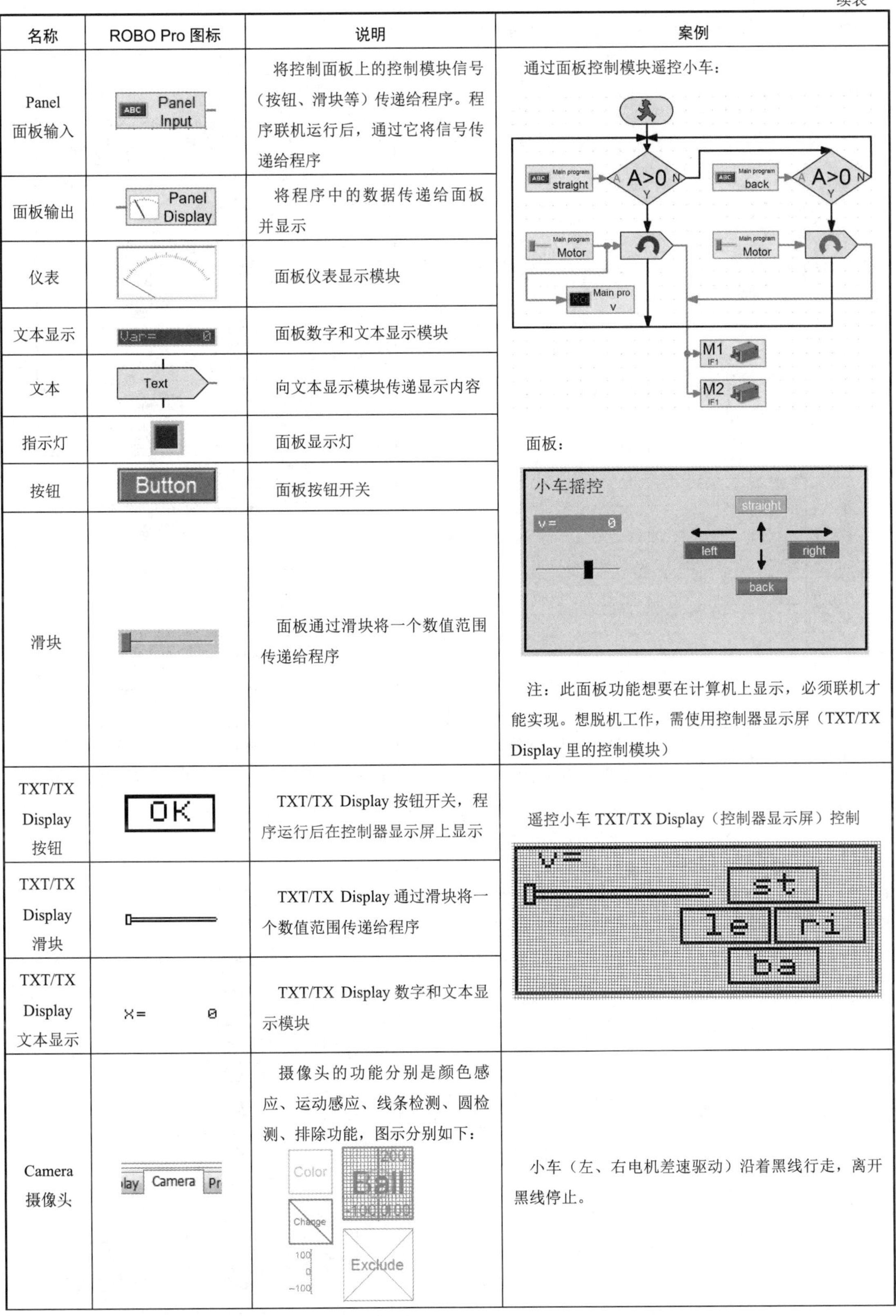

名称	ROBO Pro 图标	说明	案例
Panel 面板输入	Panel Input	将控制面板上的控制模块信号（按钮、滑块等）传递给程序。程序联机运行后，通过它将信号传递给程序	通过面板控制模块遥控小车： 面板： 注：此面板功能想要在计算机上显示，必须联机才能实现。想脱机工作，需使用控制器显示屏（TXT/TX Display 里的控制模块）
面板输出	Panel Display	将程序中的数据传递给面板并显示	
仪表		面板仪表显示模块	
文本显示	Var= 0	面板数字和文本显示模块	
文本	Text	向文本显示模块传递显示内容	
指示灯		面板显示灯	
按钮	Button	面板按钮开关	
滑块		面板通过滑块将一个数值范围传递给程序	
TXT/TX Display 按钮	OK	TXT/TX Display 按钮开关，程序运行后在控制器显示屏上显示	遥控小车 TXT/TX Display（控制器显示屏）控制
TXT/TX Display 滑块		TXT/TX Display 通过滑块将一个数值范围传递给程序	
TXT/TX Display 文本显示	X= 0	TXT/TX Display 数字和文本显示模块	
Camera 摄像头	Camera	摄像头的功能分别是颜色感应、运动感应、线条检测、圆检测、排除功能，图示分别如下：	小车（左、右电机差速驱动）沿着黑线行走，离开黑线停止。

续表

名称	ROBO Pro 图标	说明	案例
摄像头输入	 Camera Input	将摄像头数据传递给程序	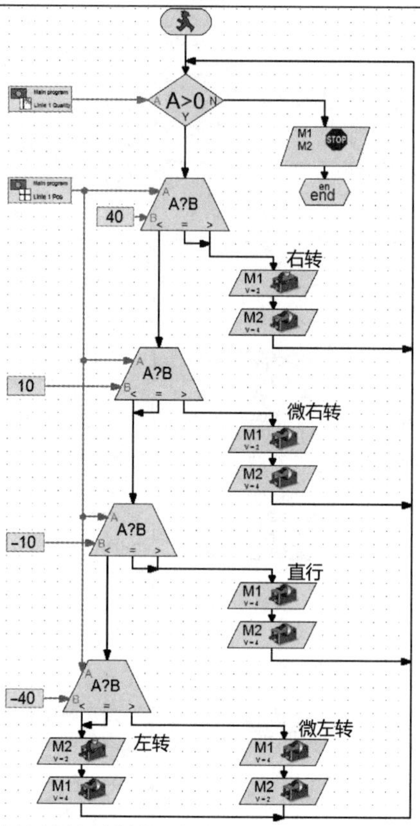 右转 微右转 直行 微左转 左转
发射	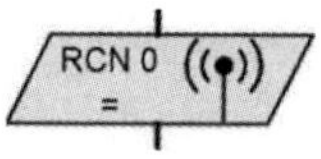 RCN 0 =	通过蓝牙或无线发送命令或值给其他控制器（适用于 ROBO TX 控制器）	两机器人协同工作：1 号机器人工作—遇到开关—机器人停止—发送命令到 2 号机器人—等待 2 号机器人 end 命令—判断值是否是 1—如果是 1—1 号机器人再出发 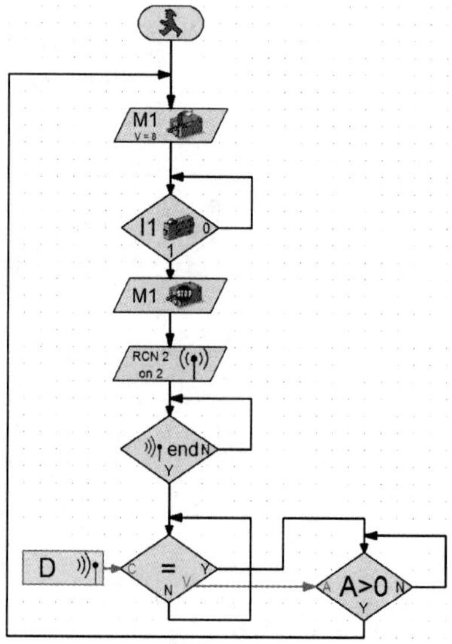
接收命令分支	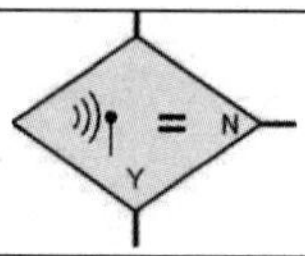 = N Y	通过蓝牙或无线接收其他控制器的命令并做出判断（适用于 ROBO TX 控制器）	
接收数据	 D	通过蓝牙或无线接收其他控制器发出的任意命令的值（适用于 ROBO TX 控制器）	

续表

名称	ROBO Pro 图标	说明	案例
			2 号机器人接收到 1 号机器人的命令—开始运行—机器人工作结束—发送 end 命令给 1 号机器人

（4）ROBO Pro 软件的程序结构及编程方法。

ROBO Pro 软件采用图形化语言编程，软件把各编程功能进行分类别封装再以图形的形式表示出来，编程就是直接调用相关图形模块，再用连接线把各功能模块按照逻辑组合起来，编制成一个类似于流程图的程序，程序从“小绿人”开始沿着流程方向自上向下执行，直到遇到“小红人”，程序结束。程序包括三部分：主程序、子程序和程序界面。主程序包括开始、程序主体、结束；子程序包括入口、程序主体、出口。ROBO Pro 软件允许多进程同时工作（几个主程序相互独立，同时运行）。

例 2：编制一个按一次按钮灯亮，再按一次按钮灯灭的程序。

分析：根据上述功能要求画出的灯控制线路图如图 2-39 所示，灯控制波形图如图 2-40 所示。

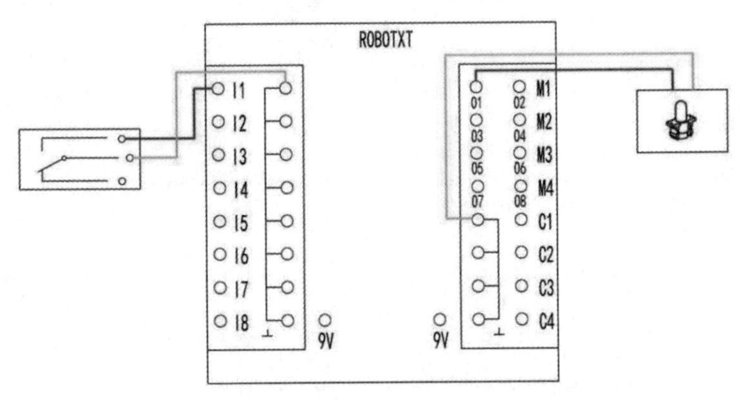

图 2-39　灯控制线路图

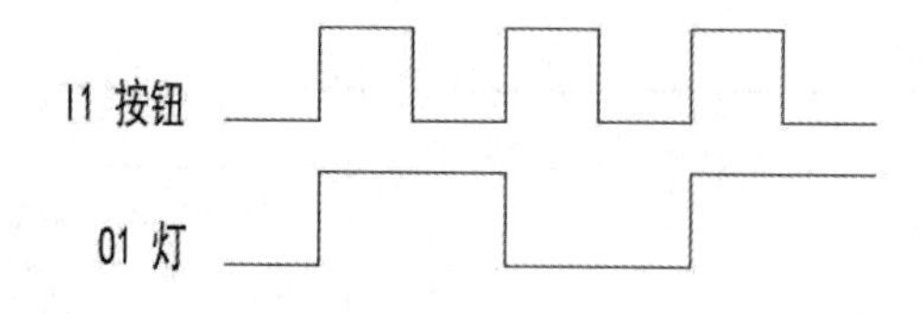

图 2-40　灯控制波形图

根据波形图编制灯控制程序，如图 2-41 所示。

（5）程序测试方法。

① 把按钮、灯和 ROBO TXT 控制器按照灯控制线路图接好，再利用 USB 数据线将控制器接入计算机 USB 口。

② 单击 ROBO Pro 软件工具栏中的图标，按前文中的步骤操作，建立控制器与计算机之间的通信，如图 2-42 所示。

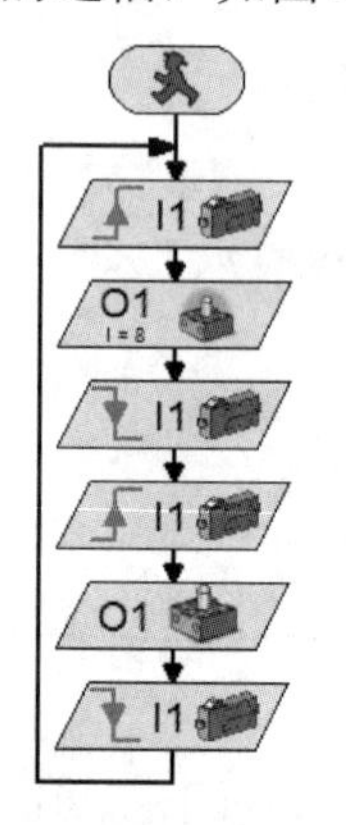

图 2-41 灯控制程序

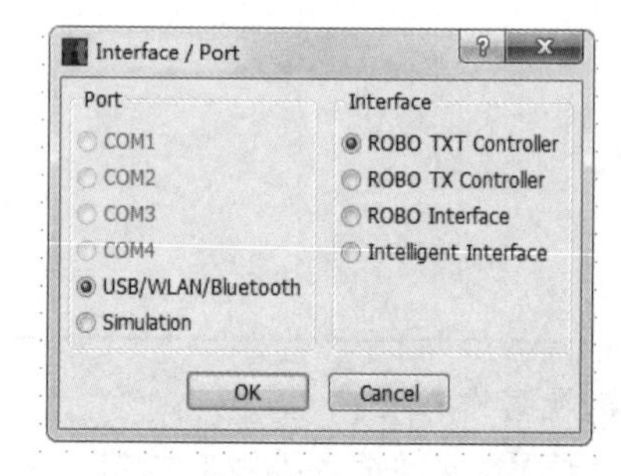

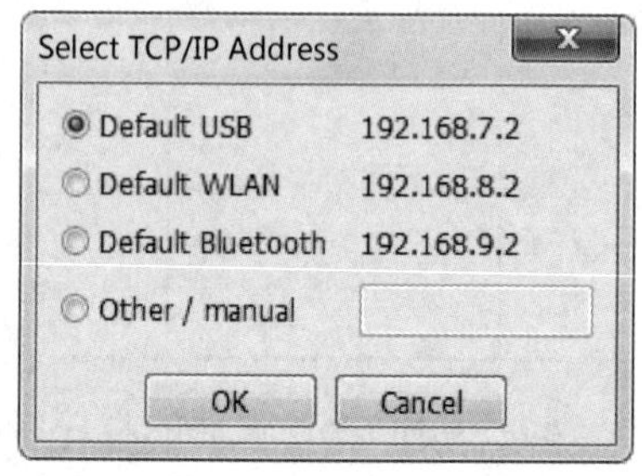

图 2-42　建立控制器与计算机之间的通信

③ 单击工具栏中的图标，出现图 2-43 所示的“Interface test”对话框，“Inputs/Outputs”选项卡中的“Inputs”选区为输入接口测试，“Outputs”选区为输出接口测试。我们先测试输入接口，单击对应接口右侧的小三角，选择下拉列表中对应接口所连接的传感器类型［Digital 5kOhm（Switch，…）、Digital 10V（Trail sensor）、Analog 10V（Color sensor）、Analog 5kOhm（NTC，…）、Ultrasonic］，本例中 I1 口为按钮，故传感器类型选择“Digital 5kOhm（Switch，…）”，如图 2-44 所示，其左侧的显示框内显示当前传感器的状态值。

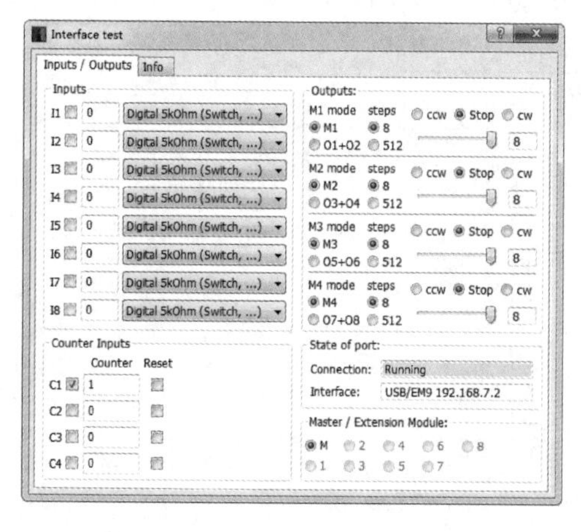

图 2-43　“Interface test”对话框

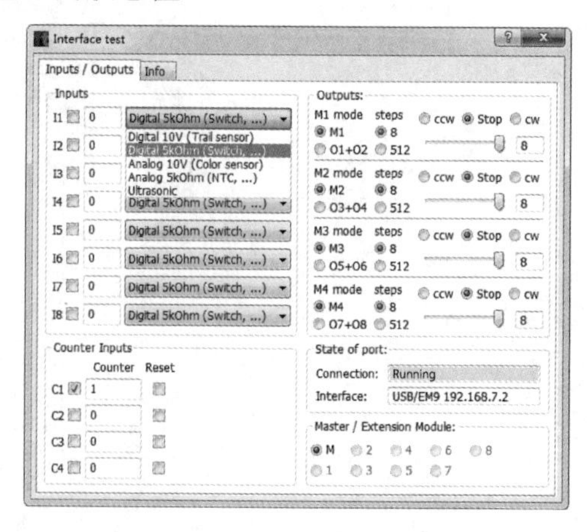

图 2-44　输入接口属性选择

④ I1 常态信号为 0，当按下按钮后变为 1，如图 2-45 所示，松开按钮又恢复为 0。这一现象表明按钮信号测试正常，输入接口测试完成（所有硬件输入信号都要测试）。如果出现按钮信号测试不正常现象（信号不随按钮状态变化或信号不稳定、存在跳动），则按照线路、按钮、接口的检查顺序，逐一排除各种硬件故障，直到测试信号正常为止。

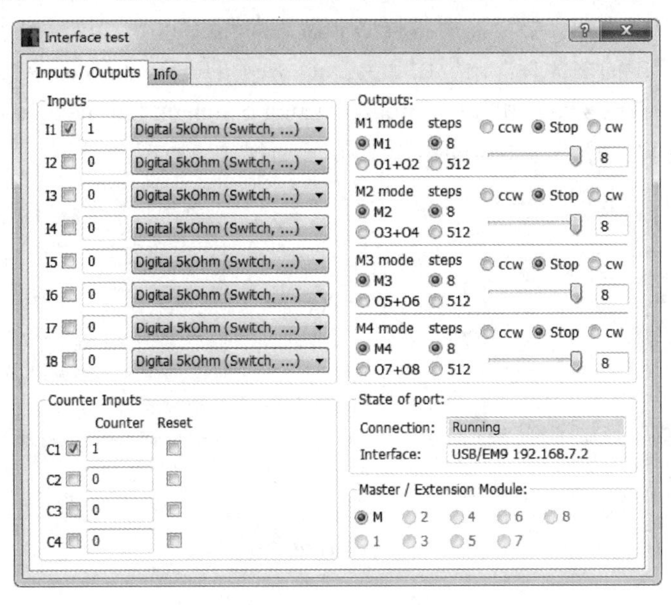

图 2-45　按钮信号测试

⑤ 通过给定输出接口信号的方式，测试输出接口的功能和输出接口连接的电气执行件的功能。如图 2-46 所示，在“Outputs”选区中选择“O1+O2”单选按钮，将 O1 滑块滑动到 8，灯亮；将 O1 滑块滑动到 0，灯灭。如果测试出现问题，则按照线路、灯、接口的检查顺序，逐一排除各种硬件故障，直到测试成功为止。

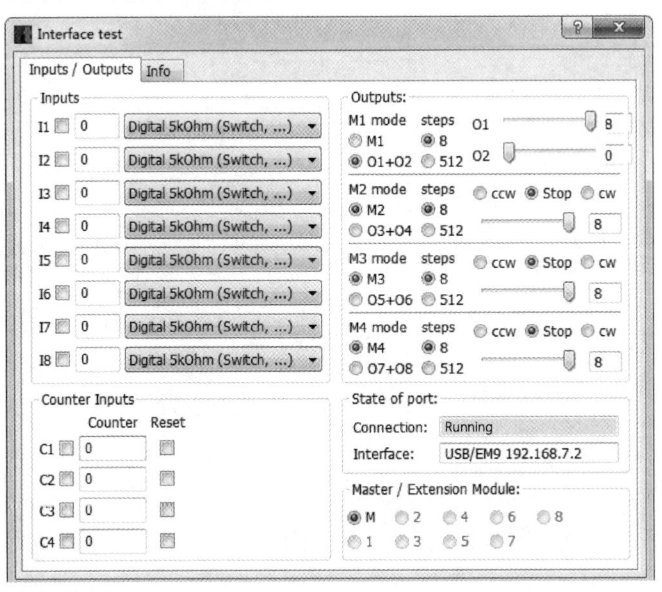

图 2-46　灯输出接口测试

（6）程序运行调试和下载。

① 调出程序，单击工具栏中的图标，程序开始运行，按下按钮，灯亮，松开再按下按钮，灯灭，程序执行正确，单击工具栏中的图标，程序停止运行（复杂的程序可用工具栏中的调试按钮对程序进行逐段调试）；

② 单击工具栏中的图标，然后将程序命名为lamp control（只能用字母和数字命名）；

③ 单击工具栏中的图标，出现图2-47（a）所示的“Download”对话框，选择“Flash（retained through power down）”和“Start program using button on Interface”单选按钮，单击“OK”按钮，若出现图2-47（b）所示的提示窗口，则表明程序下载成功了。

（a）

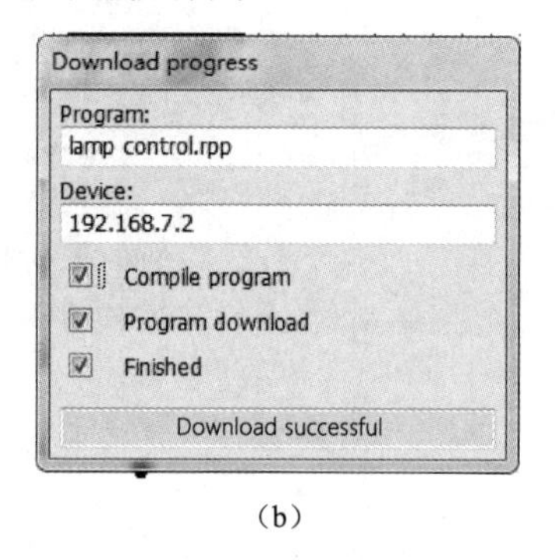

（b）

图2-47　程序下载

第3章 创意模型的快速成型制作

3.1 项目训练任务

3.1.1 训练内容

在完成创意模型CAD设计的前提下，用熔丝沉积成形方法完成创意模型的快速成型制作（打印），具体包括创意模型的设计、模型数据文件的处理、模型的3D打印制作和模型的后处理等。

3.1.2 训练形式及要求

本项目训练采用形成性评价的形式展开，即评价在教学过程中进行并贯穿所有环节。各环节的要求及评定方法如表3-1所示。评价量表的第一列是评价项目，不仅包含了工艺流程中的各个环节，还包含了对零件的质量分析及整理工作等；表的第二列是评价等级；表的第三列是评价标准。

表3-1 快速成型模型制作评价量表

评价项目	评价等级	评价标准
前期完成CAD模型设计*（20分）	优	模型形状较为复杂，含有传统加工很难完成的中等复杂程度的型腔、形面、薄壁及沟槽等。20～15分
	良	模型形状有一定的难度，需要传统加工两个（及两个以上）工种完成。15～10分
	中	模型形状简单，传统加工一个工种即可完成。10～5分
近似处理*（5分）	优	找出最优STL文件，精度选取与熔丝沉积成形工艺精度匹配。5分
	中	STL文件未考虑精度。2分
成型方向（10分）	优	成型方向的选取符合支撑最优的要求。10分
	中	成型方向的选取未达到支撑最优的要求，影响零件成型、增加后处理难度。5分
层高、填充的选择（15分）	优	精度与速度匹配合理，并兼顾模型的力学性能，经济性好。15～10分
	良	精度与速度匹配不合理但完成加工，未考虑模型的力学性能和经济性。10～5分
	中	精度与速度不匹配，规定时间内未完成加工。<5分
加工操作（30分）	优	能及时发现并独立解决加工中遇到的问题，操作准确，完成零件加工。30～25分
	良	能发现问题并在教师指导下解决问题，操作有瑕疵，完成零件加工。25～20分
	中	未能及时发现问题，零件报废。20～10分

续表

评价项目	评价等级	评价标准
后处理（10 分）	优	剥离支撑难度大，工件完整。10 分
	良	剥离支撑难度大，工件稍有破损。8～5 分
	中	支撑易剥离，工件完整。5 分。工件有破损或未剥离支撑。<5 分
质量分析（5 分）	优	能针对零件存在的质量问题进行分析，找出原因。5 分
	中	不能发现零件存在的质量问题，或发现质量问题，但不知出现问题的原因。<5 分
整理工作（5 分）	优	设备、垫板安装正确；计算机、设备电源关闭；完成设备、台面清洁。5 分
	中	上述各项整理工作，每少做一项，扣 1 分

*此两项建议在课前完成，具体要求见 3.3 节。

3.1.3 训练目的

（1）让学生了解熔丝沉积成形工艺的工作原理；

（2）培养学生能够基于工程相关背景知识进行合理分析、评价简单工程实践问题解决方案对整个工程的影响的能力，并理解应承担的责任。

3.2 快速成型技术概述

快速成型（Rapid Prototyping，RP）技术是 20 世纪 80 年代问世并迅速发展起来的一项崭新的先进制造技术，是由 CAD 模型直接驱动的快速制造任意复杂形状的三维物理实体的技术总称。它是机械工程、CAD 技术、数控技术、材料科学和激光技术等多学科综合渗透与交叉的体现，能自动、直接、快速、精确地将设计思想转化为具有一定功能的原型，或直接制造出零件，从而可以立刻对产品设计进行评价和修改，快速响应市场需求，提高企业的竞争力。

3.2.1 快速成型技术的原理及特点

1. 快速成型技术的原理

快速成型技术在原理上与传统加工技术完全不同，它基于离散/堆积的成型过程，采用逐层叠加的方法制造实体零件或者零件原型，即材料增量制造，因此快速成型技术又称为增材制造（Additive Manufacturing，AM）技术。该技术先采用计算机生成零件的 CAD 三维模型，然后 CAM 成型软件沿着成型方向将模型离散为一系列等厚度的层片，并根据每一层的轮廓（必要时包括支撑部分）信息生成加工路径，再由成型系统将材料按照轮廓轨迹逐层堆积，最后叠加形成三维实体零件。快速成型工艺流程如图 3-1 所示，其中主要环节的任务及技术特点简述如下。

（1）构建三维模型。

零件的 CAD 三维模型可以通过多种方式获得。最常见的是用计算机辅助设计软件（如 Pro/E、SolidWorks、UG 等）直接构建三维数字化模型，或将已有产品的二维图样转换成三维模型。在逆向工程中则是对产品实体进行三维扫描，得到点云数据，然后利用逆向工程的方法来构建三维模型（详见第 4 章）。在医学领域，常利用计算机断层扫描（CT）和核磁共振成像（NMRI）等技术获得的生物医学图像的二维数据生成三维模型。

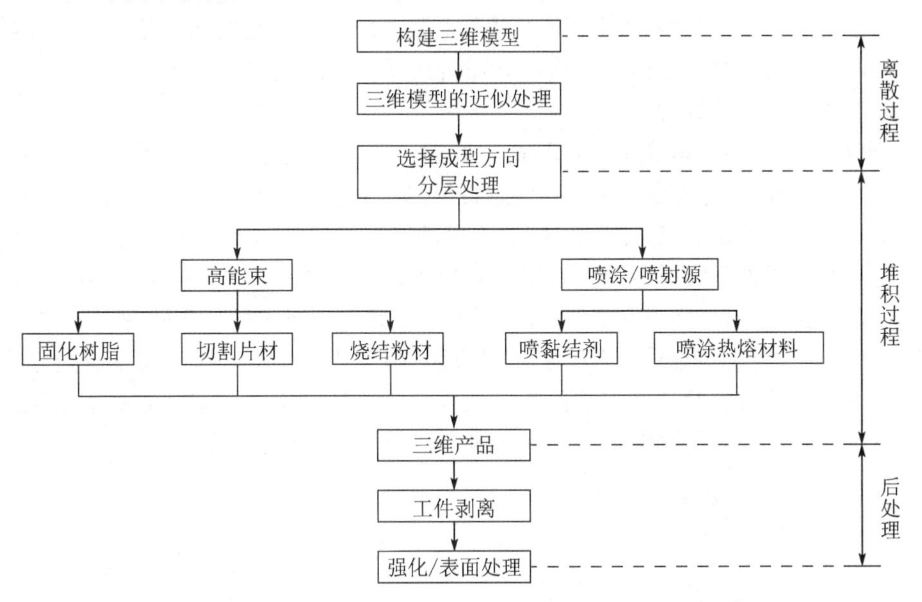

图 3-1　快速成型工艺流程

构建三维模型的技术特点：CAD 设计软件的功能能方便地实现设计人员的构思或创意；利用实物扫描获得的点云数据建立的 CAD 模型或者生物医学图像的三维重建，能精准复现实物数据特征等。

（2）三维模型的近似处理。

对 CAD 三维模型进行表面网格化处理，用一系列的小三角形平面来逼近原来的模型，将其转换为由三角形面片表示的多面体模型，实现对 CAD 三维模型的简化表示，如图 3-2 所示。只要将设计好的 CAD 三维模型另存为 STL 文件，就可方便地实现这样的转换。STL 文件格式简单，但数据量很大。

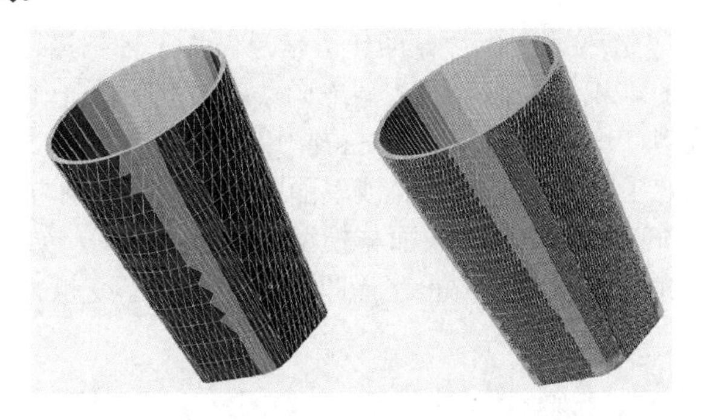

图 3-2　三维模型的近似处理

STL（Stereolithography）文件格式是由美国 3D Systems 公司提出的一种文件格式，专门用于 CAD 模型与快速成型设备之间的数据转换。STL 模型用三角形面片来表示、记录原型的空间位置，所以在编辑、定位及分层处理等方面，算法简单、实用，并且通用性良好。很多主流的商用 CAD 软件，如 I-DEAS、UG、SolidWorks、Pro/E 及 AutoCAD 等，都支持 STL 文件的输入、输出。目前，STL 文件格式已成为快速成型领域的标准接口文件格式。

三维模型的近似处理的技术特点：用三角形面片逼近整个实体存在逼近误差，可以通过改变三角形面片的数量（或大小）来满足精度要求，但 STL 模型相对于 CAD 模型在形状和尺寸精度上都有所降低，其实际应用受到很多限制。此外，通过增加三角形面片数量来提高精度的同时，也会大大增加数据量，使数据在转换过程中出现错误或冗余。

（3）STL 模型的分层处理。

对 STL 模型的分层处理通常又称为切片处理，它是快速成型数据处理软件的核心。利用分层处理软件，将 STL 模型的三维数据信息转换为一系列的二维轮廓，实现降维制造。在进行分层处理时，首先应确定成型方向（依据模型的特征选择合适的叠加方向），然后沿着成型方向，用一系列间距为分层厚度的平行平面来与 STL 模型求交，确定 STL 模型在各分层平面的轮廓，如图 3-3 所示。计算机根据每一层截面的轮廓信息生成加工路径。分层厚度越小，台阶效应越小，成型精度越高。理论上分层厚度可以无限小，但实际上最小分层厚度受到两个因素的制约：一是成型的工艺方法，不同的成型工艺精度不同，达到的最小分层厚度就不同；二是成型的效率，分层厚度越小，层数越多，成型时间也越长。

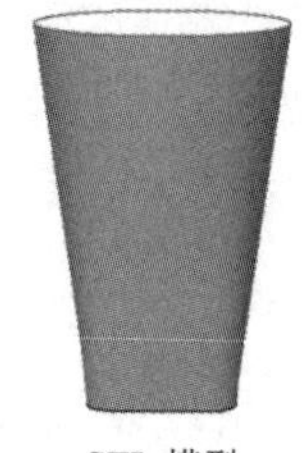

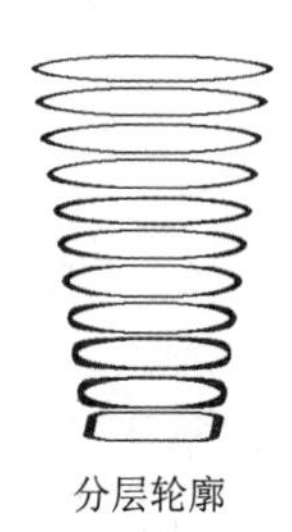

图 3-3　分层处理过程

分层处理的技术特点：成型方向（又称为分层方向）的选择将直接影响成型件的精度、强度、表面质量、成型时间、支撑体的构造及材料消耗，以及剥离支撑的难易程度。因此，确定成型方向时要统筹考虑。

（4）分层叠加成型。

根据层片的截面轮廓，在计算机控制下，由成型系统有序地加工出每层模型。即由计算机控制成型头（激光头或喷头），按层片截面轮廓信息做 X-Y 轴扫描运动，并在工作台上堆积材料。每完成一个层片的堆积，工作台沿成型方向（Z 轴）下降一个分层厚度，成型头继续按新一层的轮廓堆积成型，这样逐层叠加最终得到原型产品。

分层制造的方法决定了只要模型表面（或表面的切线）与成型方向（Z 轴）的夹角 θ 不为零，就一定会产生台阶效应，即零件表面与模型表面存在误差，如图 3-4 所示，阴影部分即为误差。该误差与 θ 角、分层厚度成正比，即 θ 角、分层厚度越大，误差就越大，台阶效应也越明显。

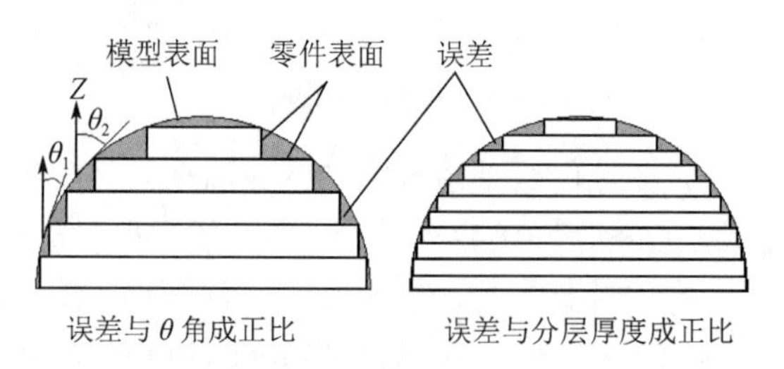

图 3-4　零件表面的台阶效应

分层叠加成型的技术特点：快速成型的工艺方法多种多样。不同的成型工艺适用的材料不同，所需要的支撑条件不同，加工出的零件在质量（尺寸精度、形状精度和表面粗糙度等）、力学性能等方面也不同。表 3-2 中列出了几种典型的快速成型工艺所适用的材料类型、支撑条件及能达到的成型精度。

表 3-2 典型的快速成型工艺

材料类型			成型工艺	支撑条件	成型精度
固态材料	丝材	热塑性塑料、蜡、尼龙、橡胶等	熔丝沉积成形（Fused Deposition Modeling，FDM）	需要	0.15mm
	粉材	热塑性塑料、陶瓷、沙等	3D 打印（Three Dimensional Printing，3DP）	不需要	0.05mm
			激光选区烧结（Selective Laser Sintering，SLS）	不需要	
	片材	纸、塑料薄膜等	分层实体制造（Laminated Object Manufacturing，LOM）	不需要	0.1mm
液态材料		各种光敏树脂	光固化成形（Stereo Lithography Apparatus，SLA）	需要	0.1mm

（5）成型零件的后处理。

从成型系统里取出成型零件，进行支撑剥离、打磨、抛光、涂挂，或放在高温炉中进行后烧结，进一步提高其强度。

2. 快速成型技术的特点

快速成型采用增材制造的方式，将模型离散成为相互独立的层片进行制造。与传统的机械加工以减材方式制造零件相比，快速成型技术有如下特点。

（1）化繁为简——复杂零件降维制造。

快速成型技术采用离散/堆积成型原理，将十分复杂的三维制造过程简化为二维制造过程的叠加，实现对任意复杂形状零件的加工。整个生产过程数字化，越是复杂的零件越能显示出快速成型技术的优越性，特别适合用其制造具有复杂型腔、复杂形面等结构的传统方法难以制造甚至无法制造的零件。对于高性能、难成型的零件，快速成型技术可通过“打印”方式一次性直接制造出来，不需要通过零件组装拼接来完成，实现了结构优化及减重。

（2）快速性——生产周期短。

与传统制造相比，利用快速成型技术“打印”具有复杂形状的零件时不需要模具，省去了模具设计、制作的时间和成本，简化了制造工序流程，使生产周期大大缩短，同时也缩短了产品研制周期，具有快速制造的突出特点。

（3）高度柔性——实现产品个性化、多样性。

快速成型技术的制造过程几乎与零件的复杂程度无关。利用计算机进行建模设计，能轻易使模型获得一些传统工艺不能实现的复杂曲面，使产品拥有更加个性的外观，并且很容易对一个 CAD 三维模型在尺寸、形状和比例上做实时修改或重组，以获得一个新零件的设计和加工信息，为制作个性化产品提供了极大便利。由于快速成型技术无须任何专用夹具或工具即可完成复杂的制造过程，因此能在不增加成本的前提下，实现产品多样性，特别适合研发新产品和小批量零件的生产。此外，数字化文件还可借助网络进行传输，实现异地分散化制造，省去运输时间，降低运输、库存成本。

（4）成型材料种类多样。

快速成型技术所使用的材料种类有很多，如树脂、尼龙、塑料、石蜡、纸、石膏、橡胶、金属及陶瓷等，基本上满足了绝大多数产品对材料的机械性能需求，尤其是对于各种难加工的高性能金属材料，快速成型技术具有很大的优势。此外，快速成型技术还可以实现多种材料任意配比的复合材料的零件加工及功能梯度材料的制造。

（5）绿色制造。

快速成型技术实现了近净成型，后续机械加工余量很小，原材料利用率高。与传统制造相比，其能耗低，可以对高成本零件的损伤进行快速修复，大幅降低了生产成本，有利于环保和可持续发展，符合绿色制造的理念。快速成型技术不仅大幅减少了制造业的成本，而且减少了全球货物运输量，其使用的可持续新材料不仅能降低碳排放，还会带来显著的环境效益。

（6）技术高度集成。

快速成型技术集成了计算机、数控技术、激光技术、材料技术、逆向工程等现代高科技成果，是一种典型的多学科交叉运用技术，实现了 CAD 设计与 CAM 制造一体化、材料的提取（气、液、固相）过程与制造过程一体化，是真正意义上的数字化、智能化制造。快速成型技术与逆向工程、CAD 技术、网络技术、虚拟现实等相结合，将成为产品快速制造的有力工具。

3.2.2 快速成型的典型工艺

从 20 世纪 80 年代中期到 90 年代后期，先后出现了十几种不同类型的快速成型技术，但比较成熟的是图 3-5 所示的几种典型的快速成型工艺。这些工艺的成型方式可归纳为两类。一类是由成型头输出材料或黏结剂，如 FDM 工艺由喷头挤出熔融的热塑性材料［见图 3-5（a）］、3D 打印工艺由喷头喷射黏结剂粘结粉末［见图 3-5（b）］，按照二维图形层层堆积、叠加形成三维实体模型；另一类是由成型头输出高能束（激光、电子束等），如 SLS 工艺以激光烧结粉材［见图 3-5（c）］、SLA 工艺以激光扫描液态光敏树脂使之固化［见图 3-5（d）］、LOM 工艺以激光切割片材［见图 3-5（e）］等，依次对各层材料成型，叠加成三维实体模型。

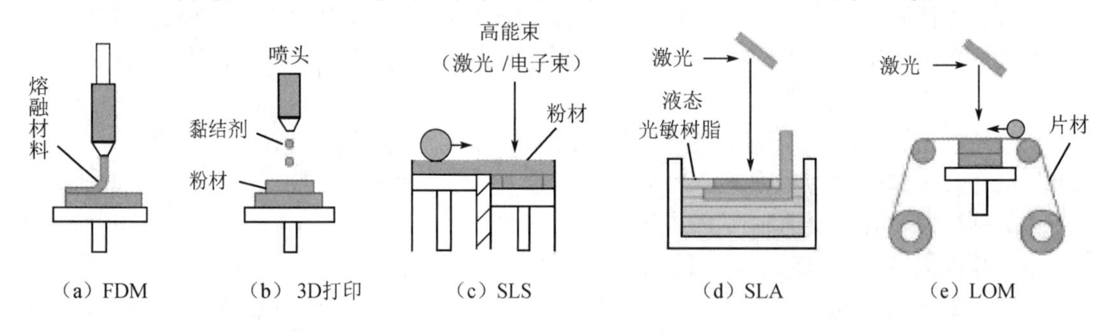

图 3-5　典型的快速成型工艺

1. 分层实体制造

1984 年，Michael Feygin 提出了分层实体制造（Laminated Object Manufacturing，LOM）方法。Michael Feygin 于 1985 年组建了 Helisys 公司，并且于 1990 年开发出了世界上第一台商用 LOM 设备——LOM-10150。

（1）LOM 工艺的工作原理。

LOM 工艺用于纸、塑料薄膜和金属薄膜等片状材料的成型。运用 CO_2 激光束将在一定条件下（如加热等）可以粘结的片状材料切割出各层形状，随后再使各层粘结为一个整体。

LOM 工艺的工作原理如图 3-6 所示。涂有热熔胶的料带经过热压辊的碾压，与前一层料粘结在一起后，CO_2 激光束按照模型当前层的截面轮廓进行扫描切割，并将非零件截面部分切割成网格状。工作台下降，料带移动，铺上一层新的料。如此反复，直到切割出所有层的轮廓，并将各层粘结在一起，形成三维零件。在 LOM 过程中，不属于截面轮廓的纸片以网格状保留在原处，起着支撑和固化的作用。

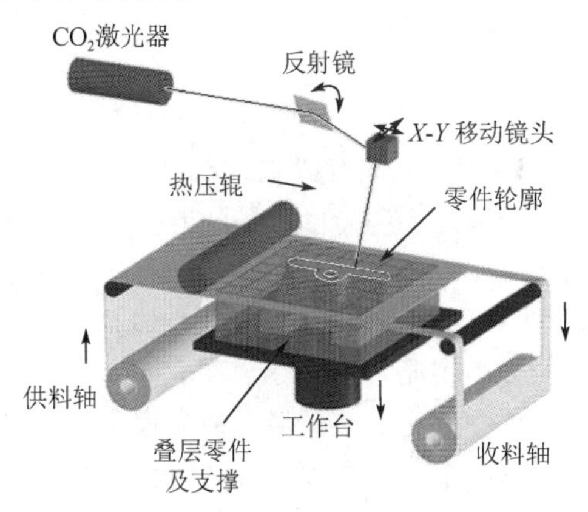

图 3-6　LOM 工艺的工作原理

（2）LOM 工艺的特点。

通过对 LOM 工艺的工作原理的了解，不难发现该工艺具有以下特点。

① 在成型空间大小方面的优势。LOM 工艺的工作原理简单，一般不受工作空间的限制，适用于较大尺寸零件的制造。

② 成型速率较高、制造成本低。该工艺不需要使用 CO_2 激光束扫描整个模型截面，只需切割出轮廓，所以加工时间主要取决于零件的尺寸及其复杂程度，成型所用的片状材料成本较低。

③ 零件外框与截面轮廓之间的多余材料在加工中起到了支撑作用，不需要进行支撑设计，所以前期处理的工作量小。

④ 加工过程中不存在材料相变，因此材料不易发生翘曲、变形，零件的精度较高。

⑤ 由于制造出的原型在各方向上的机械性能有显著的不同，所以其应用范围受到了一定的影响，但其在直接制造砂型铸造模具方面有独特的优势，图 3-7 所示为采用 LOM 工艺制作的砂型铸造模具。

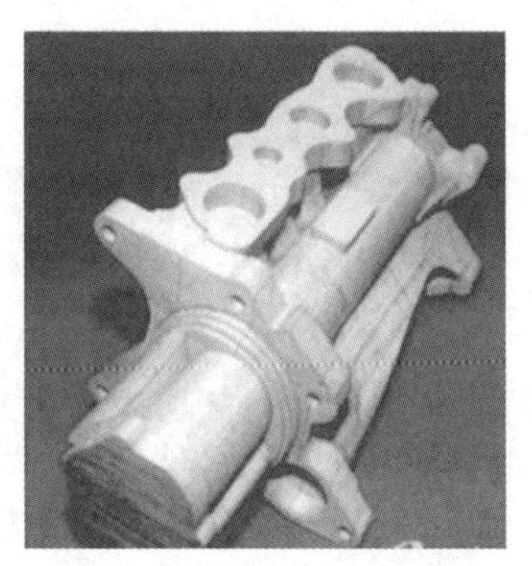

图 3-7　采用 LOM 工艺制作的砂型铸造模具

⑥ 材料利用率低，并且种类有限。完成加工后需要手工清除无用的碎块，内部废料不易去除，较为费时费工。

2. 光固化成形

光固化成形又称为液态光敏聚合物选择性固化。1986 年，Charles Hull 在美国率先推出了 SLA 工艺，这是快速成型技术发展史上的一个里程碑。同年，他创立了世界上第一家生产快速成型设备的 3D Systems 公司。该公司于 1988 年生产出了世界上第一台快速成型设备 SLA-250。

（1）SLA 工艺的工作原理。

SLA 工艺是基于液态光敏树脂（如环氧树脂、乙酸树脂、丙烯树脂等）的光聚合原理工作的。这种液态材料在具有一定波长和强度的紫外线照射下能迅速发生光聚合反应，材料也就从液态转变成固态。

SLA 工艺的工作原理如图 3-8 所示。激光束（紫外线）对光敏树脂槽中的光敏树脂表面进行扫描，被激光束扫描到的光敏树脂发生光聚合反应而固化，形成零件的一个薄层，从而完成一个层面轮廓的固化。扫描并固化完一层后，激光束未扫描过的地方仍然是液态光敏树脂，然后升降台带动工作台下降一个分层厚度，涂覆机构（刮刀）在固化好的树脂表面覆上一层新的液态光敏树脂，再次利用激光束进行新一层的扫描与固化，新固化层与前一层牢固地粘结在一起。如此重复，直到整个原型制造完成。加工完毕后，将零件从液态光敏树脂中取出，先对其进行最终硬化处理，再进行抛光、喷漆、电镀等处理。

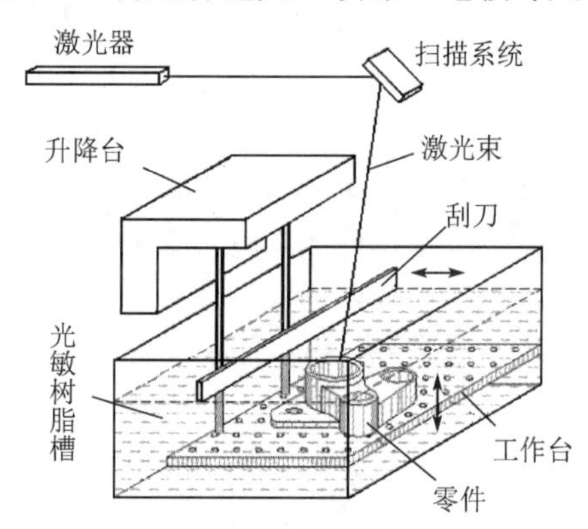

图 3-8 SLA 工艺的工作原理

（2）SLA 工艺的特点。

用于液态材料成型的 SLA 工艺具有如下特点。

① 成型精度高。成型时激光光斑直径最小可达 25μm，光斑的定位精度和重复定位精度非常高，扫描路径与零件实际截面偏差很小，可确保零件的尺寸误差在 0.1mm 以内，尺寸精度较高。由于其系统分辨率较高，因此可以构建具有复杂结构的零件，成型细节的能力与其他快速成型工艺相比更具优势。采用 SLA 工艺制作的工艺品如图 3-9 所示。

② 表面质量优良。SLA 工艺可以选择非常小的分层厚度，目前最小的分层厚度达 25μm，因而成型零件的“台阶效应”非常小，表面质量非常高。

③ 成型速度快。由于 SLA 工艺的光聚合反应是基于光的作用而非热的作用，故只需要功率较低的激光源，热效应小，无须冷却系统。轻巧的扫描系统可以保证激光束获得极大的

扫描速度，可达 10m/s 以上。

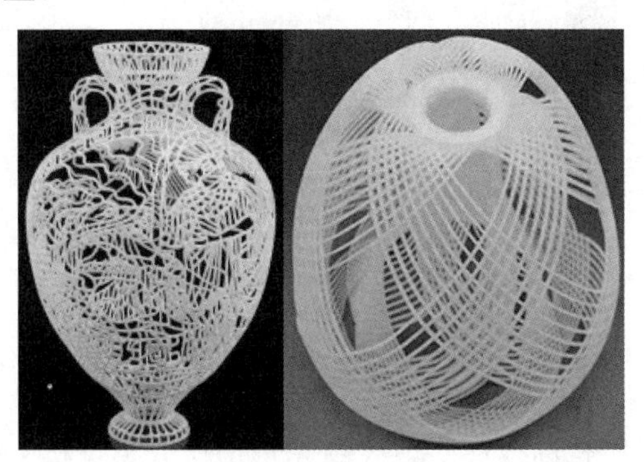

图 3-9　采用 SLA 工艺制作的工艺品

④ 成型过程自动化程度高。SLA 系统工作稳定。开始工作后，构建零件的过程完全自动运行，直到整个工艺过程结束。

⑤ 需要添加支撑。在分层固化的过程中，为了防止液态光敏树脂中的固化层因漂浮而发生错位，必须设计对应的支撑与原型一起固化。

⑥ 后处理较复杂。由液态光敏树脂制成的零件强度、刚度及耐热性有限，不能在成型完成后立刻使用，需要使用额外的辅助设备对其进行固化处理。

⑦ 成型成本高。由于 SLA 设备中的激光器及扫描系统等组件价格昂贵、液态光敏树脂材料价格高，以及需要使用后处理设备，所以与 LOM、FDM 工艺相比，SLA 工艺的成本要高得多。

⑧ 零件易变形。由于成型过程中材料发生相变，所以会使聚合物不可避免地发生收缩，产生内应力，从而引起零件的变形。随着时间的推移，树脂会吸收空气中的水分，导致成型零件的软薄部分发生弯曲和卷翘。

⑨ 原材料的损耗基本为零，利用率接近 100%，但可用的材料种类有限，必须是光敏树脂，且光敏树脂有一定的毒性，会对环境造成污染。

3. 激光选区烧结

1986 年，在美国 Texas 大学就读的研究生 C.Deckard 提出了 SLS 的方法，且 C.Deckard 组建了 DTM 公司，并根据 SLS 工艺的成型原理，于 1992 年开发出了第一台商用 SLS 设备——Sinterstation。

（1）SLS 工艺的成型原理。

SLS 工艺是逐层铺粉、逐层烧结的激光快速成型技术，采用高强度 CO_2 激光束来烧结或熔融粉末。其成型原理如图 3-10 所示。成型时，先将粉末预热到稍低于其熔点的温度，在铺粉辊的作用下将粉末铺平（且必须将温度严格控制在所要求的范围内），再按照计算机输出的原型分层轮廓，使 CO_2 激光束在指定路径上扫描并有选择性地熔融工作台上很薄且均匀铺开的材料粉末，加工出对应的薄层截面。未烧结区内的固体粉末材料作为自然支撑。每加工完一个截面，工作台下移一个分层厚度，再铺一层新的粉末，CO_2 激光束再次有选择性地扫描烧结，烧结后不仅能够得到新的一层，而且新层还会与前一层牢牢地烧结在一起，如此反复，逐层堆积。为避免氧化，烧结过程需要在惰性气体（氮气）中进行。完成全部烧结后，去除多余的粉末，进行打磨、烘干等处理，即可获得原型零件。

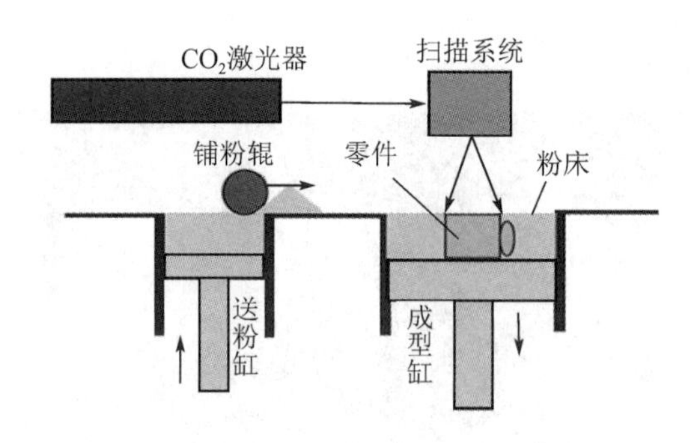

图 3-10　SLS 工艺的成型原理

需要说明的是，所谓“有选择性”地烧结，是指在成型过程中粉末材料发生部分熔化，粉体颗粒保留其固相核心，并通过后续的固相颗粒重排、液相凝固粘结使粉体烧结成一体。

（2）SLS 工艺的特点。

SLS 工艺有以下特点。

① 成型材料多样，价格低廉。这是 SLS 工艺最显著的特点。理论上任何受热粘结的粉末都可用作 SLS 成型的材料，目前已商业化的材料有塑料、陶瓷、尼龙、石蜡、金属粉及它们的复合粉，并且材料利用率高，未烧结的粉末可以继续使用，浪费极小。

② 几乎可以成型具有任意几何形状结构的零件。由于下层粉末自然成为上层粉末的支撑，故 SLS 工艺具有自支撑性，可以制造具有复杂结构的形体，尤其是形状复杂、壁薄、内部带有空腔结构的零件（见图 3-11）。其特别适合用于含有悬臂结构、中空结构和槽中套槽结构的零件的制造，而且成本较低。

图 3-11　采用 SLS 工艺制作的零件

③ 可快速获得金属零件。易熔消失模料可代替蜡模直接用于精密铸造，而不必制作模具和翻模，因而可通过精铸快速获得结构铸件。

④ SLS 工艺采用半固态液相烧结机制，粉体未完全熔化，虽然可以在一定程度上降低成型材料积聚的热应力，但成型件中含有未熔化的固相颗粒，直接导致成型件内部疏松多孔、致密度低、拉伸强度差、表面粗糙度较大、机械性能不高。其可制造零件的最大尺寸受到限制。

⑤ 设备成本高昂，成型过程消耗能量大。为了防止粉材氧化，一般需要在密闭的惰性气体保护空间中进行加工。

4．熔丝沉积成形

FDM 技术由美国学者 Scott Crump 于 1988 年研制成功。Stratasys 公司于 1993 年成功地开发出第一台商用 FDM 设备——3D-Modeler。

（1）FDM 工艺的工作原理。

FDM 工艺的材料一般是热塑性材料，如塑料、蜡、尼龙和橡胶等，以丝状（一般直径为 1.2mm 以上）供料。其工作原理如图 3-12 所示。材料由供丝机构不断送向喷嘴（热熔喷头），并在加热块中加热熔化后从喷头内挤压而出。喷嘴在计算机控制下按零件截面填充材料，待快速冷却后形成并完成一个轮廓截面，工作台下降一个分层厚度，再进行下一轮的涂覆，如此循环，直至形成三维实体。当层间的形状差别比较大，上层截面大于下层截面时，就需要添加支撑来保证成型过程的顺利实现。

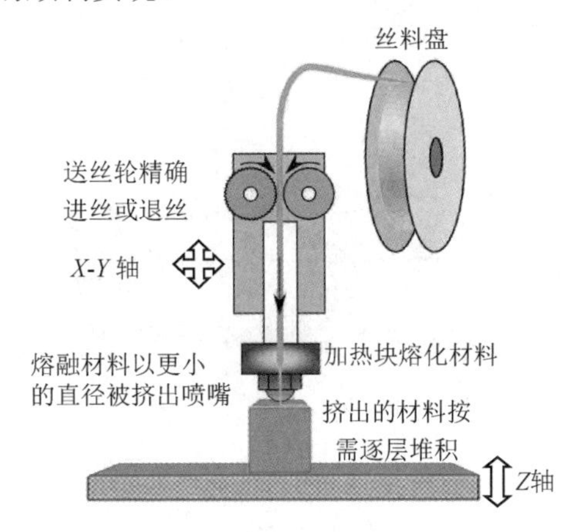

图 3-12　FDM 工艺的工作原理

（2）FDM 工艺的特点。

与其他快速成型工艺相比，FDM 工艺具有如下特点。

① 设备简单，材料选择范围大，成本低廉。FDM 工艺采用了热熔挤压头的专利技术（类似于挤牙膏的方式），使设备构造简单，体积小，操作及维护方便，使用成本低。适用材料范围广，一般的热塑性材料都可用于熔丝挤出堆积成型，并且无毒、价格便宜，加之操作环境干净、安全，因此可在桌面办公环境中使用。

② 成型件具有良好的综合性能。在使用相同 ABS 材料的前提下，采用 FDM 工艺成型的零件的强度可达到采用普通工艺制造的零件强度的 80%，具有良好的粘结性和耐久性。近年来开发的 PC、PC/ABS、PPSF 等具有更高强度的成型材料，使得该工艺可以直接制造功能性零件和具有中等复杂程度的零件。采用 FDM 工艺制作的零件如图 3-13 所示。与 LOM、SLA 等工艺相比，FDM 工艺成型的零件在尺寸稳定性及对潮湿等环境的适应能力等方面更具优势。

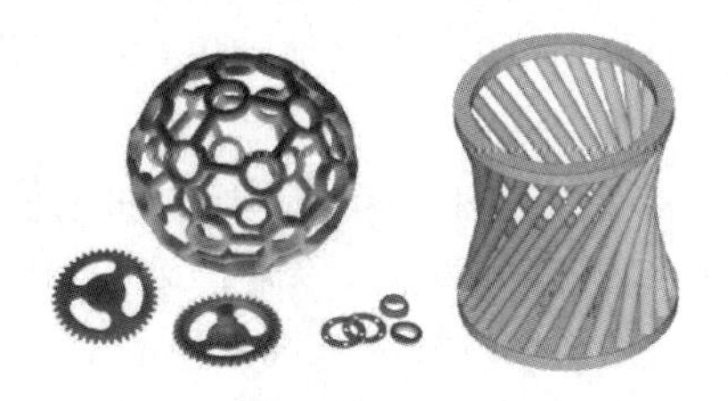

图 3-13　采用 FDM 工艺制作的零件

③ 后处理容易。FDM 工艺成型时需要添加支撑。双喷头结构可以使模型材料与支撑材料异类异种，便于剥离支撑。随着可溶解性支撑材料的引入，支撑结构的去除难度大大降低。

④ 精度较低。成型件的表面有较明显的条纹，表面质量差，不适合构建大型零件。

5. 3D 打印

1989 年，美国麻省理工学院的 Emanuel M. Sachs 和 John S. Haggerty 等申请了三维印刷技术的专利，这也成为该领域的核心专利之一。此后，这两位研究人员又多次对该技术进行修改和完善，形成了今天的三维印刷工艺，也是世界上最早的全彩色 3D 打印技术。

（1）3D 打印的工作原理。

3D 打印工艺与 SLS 工艺的相似之处在于它们都是将粉末材料有选择性地粘结成为一个整体。其中最大的不同在于 3D 打印无须将粉末材料熔融，而是通过微滴喷射装置喷出的黏结剂使粉末材料粘结在一起。其工作原理如图 3-14 所示。

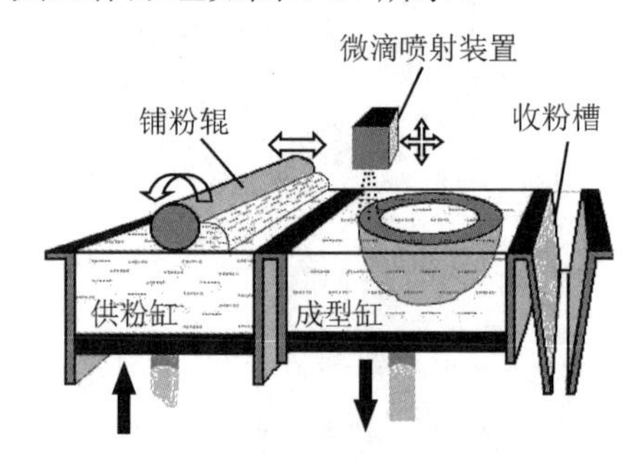

图 3-14　3D 打印工艺的工作原理

3D 打印工艺的工作过程是：首先，在成型缸地板上铺一层有一定厚度的粉末，接着微滴喷射装置在铺好的粉末表面按照零件截面形状要求喷射黏结剂，完成对粉末的粘结。然后，成型缸下降一个分层厚度，供粉缸上升一段高度，推出若干粉末，由铺粉辊推到成型缸，铺平并将粉末压实。铺粉时多余的粉末被推入收粉槽。微滴喷射装置继续在计算机的控制下，按该层截面的成型数据有选择性地喷射黏结剂，使粉末粘结，未被粘结的粉末在成型过程中起支撑作用。如此周而复始地送粉、铺粉和喷射黏结剂，最终完成一个三维粉体的粘结。打印完成后，清理掉未粘结的粉末就可得到零件。将零件用透明胶水浸泡，或者进行类似烧结的后处理工作，零件就具有了一定的强度。

（2）3D 打印工艺的特点。

3D 打印工艺具有如下特点。

① 成型速度快。3D 打印工艺用黏结剂将固体粉末粘结在已成型的层片上，可以采用多喷嘴阵列，从而大大提高成型效率，并可实现大型零件的打印（目前最大可打印 4m）。

② 制造成本低。粉末通过黏结剂结合，无须昂贵的激光器，无须保护气体和密闭空间。设备结构简单，因此成本相对较低。打印过程无须支撑材料，不但可以免除去除支撑的过程，而且也降低了使用成本。

③ 材料的选择范围广。理论上讲，任何可以制作成粉末状的材料都可以用 3D 打印工艺成型，目前用于 3D 打印的材料有塑料、陶瓷、石膏、砂、陶瓷和金属粉材等。

④ 可实现全彩色 3D 打印。控制系统根据三维模型的颜色将彩色的胶水混合，完美体现设计师在色彩上的设计意图。图 3-15 所示为采用 3D 打印工艺打印的恐龙动漫造型。

图 3-15　采用 3D 打印工艺打印的恐龙动漫造型

⑤ 产品力学性能差。由于成品具有疏松多孔的结构，所以成品力学性能较差，强度、韧性相对较低，通常只能做样品展示，无法应用于功能性试验。目前 3D 打印技术多应用于砂模铸造、工艺品、动漫、影视等领域。

3.2.3　快速成型技术的发展趋势

目前，快速成型技术正处于研究发展和市场开发相结合的阶段，以期快速成型技术更加成熟，并尽快满足市场需求。而技术的突破，应该是在发挥技术优势的同时，打破技术发展瓶颈，不断谋求新技术、新工艺和新材料的创新。

1．快速成型技术面临的瓶颈

随着典型的快速成型技术的不断成熟，其面临的瓶颈也日益凸显。叠加成型机制的特点导致快速成型技术的发展受到以下几方面的制约。

（1）成型零件的精度不高。

采用 LOM、SLA、SLS、FDM 及 3D 打印等工艺成型的零件，其误差范围为 0.1～0.2mm（每 100mm），表面粗糙度范围为 5～20μm，可重复性也相对较低。成型零件的精度及表面质量难以企及传统制造方法，快速成型工艺不适合用来制造高精度零件。

（2）成型零件的力学性能有限。

成型零件层间结合得再紧密，也避免不了其力学性能的各向异性，很难与传统铸锻件相媲美。大多数成型零件不能直接满足工程的使用要求，后期仍需经过人工处理。

（3）适用材料范围有限。

成型零件的适用材料主要包括工程塑料、光敏树脂、橡胶类材料等。从 20 世纪 90 年代中期开始，SLS 技术开始用以成型金属及合金构件，但其物理性能不佳。材料种类和材料对应用环境的要求使快速成型技术的发展和应用受到掣肘。

（4）成本较高。

快速成型设备和耗材普遍较为昂贵，导致成本偏高，从而使快速成型技术不具备规模生产的优势，仅适用于新产品开发、快速单件及小批量零件生产。

2．快速成型技术未来的发展趋势

未来快速成型技术的发展将呈现精密化、智能化、通用化及便捷化等主要趋势，需要依托多个学科领域的尖端技术，至少包括以下几方面。

（1）CAD/CAM 技术。

目前，虽然先进的 CAD 设计软件及数字化工具能够帮助设计人员完成复杂零件的三维数字建模，但 CAM 软件仍具有技术初期的典型特点。各公司的软件都是自行开发、自成体系的，大多随设备安装且强烈依赖设备，只能完成一种工艺的数据处理和成型控制，严重阻碍了该软件的二次开发、推广应用和不同工艺的集成。因此，研发新一代 CAM 软件时需满足以下两方面要求。一方面直接对三维实体 CAD 模型进行分层，而不是对 STL 模型分层，消除近似处理产生的误差。例如，由美国 Los Alamos 国家实验室与 SyntheMet 合作开发的直接光学制造（Directed Light Fabrication，DLF）的金属零件快速成型技术，直接由 CAD 模型分层获得数控加工路径格式的文件，避免了生成庞大的 STL 文件时所产生的数据冗余和错误，提高了零件成型的效率及零件精度。另一方面，实现 CAD/CAM 集成化，使设计软件和生产控制软件能够无缝对接，这已成为快速成型技术提高成型速度、精度及零件表面质量的一个重要发展方向。此外，为了满足日益增长的多材料零件制造需求，还要加强对多材料建模技术的研究，使零件模型能同时反映零件的几何信息、材料信息及色彩信息，以实现零件的多材质、多功能一体化制造。

（2）精密机械技术。

通过研发工作精度高、可靠性好、效率高而且廉价的成型设备来解决制造系统昂贵、精度偏低、成型零件物理性能较差、可使用材料有限等问题。同时追求设备体积小型化、桌面化，使其操作更简便，以适应分布化生产及家庭日常应用的需求。开发并行打印、连续打印、多种材料打印的工艺，提高成型零件的表面质量、力学和物理性能，以实现直接面向产品的制造。

例如，2015 年 3 月，美国 Carbon3D 公司提出了连续液面生长（Continuous Liquid Interface Production，CLIP）技术。该技术不是基于分层叠加，而是采用连续法制造，其工作原理如图 3-16 所示。CLIP 储液槽的底部有一个能透过紫外线和氧气的窗口。紫外线使光敏树脂聚合固化，而氧气起阻聚作用，这两个矛盾效应使得靠近窗口部分的光敏树脂聚合缓慢仍呈液态，这一区域称为“死区”。“死区”上方的光敏树脂在紫外线的作用下连续固化，工作台连续抬升，直到打印完成为止，期间没有停顿过程。

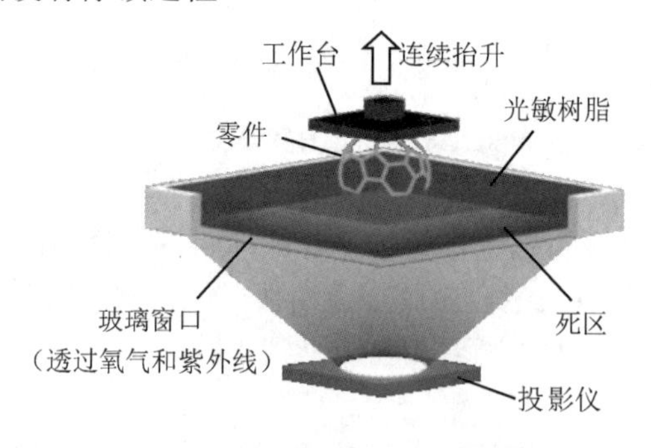

图 3-16　CLIP 技术的工作原理

CLIP 技术打破了快速成型技术精度和速度不可兼得的困境，在提高精度的同时，速度比 SLA 工艺提升了 25～100 倍。连续的成型过程令成型速度和精度不再受层片数量的影响，并且避免了分层叠加导致的成型零件力学性能的各向异性。

（3）材料科学技术。

快速成型技术的核心是材料，材料是快速成型技术的物质基础。快速成型过程涉及材料的快速熔化和凝固等物态变化，故要求材料既要有合格的物理、化学性质，又要有合适的形态（液态、粉末或丝材等），这导致材料成本居高不下。目前基础的成型材料主要包括工程塑料、光敏树脂、橡胶、陶瓷和金属材料等。除此之外，彩色石膏材料、人造骨粉、细胞生物原料及砂糖等食品材料也在相关领域得到了应用，但这些材料在制造精度、复杂性、强度等方面与工业应用要求还有差距。

可以说，材料种类及性能限制了快速成型技术的应用趋势及发展方向。未来快速成型技术想要向着高性价比、重大工程应用的方向发展，首先应使材料能满足发展的需要。材料研发内容涉及材料的相关基础理论、成型机制及制备技术等方面。通过研究材料学基础理论、成型机制，实现以下两方面内容。一方面对现有基础材料进行改性，大幅提高材料的使用性能、工艺性能。如在有机高分子材料方面，研发高强度工程塑料、光敏树脂等；在金属材料方面，研发产业上需求量较高的高性能钛合金、高强度钢、钴（Co）基及镍（N i）基高温合金、不锈钢和铝合金等材料；此外，还要加快开展对高性能陶瓷材料的研究。另一方面，研发新材料，开辟材料新领域。智能材料、功能梯度材料、非均质材料及复合材料等已成为当前快速成型材料的研究热点。除了材料本身，材料制备技术也一直是研究的重点。尤其是金属粉材，不仅要求粉末粒径小、球形度高、含氧量低、松装密度高，而且要求无空心粉、夹杂少，因此制备难度大、成本高。只有突破高性能金属材料的制备技术，使粉材品质优异、制造成本低，金属快速成型技术才能有跨越式发展。

（4）能源技术。

目前成型设备采用的成型能源主要是激光、电子束和电弧等。激光器的价格和维护费用高，大功率激光器依赖进口，导致其成型成本也相应地提高；电子束快速成型需在密闭的真空环境中进行，成型件的尺寸、规格受价格昂贵的真空室体积限制，设备投资和运行成本较高；电弧快速成型的零件表面波动较大，成型件表面质量较差。故开发成型精度高、设备维护简单、费用低的新型成型能源是今后研发的主要方向之一。

例如，2001 年，美国 Solidica 公司发布了第一代超声波 3D 打印机，意味着超声波正式加入成型能源家族。2011 年，Fabrisonic 公司进一步开发该技术，将改进的超声波增材制造（UItrasonic Additive Manufacturing，UAM）工艺商业化。UAM 技术基于传统加工工艺“超声波焊接”，采用大功率超声能量，以金属箔片为原材料，利用金属层与层之间振动摩擦产生的热量，促进界面间金属原子相互扩散并实现界面固态物理冶金结合，从而实现金属箔片逐层叠加的增材制造成型。其工作原理如图 3-17 所示。

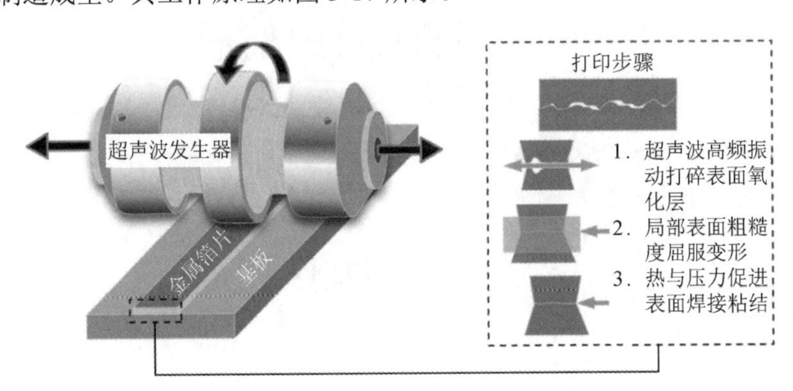

图 3-17　UAM 技术的工作原理

在连续的超声波振动压力下，两层金属箔片之间会产生高频率的摩擦，而在摩擦过程中金属表面覆盖的氧化物和污染物被剥离，露出纯金属。摩擦生热导致金属箔片之间凸起部分温度升高，在静压力作用下发生塑性变形，同时处于超声能场中的金属原子发生扩散形成界面结合。在这个过程中，两层金属箔片的分子会相互渗透融合，进一步提高焊接面的强度，而后周而复始，层层叠加，最终成型。与使用激光、电子束和电弧等成型能源的技术相比，UAM 技术工艺简单，成型精度高、速度快，且原材料采用的是具有一定厚度的普通商用金属带材，因此原料来源广泛，价格低廉。UAM 技术具有温度低、变形小、速度快、绿色环保等优点，是一种新型的增材制造 3D 打印技术。

（5）复合制造技术。

快速成型技术的发展方向之一是与传统制造相结合，使增材制造和传统制造优势互补、共同发展。例如 UAM 技术与数控加工技术复合，可以在增材制造每一层的同时，进行数控减材加工。一方面可以获得其他快速成型工艺无法与之相比的优势：更高的精度、更好的表面质量，并且实现速度和精度兼得；另一方面，UAM 技术制造出的深槽、中空、栅格或蜂窝状的内部结构，以及其他复杂的几何形状，也是传统减材制造工艺无法完成的。

复合制造技术另一个典型的案例是华中科技大学研发的微铸锻铣复合增材制造技术。该技术将微铸、微锻、微铣同步复合，实现了高温合金、钛合金、超高强度钢、奥贝钢、碳钢、铝合金等金属材料零件的绿色、低能耗、短流程制造。其工作原理如图 3-18 所示。微铸采用了电弧熔丝增材制造，以金属丝材为原料，电弧以 30～40kg/h 的熔积速率完成零件的近净成型。紧随微铸之后，几乎同时由机械手对半凝固/刚凝固的熔积层进行连续微锻压，使其晶粒细化，得到传统锻造很难得到的均匀等轴细晶，并改善成型性及成型件形貌。在微铸、微锻的同时，集成铣削加工，实现降维制造，方便地加工出形状复杂的零件。在整个过程中，微铸和微铣完成零件的创形，微锻完成零件的创性。铸锻铣复合实现了创形和创性的并行制造，形性共控。微铸锻铣增材制造技术不但实现了高性能零件的形状尺寸与组织性能一体化创成，也使增材、等材和减材互通互补，简化工艺，缩短研制周期的 60%。

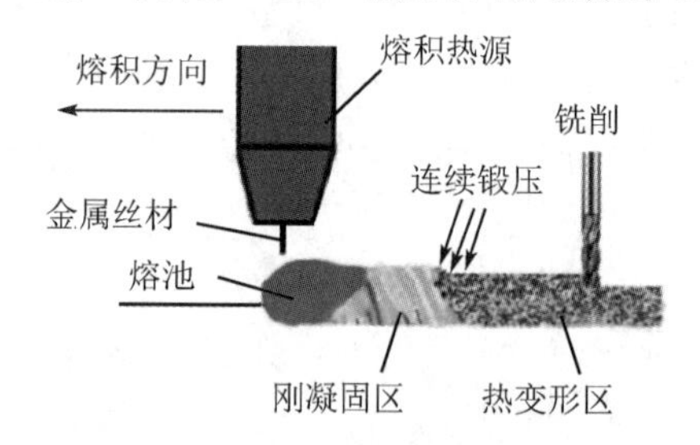

图 3-18　微铸锻铣复合增材制造技术的工作原理

3.3　模型制作

1．CAD 模型设计

CAD 模型可以通过常用的计算机辅助设计软件（如 Pro/E、SolidWorks、UG 等）直接构建三维数字化模型，如图 3-19 所示，或采用第 4 章介绍的逆向工程对产品实体进行三维扫描，得到点云数据，然后利用逆向工程的方法构造三维模型。

注意：设计模型时，细节部分的最小尺寸如果小于分层厚度（FDM 工艺的分层厚度一般为 0.15～0.4mm），那么当采用 FDM 工艺成型时，细节尺寸会因无法分辨而丢失。

2．STL 近似处理

CAD 模型转换为 STL 文件的方法：单击“File”→“Save a copy”按钮，在打开的“保存”对话框中设置模型名称并选择文件类型为 STL 文件。

图 3-19　CAD 模型

STL 文件的误差控制参数有三个：弦高（Chord Height）、角度控制（Angle Control）和步长大小（Step Size）。Pro/E 导出 STL 文件的默认值是不设置步长大小的，如图 3-20 所示。

（1）弦高。弦高为近似三角形的轮廓边与曲面的径向距离，表示三角形面片逼近曲面的绝对误差，如图 3-21 所示。弦高的改变只影响曲面体的 STL 精度。

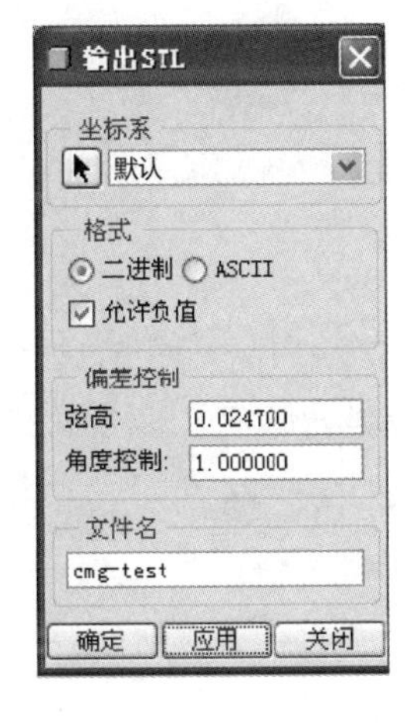

图 3-20　STL 文件参数

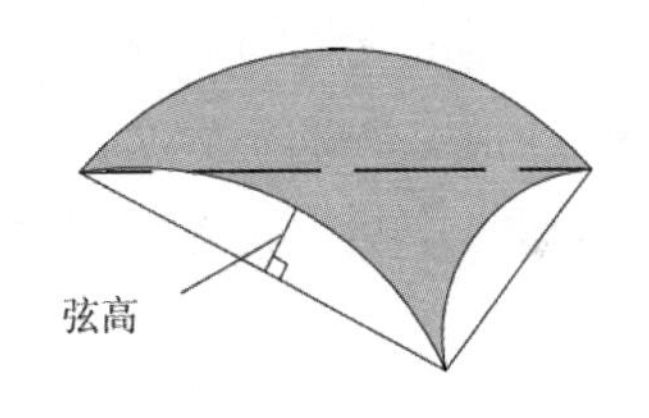

图 3-21　曲面的三角形面片逼近

（2）角度控制值是三角形平面与其逼近的曲面切平面的夹角余弦值（设置区间为 0～1），用于控制曲面的光滑度。该余弦值越大，逼近的曲面越圆润、细致，逼近效果越好。

三角形面片数直接反映 STL 模型的精度，三角形面片数越多，精度越好。当模型精度过低时，STL 文件就会在表达实体模型方面出现失真的情况；当模型精度过高时，计算机会因 STL 文件过大，运行缓慢，甚至难以运行。STL 模型的精度和数据量相互矛盾，至今还没有很好的解决方案。实训模型的面片数建议选取 20 000 左右。

3.3.1　FDM 设备的基本功能及操作

1．FDM 设备的构成

实训使用的是 UP Plus2 便携式桌面 3D 打印机，其外观和构成如图 3-22 所示。工作台完

成 X 向扫描和 Z 向升降，喷头组件由送丝机构和加热系统构成，完成 Y 向扫描，X、Y 和 Z 轴由丝杠螺母副传动。

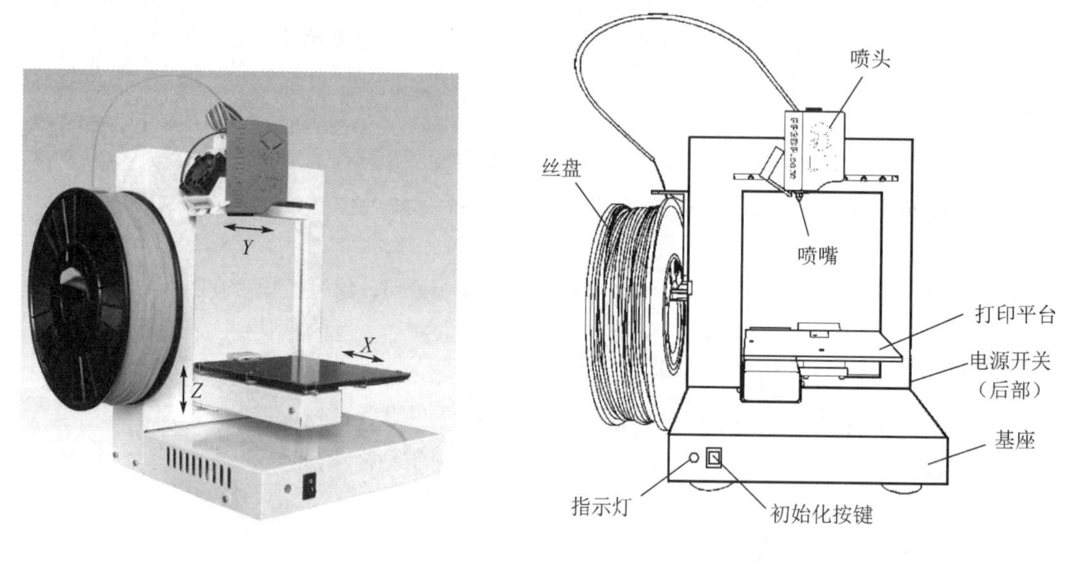

图 3-22　UP Plus2 便携式桌面 3D 打印机的外观和构成

2. FDM 设备的基本功能

虽然各公司的 CAM 软件都是自行开发、自成体系的，没有规范的软件模块划分标准，但各软件的基本功能都是一致的。以实训所用的 UP Studio 软件为例，图 3-23 所示为其程序界面，左侧为功能菜单栏，可进行文件导入、打印设置、设备初始化、设备调试及维护等操作；右侧为编辑工具区，可对模型进行编辑，各种编辑功能如图 3-24 所示。

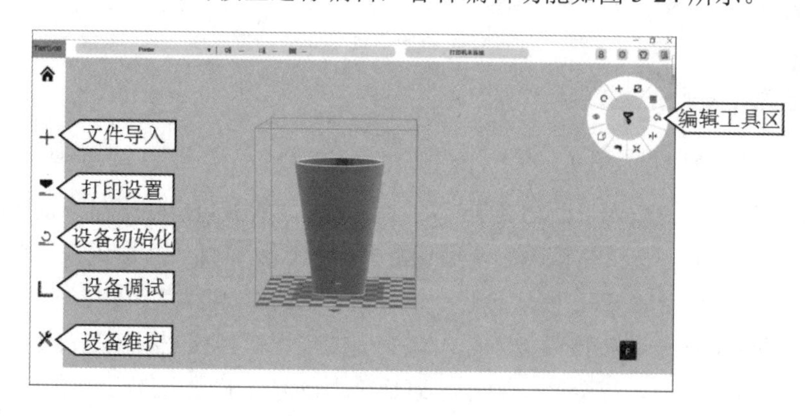

图 3-23　UP Studio 程序界面

编辑工具区分为三个区域：编辑功能主菜单区、子菜单区和数据区。图 3-24 给出了编辑功能主菜单区中 10 个编辑功能，其中 8 个编辑功能有子菜单区（图 3-24 中的中心圆形区域），3 个编辑功能有数据区（编辑功能主菜单区的外围环形区，图 3-24 中未标出）。各编辑功能的子菜单作用如表 3-3 所示。

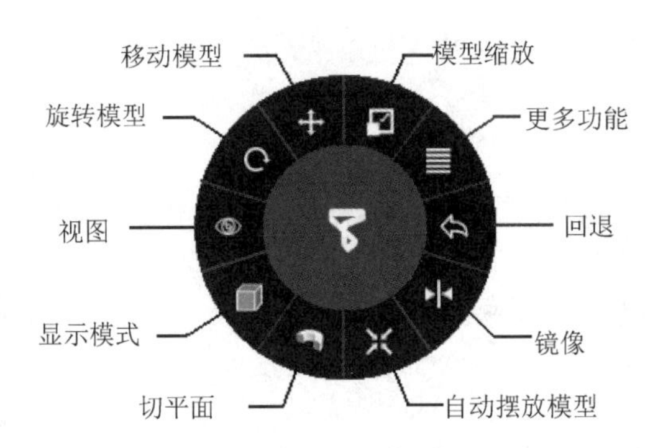

图 3-24　编辑功能主菜单区的 10 个编辑功能

表 3-3　UP Studio 编辑功能的子菜单作用

编辑功能	子菜单作用
更多功能	保存模型，修复，支撑编辑，重置
模型缩放	沿 *X*、*Y*、*Z* 向缩放，在数值框中输入缩放倍数，或选择数据区设定的 6 个数值
移动模型	沿 *X*、*Y*、*Z* 向移动，在数值框中输入移动距离，或选择数据区设定的 6 个距离值
旋转模型	绕 *X*、*Y*、*Z* 轴转动，在数值框中输入转动角度，或选择数据区设定的 6 个角度值
视图	左、前、右、后、底、顶和自由视图
显示模式	实体和线框显示，透视显示，实体显示，线框显示
切平面	选择 *X*、*Y* 或 *Z* 轴，在数值框中输入切平面位置距离，显示该处切平面
镜像	*X*、*Y*、*Z* 向镜像

借助功能菜单栏和编辑工具区，UP Studio 软件可以完成如下基本功能。

（1）STL 模型的载入、卸载及保存。

载入 STL 模型时，可单击程序页面左侧的模型载入图标“+”→“![icon]”，选择文件夹中欲打印的模型，如图 3-25 所示。载入模型后，单击模型，模型的详细数据会悬浮显示出来，如面片数目和体积等，如图 3-26 所示。

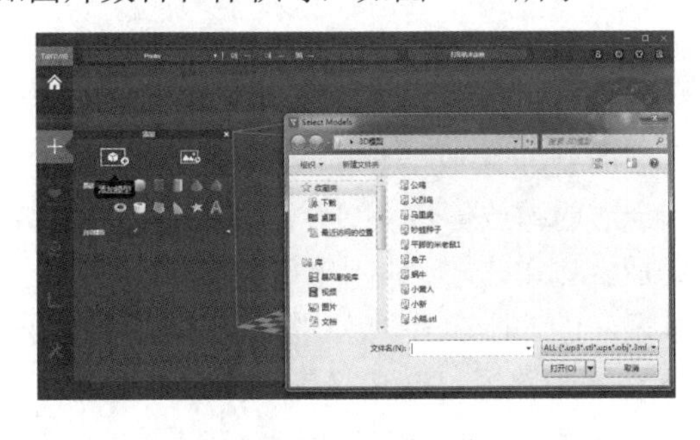

图 3-25　STL 模型载入

文件路径:	C:\Users\Administrator\Desktop\cup.stl
模型尺寸:	70.000 X 100.000 X 70.000
最小位置:	(-105.000 , 20.000 , 0.000)
最大位置:	(-35.000 , 120.000 , 70.000)
体积:	52.760 cm3
面片数目:	9576

图 3-26　模型的详细数据

删除模型时，右击模型，弹出一个快捷菜单，如图 3-27 所示，在快捷菜单中单击“删除”按钮或者“全部删除”按钮（若载入多个模型并想要全部删除）。

保存模型时，单击编辑工具区中的“更多选项”→“保存模型”按钮，文件就会以 UP3 格式保存。

（2）三维模型的显示。

UP Studio 软件设有 7 个预设的标准视图，存储于编辑工具区的视图选项中。单击编辑工具区中的“视图”按钮，其子菜单区即出现 7 种标准视图选项，如图 3-28 所示，各图标对应的含义如表 3-3 所示。切换不同的视图可方便地观看 STL 模型的任意细节，甚至包括实体内部的孔、洞、流道等。

图 3-27　删除模型

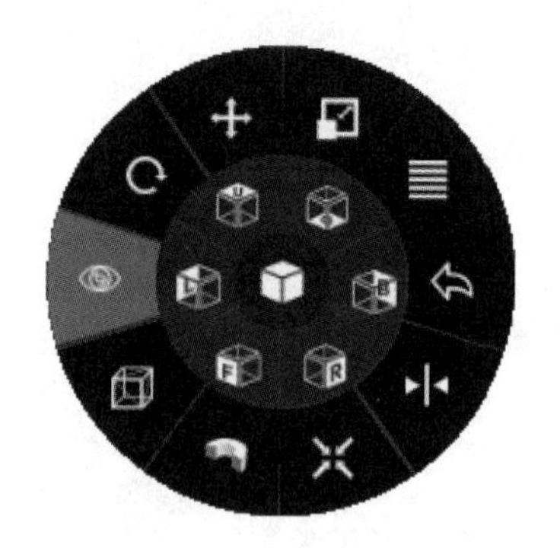

图 3-28　视图子菜单

鼠标+键盘的操作，可以简单快捷地旋转、移动和缩放视图，方法如下。

旋转视图：按住鼠标滚轮，移动鼠标，视图会随之旋转，可以从不同的角度观察模型。

移动视图：同时按住 Ctrl 键和鼠标滚轮，移动鼠标，可以将视图平移，也可以用方向键平移视图。

缩放视图：转动鼠标滚轮，视图就会随之放大或缩小。

（3）校验和修复。

在三维显示窗口，STL 模型会自动以不同的颜色显示。模型的默认颜色通常是粉色，当出现方向错误时，该面片会以红色显示。由于方向错误涉及支撑和表面成型，所以需要进行自动修复。UP Studio 软件具有修复模型坏表面的功能。选择模型的错误表面，单击编辑工具区中的“更多选项”→“修复”按钮，即可自动对 STL 模型进行修复，用户无须交互参与，不用回到 CAD 系统重新输出，节约时间，提高工作效率。

（4）模型编辑。

运用编辑工具可实现模型旋转、缩放、平移及自动摆放等操作。

模型缩放的操作步骤：①单击“模型缩放”按钮，进入图 3-29 所示的模型缩放功能的子菜单。②选择缩放倍数。数据区设置了 0.5～10 之间的 6 个缩放倍数（数值大于 1 为放大，小于 1 为缩小）供直接选择；也可在参数框内输入合适的缩放倍数。③再次单击“模型缩放”按钮，实现模型缩放。若要沿着某个轴方向进行缩放，则单击子菜单中的该方向轴即可。

模型旋转的操作步骤：①单击“旋转模型”按钮，进入图 3-30 所示的旋转模型功能的子菜单。②选择旋转轴，屏幕即显示绕该轴旋转的绿色圆形路径。③选择旋转角度。数据区设置了 6 个角度值（正数表示逆时针旋转，负数表示顺时针旋转）供直接选择；也可在参数框内输入合适的角度值，模型即绕该轴旋转设定角度。在选择成型方向时，需要旋转模型。

模型平移的操作步骤：①单击“移动模型”按钮，进入图 3-31 所示的移动模型功能的子菜单。②输入平移距离值。数据区设置了 6 个距离值供直接选择；也可在参数框内输入合适的距离值。③选择要移动的方向轴。

图 3-29　模型缩放功能的子菜单

图 3-30　模型旋转功能的子菜单

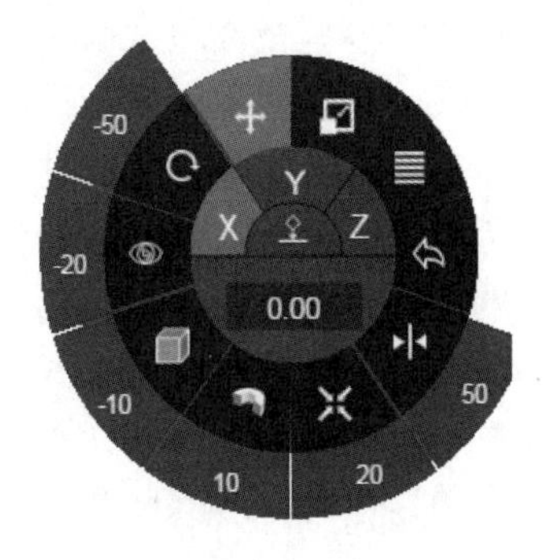

图 3-31　移动模型功能的子菜单

在打印之前，使用自动摆放模型功能将模型放置在打印平台的中央位置。此外，还可采用手动摆放：按住 Ctrl 键，同时单击目标模型，移动鼠标，拖动模型到指定位置。

（5）打印参数设置。

分层后的层片包括三个部分，分别为原型的轮廓部分、内部填充部分和支撑部分。轮廓部分根据模型层片的边界获得。内部填充用单向扫描线填充原型内部非轮廓部分，根据相邻填充线是否有间距，可以分为标准填充（无间隙）和孔隙填充（有间隙）两种方式。标准填充应用于原型的表面，孔隙填充应用于原型内部，这样可以大大减少材料的用量，同时网格状结构可以减少制件变形。支撑部分是在原型外部，对其进行固定和支撑的辅助结构。

打印参数包括层片厚度、填充方式和质量等。单击功能菜单栏中的“打印设置”按钮，弹出“打印设置”对话框，如图 3-32 所示。各参数介绍如下。

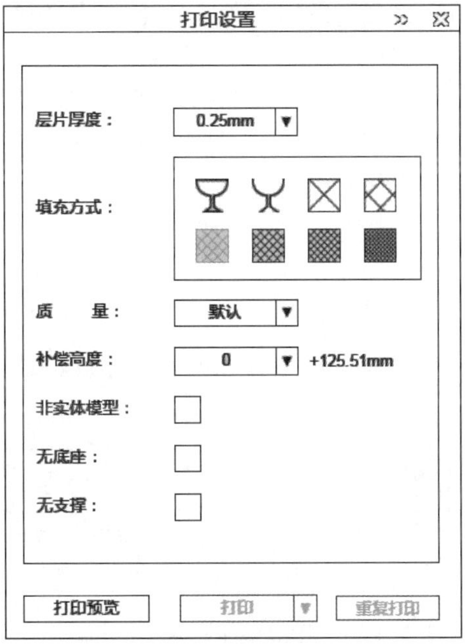

打印设置
层片厚度：0.25mm
填充方式：
质　量：默认
补偿高度：0　+125.51mm
非实体模型：
无底座：
无支撑：
打印预览　打印　重复打印

图 3-32　“打印设置”对话框

层片厚度：取值在 0.1～0.35mm 之间，设有 6 个选项。

填充方式：UP Studio 软件系统设置了 3 种填充模式，填充效果如下。

① 壳：该模式有助于提升中空模型的打印效率。如果仅需打印模型作为概览，可选择该模式。模型在打印过程中不会产生内部填充。

② 表面：该模式仅打印单层外壁，且上下表面不封闭，该模式有助于提高模型表面的打印质量。当需要对模型进行简要评估时可选择此模式。

③ 孔隙填充：UP Studio 软件系统采用线性填充模式，即由单向排列的非常规整的正方形的网孔结构完成填充，如图 3-33 所示。系统设定了13%、15%、20%、65%、80%和99%六种不同的填充密度，百分比表示填充材料体积与内部填充空间总体积的比值。填充密度影响模型的强度、质量和打印时间，因此在设置填充密度时应综合考虑材料的性能和模型的具体要求。填充密度越高，使用的材料越多，打印的时间越长，但制件强度也会越高。

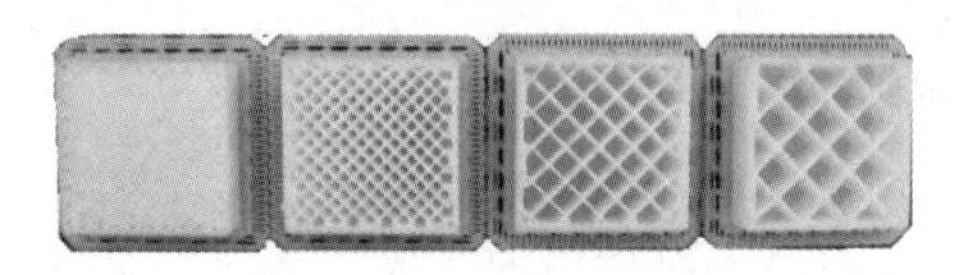

图 3-33　孔隙填充

质量：分为普通、快速、精细三个等级。此选项的选择影响模型的成型速度。

非实体模型：当模型存在不完全面时，为非完全实体，勾选此项。

无底座：在打印模型前将不会产生基底。该模式虽然可以提升模型底部平面的打印质量，但不能进行自动水平校准。若不勾选此项，则可通过打印基底进行水平校正。

无支撑：若勾选此项，则打印模型时不添加支撑。若不勾选此项，则打印时将按照支撑编辑的参数添加支撑。

以上各参数设置完毕后，可单击“打印预览”按钮，浏览“模型（蓝色表示）+支撑（黄色表示）”的结构，并了解打印模型所需的时间和材料。退出预览，单击“打印”按钮，设备即开始打印模型。

（6）设备调试与维护。

单击功能菜单栏中的“设备调试”按钮，可进行打印平台的水平校正、喷头与平台间的距离校正等。单击功能菜单栏中的“设备维护”按钮，可进行各种维护操作，如更换材料、喷嘴等。

3.3.2　FDM 快速成型工艺流程

FDM 快速成型的工艺流程如图 3-34 所示（以 UP Plus2 便携式桌面 3D 打印机为例），可分为开机、模型编辑、参数设置和打印模型四个阶段，各阶段的操作步骤分别介绍如下。

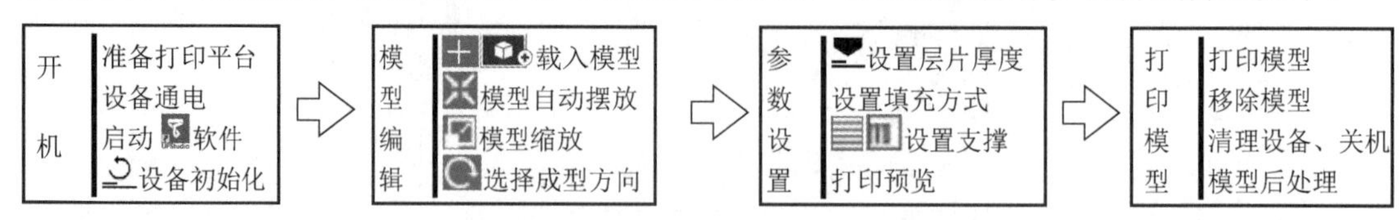

图 3-34　FDM 快速成型的工艺流程

1. 开机

在打印机开始工作之前，需完成以下准备工作。

（1）准备打印平台。

打印前，需将蜂窝垫板安装在打印平台上。蜂窝垫板上均匀分布着孔洞，打印时熔融的材料将填充进孔洞，防止在打印的过程中发生模型偏移，保证模型稳固。在打印平台下方有8个小型弹簧，先将蜂窝垫板按正确方向置于平台上，再轻轻拨动弹簧以便卡住蜂窝垫板，如图3-35所示。

注意：8个弹簧的卡爪一定要卡在蜂窝垫板的上方，如图3-35（c）所示，不能卡在蜂窝垫板与打印平台之间，否则卡爪会将蜂窝垫板抬高而与喷嘴接触，熔化的材料堵在喷嘴处降温凝固，从而导致堵丝，无法继续堆积成型。

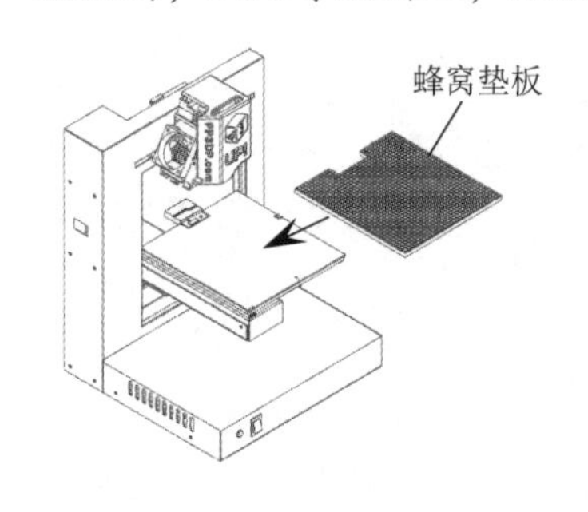

（a）安装蜂窝垫板

（b）拨动弹簧固定蜂窝垫板

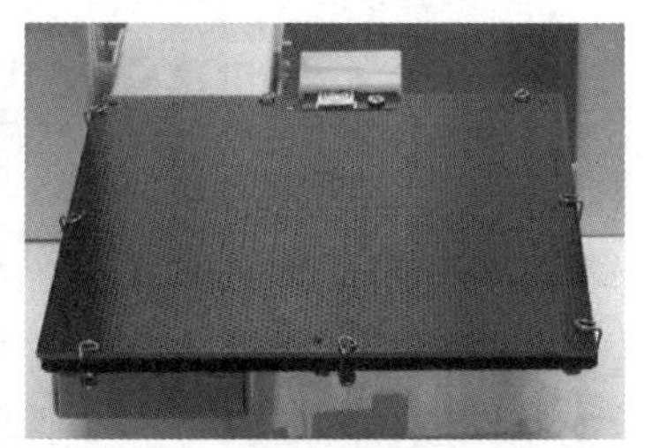

（c）正确固定蜂窝垫板

图3-35　准备打印平台

（2）设备通电、启动软件。

启动计算机和3D打印机。3D打印机的电源开关位于基座后部（见图3-22），按下开关接通电源。单击桌面上的图标，打开程序界面，如图3-23所示。

（3）设备初始化。

打印之前需要初始化打印机。按下初始化按键（长按3秒钟），或者单击程序界面中的“设备初始化”按钮，打印机即发出蜂鸣声并开始初始化。打印喷头和打印平台返回到打印机的初始位置，当准备好后将再次发出蜂鸣声。此时数控系统上电，X、Y、Z轴回到原点。

2. 模型编辑

（1）载入模型。

单击模型载入图标“ ”→“ ”，载入STL模型（见图3-25）。单击“自动摆放模型”按钮，模型自动摆放在软件窗口平台中央。对模型进行如下编辑操作。

（2）模型缩放。

考虑到打印平台尺寸及实训时间的限制，需要对模型的尺寸进行调整（模型缩放方法见图3-29），建议模型尺寸不要超过40mm×40mm×40mm。

（3）选择成型方向。

以图3-19所示的模型为例。对比一下成型该模型时两种摆放位置的效果，如图3-36所示。当模型立向放置［见图3-36（a）］时，模型表面与成型方向Z的夹角θ较小，当模型横向放置［见图3-36（b）］时，θ值较大。θ值小意味着加工时产生的台阶效应小，模型能获得较好的精度及表面质量，并且支撑结构简单，耗材少，收缩变形小。模型横向摆放时的θ值大，不但台阶效应大，而且支撑体的构造复杂，耗材多，收缩变形大，需要的成型时间长，并且也使后处理剥离支撑的难度大为增加。因此，模型成型时立向放置更加合理。

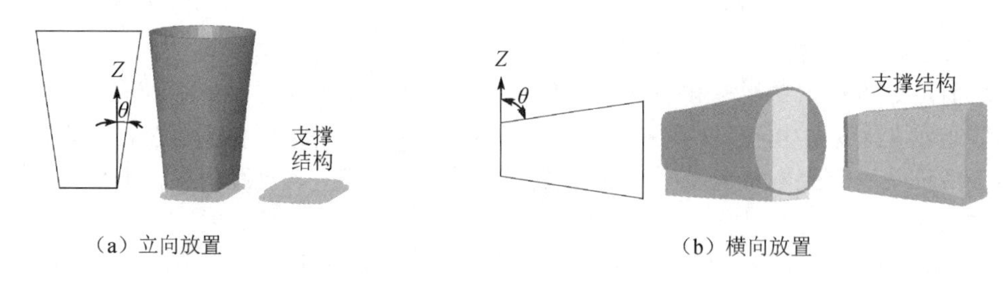

（a）立向放置　　（b）横向放置

图 3-36　不同摆放位置对比

3. 参数设置

在“打印设置”对话框（见图 3-32）中设置层片厚度、填充方式等参数。

该阶段进行产品的数据转换，通过切片软件进行数据模型的修复、分层处理、底部固定支撑的数据处理等，并将这些内容转化为二维截面信息，生成打印机控制系统能够识别的 G 代码。

（1）设置层片厚度。

设置层片厚度时，要从成型速度和精度两方面综合考虑。层片厚度小，层片数多，成型耗时长，但台阶效应小，模型精度和表面质量较好。反之，层片厚度大，层片数少，成型耗时短，但台阶效应大，模型精度和表面质量较差。

（2）设置填充方式。

填充方式影响模型的强度、质量、耗材量和成型时间。选择合适的填充密度，在满足模型的具体性能要求的同时，使耗材和成型时间尽量少，提高成型的经济性。

（3）设置支撑。

单击“更多功能”→“支撑编辑”按钮，打开“支撑编辑”对话框，如图 3-37 所示，设置层数、角度和面积。

层数——为避免模型主材料凹陷入支撑网格内，靠近原型的被支撑部分需采用无间隙的标准填充。该参数设定标准填充的层数，一般为 2～6 层（系统）。

角度——设定需要支撑的表面的最大角度（表面切线方向与水平面之间的角度），当表面角度小于该值时，必须添加支撑。角度越大，支撑面积越大；角度越小，支撑面积越小。如果该角度过小，则会出现支撑不稳定、原型表面下塌等问题。

面积——需要填充的表面的最小面积。当悬空面积小于该值时，可以不进行支撑。

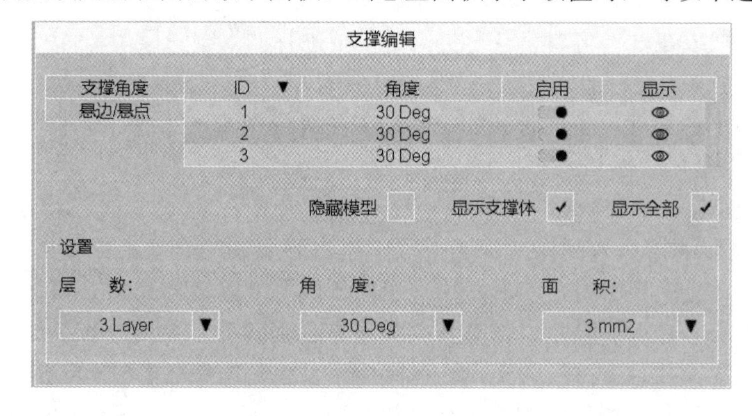

图 3-37　“支撑编辑”对话框

（4）打印预览。

以上参数设置完毕后，单击“打印设置”对话框中的“打印预览”按钮，进入打印预览页面，查看支撑结构、打印时间和所需材料等，退出预览后才可打印。

4. 打印模型

（1）打印模型。

单击“打印设置”对话框中的“打印”按钮，设备即开始打印模型，屏幕显示打印界面，如图 3-38 所示。在模型打印过程中可根据需要随时停止或暂停打印。

停止打印：单击“停止打印”按钮，打印机立刻停止加热和运行，当前正在打印的所有作业都将被取消，不能恢复打印作业。若要重新打印，则需要初始化打印机。

暂停打印：在打印过程中单击“暂停打印”按钮，打印立即暂停，喷嘴将会保持高温。再次单击此按钮将从暂停处继续打印。在打印期间需要清理喷头上的黏性杂物或者换丝材时，可以使用此项功能。

注意：当打印机正在打印或打印刚完成时，禁止用手触摸模型、喷嘴、打印平台或机身其他部分。

图 3-38　打印界面

（2）移除模型。

当模型打印完成时，打印机会发出蜂鸣声，喷嘴和打印平台停止加热并返回初始位置。

注意：在移除模型之前，必须先撤出蜂窝垫板，否则用力去除模型会导致打印平台偏离水平位置甚至弯曲变形。

取下蜂窝垫板后，用铲刀贴紧模型底部，铲下或撬松模型，如图 3-39 所示。模型去除完成后，将蜂窝垫板按照图 3-35 所示的步骤重新安装在打印平台上，准备打印下一个模型。若打印完成，则清理设备、关机。

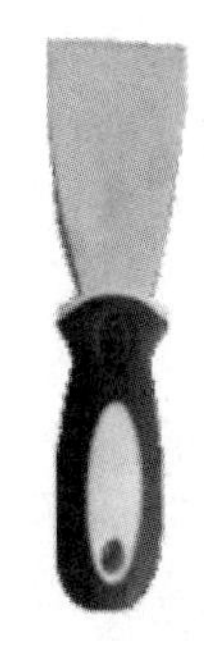

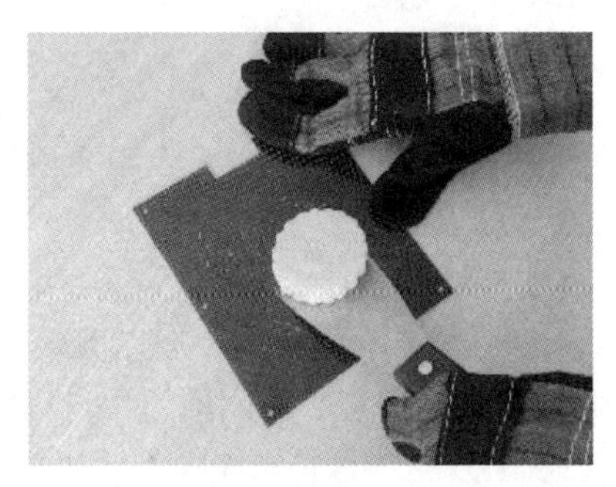

图 3-39　去除模型

（3）模型后处理。

对模型进行支撑剥离、打磨、抛光等处理。支撑材料可以使用多种工具（如钢丝钳、尖嘴钳或斜口钳等）来剥离。支撑剥离后，可进一步用锉刀或砂纸等打磨、抛光模型。

3.3.3 成型件的质量分析及优化

影响 FDM 成型件精度的主要因素如图 3-40 所示。

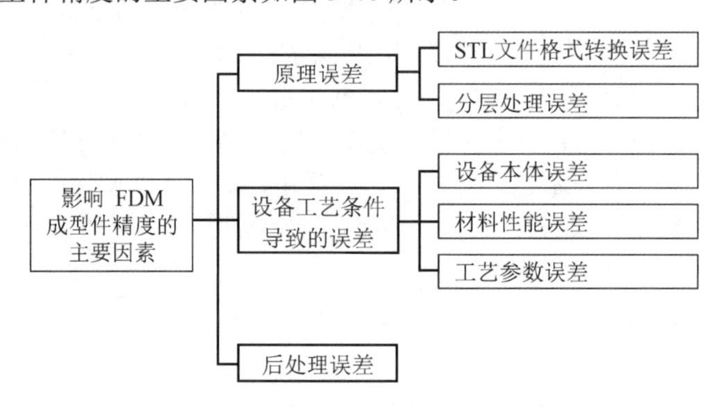

图 3-40 影响 FDM 成型件精度的主要因素

1．原理误差——数据处理产生的误差

数据处理产生的误差主要有两个：一是 CAD 模型转换成 STL 文件带来的误差，二是分层处理产生的误差。

（1）STL 文件格式转换误差。

如前文所述，在 CAD 模型转换成 STL 文件的过程中，用三角形面片去逼近原型设计，逼近的精度由曲面到三角形边的弦高控制，如图 3-21 所示。无论基于 STL 文件的软件如何改进，都无法消除 CAD 模型转换成 STL 文件过程中产生的误差。目前，由三维实体直接获取分层信息，或建立 CAD 模型与快速成型设备之间高度兼容的标准数据接口文件，已成为提高模型离散精度的重要发展方向。

（2）分层处理误差。

分层是 STL 模型与一系列平行平面求交的过程。只要模型表面（或表面的切线方向）与成型方向（Z 向）的角度 θ 不为零，就一定会产生分层处理误差，使分层叠加而成的模型出现台阶效应，如图 3-4 所示。分层处理误差与 θ 角、分层厚度成正比。因此选择合理的成型方向、尽量减小 θ 值、适当减小分层厚度均可降低分层处理误差。

2．设备工艺条件导致的误差

设备工艺条件导致的误差主要有设备本体误差、成型材料的收缩变形及热应力分布不均导致的误差、加工的工艺参数导致的误差等。

（1）设备本体误差。

加工设备自身存在着一定的误差，主要体现在以下几个方面。

① 成型平台偏离水平方向。设备在长时间的使用过程中，平台的水平调节螺丝可能会因为震动而松动，使平台偏离水平方向。这将影响模型底层成型的扫描和填充，而底层的成型质量是模型整体成型质量的保障。因此加工前应检查成型平台是否水平，必要时需进行水平校正。

② 坐标轴控制精度误差。成型设备的 X、Y 和 Z 轴均采用步进电机驱动丝杆螺母副进行控制，若传动装置的维护或润滑不及时，将导致阻力增大，步进电机因负载增大而出现丢步，从而产生控制精度误差。X、Y 轴的控制精度影响模型的截面形状，Z 轴的控制精度影响层高，这些直接影响成型件的精度。因此，平时注意加强设备的维护、减小传动装置运动时的摩擦阻力、减小步进电机的负载可以有效保证坐标轴控制精度。

③ 喷嘴高度误差。喷嘴高度是指成型平台在初始化位置时，喷嘴与成型平台之间的距离值。该值在设备安装调试时设定，以保证成型时喷嘴与成型平台间 0.1mm 的最佳间距。喷嘴高度一经设定，就被系统自动记录，一般情况下不需要再设置。但是，当设备受到震动时，或者在对成型平台进行了水平校正之后，喷嘴和成型平台在加工时的间距会发生变化。若间距过小，则打印第一层时，喷嘴无法出料，造成喷嘴堵塞，甚至刮伤蜂窝垫板；若间距过大，则打印第一层时材料无法粘结在蜂窝垫板上，模型产生移位或翘曲。因此，一旦出现这些情况，应立即重新校准喷嘴高度。

（2）材料性能误差。

在零件成型过程中，材料要经历“固态→液态→固态”两次相变过程。在这个过程中，材料会发生收缩，收缩产生的内应力会使零件变形，直接影响成型件的尺寸精度，甚至导致层间剥离和零件翘曲。支撑材料收缩会使支撑产生变形而失去支撑作用。减少收缩应力最有效的措施是采用网孔（或蜂窝）结构填充模型内部，如图 3-33 所示。网孔结构在保证模型强度的同时能减少材料用量，有利于降低绝对收缩量，并且能够充分释放收缩应力、吸收变形。因此在设置填充密度时，应综合考虑模型的强度、打印效率及材料的性能等方面的具体要求。

（3）工艺参数误差。

工艺参数及其相互作用都会影响模型的精度，但起主要作用的还是喷嘴温度、环境温度、挤出速度和填充速度等几个参数。

① 喷嘴温度的影响。喷嘴温度决定了材料的粘结性能、堆积性能及丝材流量。若喷嘴温度偏低，则材料黏度加大，增加了挤出装置的负载，挤丝速度变慢，极端情况下会造成喷嘴堵塞，并且还会使材料层间粘结强度降低，引起层间剥离；若喷嘴温度过高，材料偏向于液态，黏性系数变小，流动性强，挤出过快，无法形成可精确控制的丝，容易引起材料坍塌和破坏。对不同的材料应根据其特性选择适宜的喷嘴温度，使材料的黏性系数保持在一个合适的范围内，挤出的丝呈黏弹性流体状态。

② 环境温度的影响。环境温度是指系统工作时平台周围环境的温度。环境温度会影响成型件的热应力大小，从而影响模型的表面质量。随着环境温度的增加，模型的翘曲变形量近似按线性规律递减。但当环境温度增加到一定数值 t_{max} 后，由于挤出材料的固化时间过长，易造成模型表面起皱，影响模型的表面质量。因此，环境温度有最佳温度值，需通过实验进行确定。

③ 挤出速度和填充速度的影响。挤出速度是指喷头内熔融态丝从喷嘴挤出的速度。填充速度是指扫描截面轮廓的速度或打网格的速度。为了保证连续平稳地出丝，需要将挤出速度和填充速度进行合理匹配，使得喷丝从喷嘴挤出时的体积等于粘结时的体积。若填充速度比挤出速度快，则材料填充不足，出现断丝现象，难以成型；相反，若填充速度比挤出速度慢，则出丝太快，熔丝堆积在喷嘴上，使成型面材料分布不均匀，表面会有疙瘩，影响表面质量。因此，填充速度与挤出速度之间应在一个合理的范围内匹配。

3. 后处理误差

在模型剥离的过程中，其表面质量或多或少会受到影响，尤其是支撑材料和模型结合紧密以致于难以去除的时候。如果处理不当，可能对模型的尺寸和表面质量等造成影响，产生后处理误差。

通常情况下，在选择模型的分层方向时，就要综合考虑它的支撑方式、成型时间、支撑材料使用量及剥离支撑的难易程度等，做到尽可能的合理，以保证模型质量。当模型制作完成后，为达到其所要求的表面质量，一般都会在不影响模型尺寸和形位精度的前提下，进行打磨、缝隙修补等处理。

综上所述，成型软件、加工设备、参数设置及后期处理等都是影响模型精度的因素。若想要有效提高模型的成型质量，必须综合考虑模型对强度、精度、耗时及后期处理等方面的要求，合理设置各项参数，各因素共同作用方能呈现高质量的成型效果。

3.4 快速成型技术的发展及应用

快速成型技术起源于制造业从规模化生产到个性化需求的变迁。在其出现之后的十年间，主要针对新产品的开发及模型的快速制作，对设计、装配进行验证，所用材料包括光敏树脂、塑料、纸、陶瓷、特种蜡及聚合物包覆金属粉末等。这些材料在密度和性能上与所需求的功能零件差距甚远，所以只能作为原型看样，不能作为最终的功能性零件或模具直接使用。因此，要实现原型制作向直接制造的转变，首先必须发展成型材料，研发相关的成型工艺与装备，使成型零件达到或接近最终的工程力学性能。

金属是所有材料中应用最广、综合力学性能最好、实用意义最大的材料。近年来，金属材料的快速成型技术成为零部件直接制造领域的研究热点，并迅速进入高速发展阶段。金属构件直接成型的实现大大拓宽了快速成型技术的应用领域。

3.4.1 金属材料快速成型技术

根据金属材料在成型时的不同状态，可将金属快速制造工艺分为选区沉积、熔覆沉积和熔滴沉积三大类，如表 3-4 所示。

表 3-4 金属材料快速成型技术

工艺		工艺特点	精度（mm）	表面粗糙度（μm）
选区沉积（铺粉）	激光选区烧结	激光半固态烧结机制。成型过程中的热应力小，制件变形小、精度高、孔隙率高、致密度低，力学性能不理想	0.05～2.5	10～30
	激光选区熔化 直接金属激光烧结	粉体完全熔化的冶金机制。制件致密度很高，微观结构及力学性能好。成型过程中凝固收缩大、内应力大，制件易变形或开裂	0.05～0.1	20～50
	电子束选区熔化	高速电子束在真空环境下熔化金属粉末。制件致密度高、氧含量少、热应力小，不易变形、开裂，成型速度快，但精度较低	0.1～0.2	20～30

续表

<table>
<tr><th colspan="3">工艺</th><th>工艺特点</th><th>精度（mm）</th><th>表面粗糙度（μm）</th></tr>
<tr><td rowspan="4">熔覆沉积</td><td rowspan="3">送粉</td><td>激光熔化沉积</td><td>STL 分层，同轴或侧向送粉。制件具有高致密度或完全致密，力学性能好。加工薄壁金属件更具优势，难以加工带有悬臂结构的零件</td><td>0.05～0.38</td><td>6.25</td></tr>
<tr><td>直接光学制造</td><td rowspan="2">CAD 分层，五轴加工。直接光学制造工艺可同时送四种粉。直接金属沉积工艺采用同轴送粉且实时反馈控制熔覆层高度、化学成分和显微组织</td><td rowspan="2">±0.12</td><td rowspan="2">10</td></tr>
<tr><td>直接金属沉积</td></tr>
<tr><td colspan="2">电子束自由成形制造</td><td>高能电子束在真空环境下熔化沉积金属丝材，致密度高，沉积效率高，但成型精度低，需后续机械精加工，材料利用率为 100%</td><td>1</td><td>50</td></tr>
<tr><td>熔滴沉积</td><td colspan="2">形状沉积制造</td><td>金属液态微滴精确沉积在特定位置，实现熔滴间的冶金结合。制件微观组织细小、均匀，力学性能较好</td><td>3%～8%</td><td></td></tr>
</table>

1．选区沉积工艺

选区沉积工艺的特征是粉末态材料在沉积反应前已铺展在沉积位置上，用激光逐点逐行烧结或熔化。这类工艺以激光选区烧结（SLS）、激光选区熔化和电子束选区熔化技术为代表。

（1）SLS 技术。

从 20 世纪 90 年代中期开始，SLS 技术就用以成型金属及合金构件，其原理如图 3-10 所示。半固态烧结可以降低成型过程中材料积聚的热应力，制件变形小，因此制件精度比较高。但由于烧结过程中含有未熔固相颗粒，直接导致制件孔隙率高、致密度低、拉伸强度差、表面粗糙度高，使制件在强度、宏观硬度、耐磨性和抗腐蚀性方面与常规工艺制件相比较低，力学性能不理想，结构材料的优势得不到充分发挥。

（2）激光选区熔化和直接金属激光烧结技术。

激光选区熔化（Selective Laser Melting，SLM）和直接金属激光烧结（Direct Metal Laser-Sintering，DMLS）技术是在 SLS 技术的基础上发展起来的，其原理与 SLS 技术基本相同，不同之处主要在于激光功率和成型机制。

SLM 技术由德国 Frauhofer 激光技术研究所于 2002 年成功研发，采用的成型机制为粉体完全熔化机制。该技术的实现得益于近年来激光快速成型设备的不断发展和改进，如引入高功率密度的激光，减小光斑直径（几十到几百微米），降低铺粉厚度等。金属粉末在高功率密度激光的辐照下完全熔化，而非局部熔结，完全的冶金结合并自动地层层堆叠，生成致密的几何形状的实体零件。SLM 技术使用的成型材料多为金属粉末，如镍基合金、钛基合金、钴-铬合金、奥氏体不锈钢及贵金属等。图 3-41 所示为德国斯棱曼激光科技企业（SLM Solutions Group AG）用 SLM 技术成型的金属零件。

DMLS 技术与 SLM 技术的不同之处在于其使用的材料多为不同金属组成的混合物，各成分在烧结过程中相互补偿，有利于保证制造精度。

图 3-41　德国斯棱曼激光科技企业（SLM Solutions Group AG）用 SLM 技术成型的金属零件

与 SLS 技术相比，SLM、DMLS 技术由于其采用的金属本身是致密体，所以成型时不易产生空穴，致密度可达 99%以上，接近锻造的材料胚体，微观结构非常好，因此力学性能很好。其成型质量（表面粗糙度、致密度、机械强度等）较 SLS 技术有明显提高，但缺点也比较明显。由于成型过程中全部材料都经过“固—液—固”的复杂相变过程，体积变化和温度梯度很大，产生过大的凝固收缩，导致成型件的内应力大大增加，出现变形甚至开裂，影响成型件的精度。其发展受成型件尺寸、可用材料和过程监控能力的限制。经 SLM、DMLS 技术净成型的构件，成型精度高（最低铺粉厚度可达 20μm），综合力学性能优（机械性能优于锻造材料），可直接满足实际工程应用的要求。成型的零件需要进行后处理，包括热处理、机械精加工。其应用范围已扩展到航空航天、汽车、微电子和医疗等行业。

（3）电子束选区熔化技术。

电子束选区熔化（Electron Beam Selective Melting，EBSM）技术的成型原理与 SLM 技术本质上是一样的，只是将加工热源换成了电子束。图 3-42 所示为 EBSM 技术的工作原理。利用高速电子束的冲击动能来加工工件。在真空环境下，将具有高速度和高能量的电子束通过聚焦线圈聚焦到被加工的材料上，电子束在偏转线圈的驱动下，先利用低电流和低扫描速度的散焦电子束对粉末进行预热，随后采用更大的电流和扫描速度按 CAD 模型分层轮廓规划的路径扫描，对粉末进行熔化。电子束的动能绝大部分转变为热能，使材料瞬时熔融，熔化完成后成型平台下降一个分层厚度，再次进行“铺粉—预热—熔化”过程，如此循环，从而实现材料的层层堆积，直到制造出需要的金属零件。整个加工过程均处于 10^{-2} Pa 以上真空环境下，能有效避免空气中有害杂质的影响。

EBSM 技术有如下特点。

① 热源为电子束，能量利用效率比工业用高功率激光器高出数倍，作用深度大、材料吸收率高、运行维护成本低，并且控温性能良好。EBSM 成型使用的材料范围广，可以加工钨、钼、钽等难熔金属及合金。

② EBSM 成型过程中粉末颗粒完全熔化，成型件致密度高。此外，由于在成型过程中，零件温度保持在退火温度（大于 700℃），因此成型件热应力小、不易变形开裂，可省去后续的热处理工序。

③ 整个加工过程处于 10^{-2}Pa 以上真空环境中，能有效避免空气中有害杂质的影响，污染少，在加工时表面不易被氧化，特别有利于钛等活泼金属的成型。由于多数金属粉末对电子束的吸收率非常高，因此可以轻易加工激光不易加工的铜、铝等金属。但昂贵的专用设备和真空系统使其在实际生产中受到一定的限制，只能加工小型零件。

④ 电子束扫描控制依靠电磁场，由无惯性装置实现，控制灵活，反应速度快，可以实现高达 10000 mm/s 的扫描速度，成型速度是 SLM 技术的 4～5 倍，便于实现整个加工过程自动化。

⑤ 与 SLM、DMLS 技术相比，电子束能量很高，EBSM 成型可采用较大颗粒的金属粉，粉末耗材价格低，但成型精度相对较低。

EBSM 技术成型速度快、效率高、能量利用率高，成型件力学性能出色，已经达到或超过传统的铸件水平，且部分材料成型件的力学性能可达到锻件水平，可成型具有复杂形状的高性能金属零件，被广泛应用于航空航天、生物医疗等领域。图 3-43 所示为采用 EBSM 技术成型的金属零件。其中，图 3-43（a）所示为英国谢菲尔德大学的金属钨材料成型件；图 3-43（b）所示为天津清研智束科技有限公司的镍基高温合金成型件。

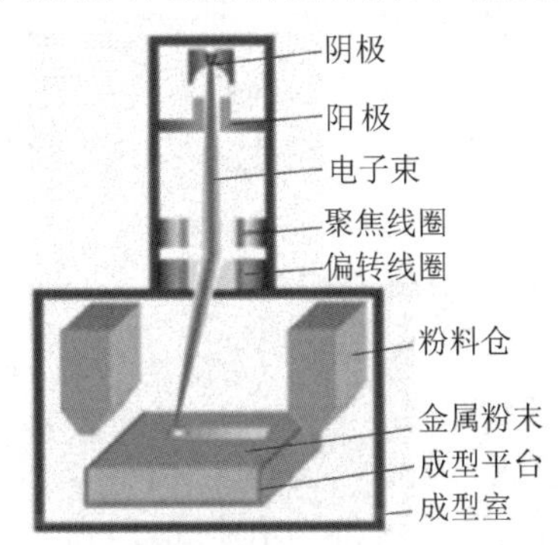

图 3-42　EBSM 技术的工作原理

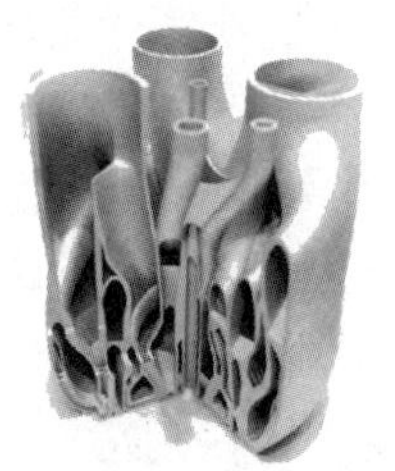

（a）金属钨材料成型件

（b）镍基高温合金成型件

图 3-43　采用 ESBM 技术成型的金属零件

2. 熔覆沉积工艺

熔覆沉积工艺的基本特征是高能激光束/电子束在基体上形成熔池的同时，将粉状或丝状沉积材料送（喷）入高温熔池，随着熔池移动实现材料在基体上的沉积。这类工艺以激光熔化沉积、电子束自由成型制造技术等为代表。

（1）激光熔化沉积技术。

激光熔化沉积（Laser Melting Deposition，LMD）与选区沉积工艺的主要不同点在于粉料的供给方式。选区沉积工艺是以粉床铺粉方式供料，而 LMD 技术的供料方式一般为同轴送粉或侧向送粉。其工作原理如图 3-44 所示。利用激光的高能量将基体表面和金属粉末熔化，在基体上形成熔池，熔化的粉末在熔池上方沉积，冷却凝固后在基体表面形成熔覆层。在计算机控制下，根据成型件 CAD 模型的分层轮廓，运动系统驱动 *X-Y* 工作台、激光头和送粉喷嘴运动，逐点、逐线、逐层形成具有一定高度和宽度的金属层，完成金属熔体的三维堆积成型。为避免加工时金属粉末在激光成型过程中发生氧化，降低沉积层的表面张力，提高层与层之间的浸润性，整个加工过程均应在有惰性气体保护的环境中进行。

由于金属粉末在加热喷嘴中已处于熔融状态，故 LMD 技术特别适合高熔点金属的快速成型。其对金属沉积的控制水平（包括熔池稳定性、送粉稳定性和送粉精度等）很大程度上决定了成型件工艺的精度和其制造复杂特征的能力。精良的同轴送粉装置设计实现了对熔池尺寸及其稳定性的精确控制，使得加工薄壁类零件时能够保证尺寸精度。因此 LMD 技术在加工薄壁金属件方面更具优势。图 3-45 所示为采用 LMD 技术制造的薄壁件。

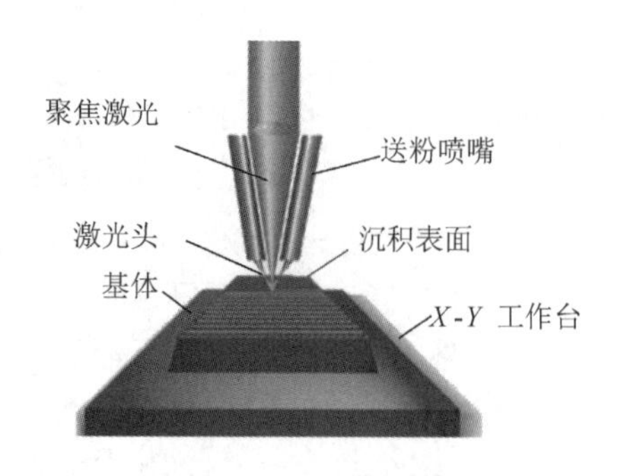

图 3-44　激光熔化沉积 LMD 的工作原理

图 3-45　采用 LMD 技术制造的薄壁件

LMD 技术是一种直接成型的方法，可得到高密度或全密度的金属零件，力学性能很高。其制造速度快，无须模具；材料利用率高，可实现复杂零件近净成型，机加工量小；适用于难加工金属材料制备，以及实现传统制造很难或者无法完成的复杂形状的零件加工；加工柔性高，能够实现多品种、变批量零件制造的快速转换。与 SLS、SLM 技术相比，LMD 技术具有以下不同点。

① LMD 技术的沉积层厚度为毫米级，其增材制造效率要高于 SLS、SLM 技术，故 LMD 技术适合制造尺寸较大的金属构件。但就成型精度而言，LMD 技术通常低于 SLS、SLM 技术，属于“近净成型”制造，成型件仍需要一定的后续机加工。

② 可实现非均质、材料梯度的零件制造。通过调节送粉装置，逐渐改变粉末成分和送粉速度，可在一个零件中实现材料成分的连续变化。在加工异质材料（功能梯度材料、复合材料）方面具有独特的优势，为个性化设计零件提供了一个灵活的实现手段。

③ 适用于形状简单的非悬臂类零件成型。LMD 工艺材料的沉积必须以熔池在基体上方形成为前提，制造悬臂类特征存在很大困难，只能在熔池上方一定角度内实现。研究人员目前从两方面探索悬臂类特征的沉积方法。一方面是基于在沉积过程中引入支撑，支撑材料为易去除的低熔点材料，通过沉积与成型件主体同步生成，在其上可进一步沉积悬臂结构；另一方面是增加金属沉积系统的自由度。

例如，美国 Los Alamos 国家实验室与 Synthe Met 合作研发的直接光学制造（Directed Light Fabrication，DLF）技术，直接由 CAD 模型分层获得数控加工路径格式的文件，采用五轴联动，即工作台沿 X、Y 方向水平运动，在 X-Y 平面内围绕 Z 轴转动及相对于 Z 轴进行倾斜，此外激光头还可在 Z 方向上垂直运动。其可以直接成型具有复杂内部孔腔结构的金属零件及完成传统方法无法胜任的金属零件的近形制造，并且送粉装置可以同时输送四种不同成分的粉末。美国密歇根大学（University of Michigan）研发的直接金属沉积（Direct Metal Deposition，DMD）技术，采用 5 轴数控加工中心，可以灵活沉积金属粉末，以成型复杂的功能零件。该技术的最大特色是能实时反馈控制熔覆层高度、化学成分和显微组织，它是融合了激光、传感器、计算机数控平台、CAD/CAM 软件、熔覆冶金学等多种技术的闭环控制 DMD 系统，可制造出适合直接应用的金属零件。

相对于 SLM、EBSM 铺粉类工艺，LMD、DLF 和 DMD 这类激光送粉沉积工艺可以制造出更大、更复杂的零件，主要应用在大型零件毛坯制造、小型功能梯度（或多材料）复杂零件制造及损伤零件的快速修复等方面。

（2）电子束熔丝沉积技术

电子束熔丝沉积（Electron Beam Freeform Fabrication，EBF）技术又称为电子束自由成形

制造技术，其工作原理如图 3-46 所示。在真空环境中，高能量密度的电子束轰击金属表面形成熔池，通过送丝装置将金属丝材送入熔池并熔化，同时熔池按照 CAD 模型分层轮廓规划的路径运动，金属材料逐层凝固堆积，形成致密的冶金结合，直至制造出金属零件或毛坯（毛坯再进行表面精加工和热处理）。与 LMD 送粉工艺相比，EBF 送丝工艺的进丝速率和位置都可以得到精确控制，因此送料稳定性和精度较好，其装置和控制系统相对简单一些。

相对于 LMD 技术，EBF 技术具有如下特点。

① 丝材价格低于粉材，且 100%进入熔池，不产生任何废料。

② 高能量密度的电子束成型速度快，金属沉积速率可达 22kg/h，成型件公差余量大于 1mm。

③ 电子束独特的“钉形”熔池形貌，穿透力强，可对多层（大于两层）沉积体进行重熔，消除或减少内部孔洞，提高沉积体的致密度，力学性能接近或等效于锻件。

④ 适合超高熔点合金（钨合金、钽合金、铌合金等）的增材制造。

⑤ 其使用的专用设备和真空系统价格较高。

EBF 技术成型速度快、工艺方法灵活、保护效果好、材料利用率及能量转化率高，适合大中型钛合金、铝合金等活性金属零件的成型制造与结构修复。图 3-47 所示为美国 Sciaky 公司生产的钛合金飞机零件，其力学性能满足 AMS4999 标准要求。

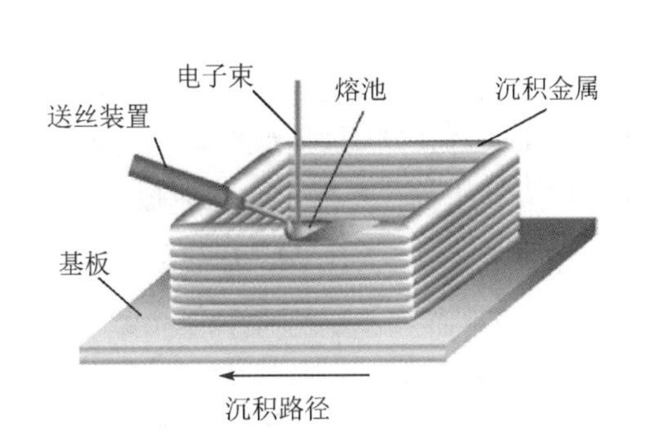

图 3-46　EBF 技术的工作原理

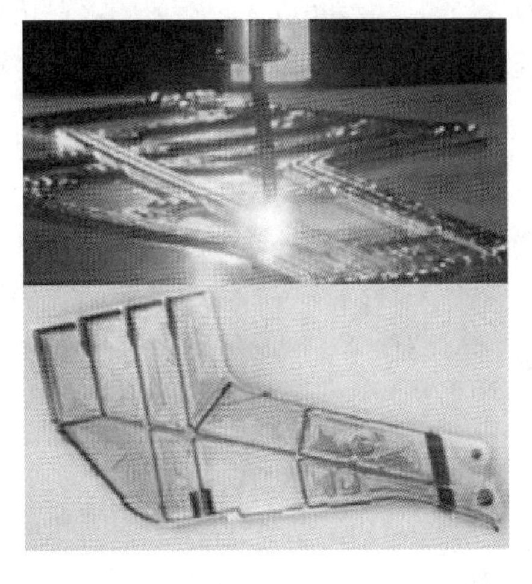

图 3-47　美国 Sciaky 公司生产的钛合金飞机零件

3. 熔滴沉积工艺

兴起于 20 世纪 90 年代的金属熔滴沉积工艺是一种新型金属零件快速成型技术。该技术基于均匀金属微滴喷射工艺，其工作原理如图 3-48 所示。在保护性气体中，将金属材料置于坩埚中熔化，然后在脉冲压力（脉冲压电驱动力或脉冲气压力）的作用下，使金属熔液从喷嘴射出并形成尺寸均匀的金属微滴，选择性地在基板上逐点、逐层沉积，直至成型出复杂零件。其基本特征是材料在沉积前已经熔化，形成的熔融态微滴直接沉积到基体上，靠自身的热量与基体在结合界面处发生局部重熔，实现熔滴间的冶金结合。由于熔滴直径较小，其冷却速度较快，使得成型件的组织较为细小、均匀，从而有效提高成型件的力学性能。

与熔覆沉积工艺不同的是，熔滴沉积工艺没有在基体上形成熔池的过程，因此避免了输入大量热量而导致的对成型件微观组织和热应力状态的不良影响。熔滴沉积工艺与熔覆沉积工艺的缺点相似，即成型件形状的复杂程度受到限制，对悬臂类特征的制造也存在困难。

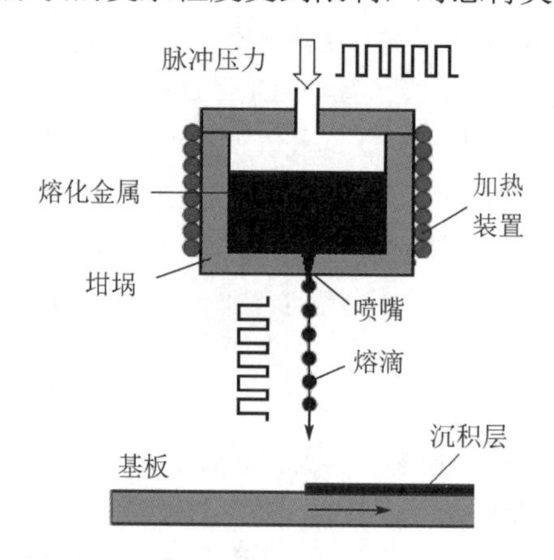

图 3-48 金属熔滴沉积工艺的工作原理

熔滴沉积工艺具有喷射材料范围广、可无拘束自由成型和无须昂贵专用设备等优点，与切削加工相结合使得切削加工范围延伸到了零件的内部，可以制造具有成分梯度和结构梯度的零件；并且可以在成型件内部埋入传感器等组件，制造具有自我感知、自我监控功能的所谓智能零件。其在微小复杂金属制备、电路打印与电子封装、微电子机械制造、结构功能一体化零件制造等方面具有广阔的应用前景。

3.4.2 快速成型技术的应用

快速成型技术具有化繁为简、快速性、高度柔性及技术高度集成等特点，能够更好地缩短产品设计及研发过程，将设计师的想法更迅速地转变成现实产品，有力地推动了制造业快速响应市场的需求，因此在工业制造（如汽车、航空航天、模具、电子电器等领域）、生物医学、文化及其他多个领域都得到了广泛的应用。表 3-5 列出了快速成型技术在各领域的应用情况。

表 3-5 快速成型技术在各领域的应用情况

领域		应用
工业制造	汽车	造型评审，设计验证，功能检验，个性化创意产品制造，复杂结构零件、多材料组合零件制造，定制专用工装，轻量化结构设计等
	航空航天	大型整体结构件、形状复杂的功能性零件制造，优化结构设计、减轻零件质量，功能性零件快速修复等
	模具	快速直接制造模具或间接制造模具
	电子电器	电子元器件（电阻、电容、电感、晶体管、传感器等）、电路、继电器、电池、热管、曲面天线、梯度材料构件、电子产品外壳零部件等的制造，家用电器的可视化设计等
生物医学		医学模型、手术刀具、手术导板及医疗辅助工具、各种植入体、组织工程产品等的制作
文化		玩具设计与验证，动漫模型制作，文物修复与复制，各种工艺品（灯具、艺术摆件、珠宝首饰等）和文体娱乐用品（鞋类、运动器材、乐器）生产等
其他		食品、服装、建筑等

1．快速成型技术在工业制造领域中的应用

目前，工业制造领域已成为快速成型技术应用的主战场。例如，在汽车制造领域，快速成型技术已应用于汽车的整个生命周期（包括研发、生产和使用），以实现短设计周期迭代，改善制造环节，提高生产效率，降低生产成本，满足用户的定制化需求；在航空航天领域，快速成型技术可实现结构件的轻量化、整体化、长寿命、高可靠性和结构功能一体化，使航空航天飞行器越来越先进、越来越轻、机动性也越来越好；在电子电器领域，快速成型技术不仅可以用来打印电阻、电容、晶体管和传感器等各种电子元器件，还可以实现电子线路、太阳能电池、曲面天线和复杂机电器件的自由成型，以及家用电器的可视化设计。快速成型技术在工业制造领域中的应用无论是简单的概念模型还是功能性原型，均朝着更多的功能部件方向发展，主要体现在以下几个方面。

（1）新产品开发过程中的设计可视化。

快速原型的 Form/Fit/Function（外观、装配及功能）功效是设计沟通和设计改进的基石，在新产品开发中作用显著。将 CAD 模型转换成物理实物模型，使设计可视化，便于设计团队之间及设计者与制造商等进行有效沟通，能够及时方便地验证设计人员的设计思想、评审产品的外观造型、检验制造工艺和装配性及测试功能样件性能等，发现设计中的问题可及时修改。相比传统方式，快速成型技术可以大大节省设计验证时间，并使设计错误成本最小化。

图 3-49 所示为美国 Local Motor、辛辛那提股份有限公司（CincinnatiIncorporated）及 ORNL 橡树岭国家实验室使用 BAAM（大面积增材制造）机器打印制成的一辆 Strati，用时 44 小时。借助这样的概念模型或功能性实体原型，不同专业领域（设计、制造、市场、客户）的人员不但可以对汽车的外形、内外饰等外观造型进行设计、评审和确定，还可以进行整车装配检验，以确定最佳的工艺。由于快速成型的实体原型本身具有一定的结构性能，并且快速成型可直接制造金属零件或有特殊要求的功能零件和样件，因此可在研发前期对整车的设计可靠性（安装结构、零件匹配、结构强度等）进行验证，以降低整车试验处于整车开发中后期带来的设计风险。

图 3-49　44 小时打印出一辆 Strati

（2）复杂结构的功能性零件制造。

在研发过程中，往往为了保证零件的功能性，其结构设计复杂，导致传统制造成本非常高甚至无法制造。快速成型去模具化、加工复杂结构零件周期短及不受批量影响等特点，很

适合单件、小批量及特殊复杂零件的直接生产，以满足使用要求。对于高分子材料的零部件，可采用高强度的工程塑料直接快速成型；对于复杂金属零件，可通过快速铸造或直接金属件成型获得。

例如，图 3-50 所示为福特 EcoBoost 动力赛车的修正版碳纤维增压室进气歧管。该全新的进气歧管用快速成型技术制造只需一个星期，这样开发工程师能够有更多的时间进行测试、调整和完善。图 3-51 所示为 C919 客机的主风挡整体窗框。为了承受高速飞行时的巨大动压，窗框采用双曲面形，由钛合金制成。该窗框由欧洲某飞机制造公司生产，模具费需 200 万美元，生产周期至少要 2 年。北京航空航天大学采用飞机钛合金大型复杂整体构件激光成型技术仅需 55 天就可以完成打印。

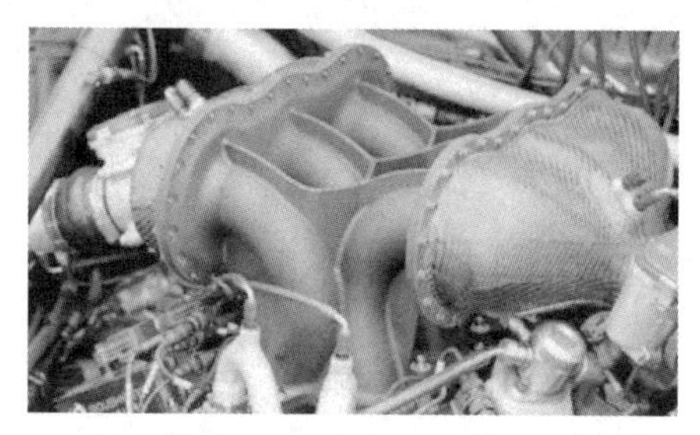

图 3-50　福特 EcoBoost 动力赛车的修正版碳纤维增压室进气歧管

图 3-51　C919 客机的主风挡整体窗框

（3）大型整体结构件、承力件的加工。

随着金属构件激光增材制造研究在材料、结构、工艺、技术、性能及功能等多方面的创新发展，在飞行器、船舶及汽车制造等领域，越来越多地运用大型整体构件取代零部件拼装，以提高结构效率和强度、减轻结构质量。这些大型结构件若采用传统方法加工，往往存在去除余量大、对制造技术及装备要求高，需要大规格锻坯、大型锻造模具及万吨级以上的巨型锻造设备，制造工艺复杂，生产周期长，制造成本高等问题。

图 3-52 所示为北京航空航天大学采用激光增材制造技术制造的飞机钛合金主承力构件整体加强框。与传统技术相比，其具有高性能、低成本、快速试制的特点，生产周期仅为传统技术的五分之一，成本降低了二分之一，材料利用率提高了五倍，同时在强度、寿命等各项指标上更具优势，目前已实现装机应用。图 3-53 所示为西北工业大学与中国商飞合作，运用 LMD 技术制造的 C919 飞机 TC4 合金中央翼缘条。其长度为 3.07m，最大变形量小于 1mm，实现了大型钛合金复杂薄壁件的精密成型。与原生产工艺相比，大大提高了制造效率和精度，显著降低了生产成本。用 LMD 近净成型的精坯质量为 136kg，而传统锻件毛坯重达 1607kg，节省了 91.5%的材料，并且探伤和力学性能测试结果皆符合中国商飞的设计要求。

图 3-52　北京航空航天大学采用激光增材制造技术制造的飞机钛合金主承力构件整体加强框

图 3-53　C919 飞机 TC4 合金中央翼缘条

（4）零件简约化、一体化。

激光增材制造可以一次性整体成型出过去需由众多零件装配而成的结构件，消除不同部件之间冗余的连接结构，实现“去连接化”，从而有效地减轻结构件的质量，缩短加工周期，提高零件的整体性能。图3-54所示是美国GE和法国赛风集团合资的CFM公司采用SLM技术生产的新一代LEAP发动机燃油喷嘴。LEAP发动机实现“减少排放，降低燃油消耗”目标的关键在于燃油喷嘴头部14条迷宫式的复杂精密流道结构，能使燃油与空气预先混合，并能承受1600℃的高温，帮助发动机实现优越性能。这个体积只有核桃大小的复杂结构，如果用传统制造方法需要由18个零件焊接完成，GE公司尝试了8次均以失败告终。2012年，其研发团队设计出了新一代的喷嘴头，将18个零件变成一个精密的整体，用SLM技术完成喷嘴头的加工。新喷嘴质量比上一代轻25%，耐用度是上一代的5倍，成本效益比上一代高30%。每台LEAP发动机上配备着19个燃油喷嘴，每架使用LEAP发动机的飞机每年可节省300万美元。

（5）轻量化结构零件。

在飞机、火箭、卫星及汽车等领域，减重是其永恒不变的主题。轻量化不仅可以提高飞行器飞行、汽车行驶过程中的灵活度，而且可以增加载重量，节省燃油，降低飞行、行驶成本。但是传统的制造方法已经将零件减重发挥到了极致，难以再有更大的突破。“快速成型+轻量化的材料+创新型的设计”协同制造的新模式为减重进一步释放了空间，可为轻量化金属构件性能及功能的突破带来新契机。一方面，采用高比强度的轻质材料，如钛合金、铝合金、镁合金、陶瓷、塑料、玻璃纤维或碳纤维复合材料等新型材料，来替代金属结构件实现减重。例如，美国橡树岭国家实验室（ORNL）使用3D打印技术完整复制的传奇跑车Shelby Cobra，如图3-55所示，用6个星期完成，其使用的是先进复合材料，整车质量削减了一半，同时汽车性能和安全性也有所提高。另一方面，通过轻量化设计，在保证零件结构强度的前提下，对零件进行减重优化。轻量化设计的主要途径有四种：一体化结构实现、中空夹层/薄壁加筋结构、镂空点阵结构及异形拓扑优化结构。图3-52所示的机身加强框、图3-53所示的中央翼缘条和图3-54所示的燃油喷嘴都是一体化结构实现减重的典型实例。

图3-54 用SLM技术生产的新一代LEAP发动机燃油喷嘴

图3-55 ORNL用3D打印技术完整复制的传奇跑车Shelby Cobra

激光增材制造技术因具有叠层自由制造的工艺特性，赋予了复杂轻量化结构极高的设计及成型自由度，可成型传统加工方法难以成型的中空夹层/薄壁加筋结构（见图3-56）和轻量化复杂点阵结构（见图3-57）。图3-58所示为火箭壁内带有随形冷却夹芯的点阵结构。2019年8月17日发射升空的千乘一号01星，其主结构是国际上首个基于3D打印点阵材料的整星结构。传统微小卫星结构质量占比为20%左右，千乘一号01星的整星结构质量占比降低至15%

以内。将点阵结构优化设计与增材制造技术相结合，减轻质量的同时赋予结构功能性，使构件具有高比强度和高比刚度等优异的力学特性，实现隔振、吸声、吸能、传质等功能，同时大幅减少了实体材料的用量。近年来，激光增材制造成型复杂构型轻量化点阵结构已成为热门研究方向之一。

图 3-56 中空夹层/薄壁加筋结构

图 3-57 轻量化复杂点阵结构

图 3-58 火箭壁内带有随形冷却夹芯的点阵结构

基于拓扑优化的结构设计是金属构件轻量化及强韧化的又一重要途径。拓扑优化为增材制造提供创新设计，增材制造为拓扑优化提供制造手段。通过拓扑优化算法可以计算给定问题下最优的材料空间分布状态，在给定的设计区域内找到最佳结构配置，获得在特定体积分数下的最优承力结构，实现特定算法下的材料最优分布，从而实现结构的轻量化。图 3-59 所示为 EADS 公司为空中客车机翼支架进行结构优化的前、后外形对比。快速成型的机翼支架与传统铸造加工的支架相比，减重约 40%。图 3-60 所示为德国宝马集团使用“拓扑优化设计+金属 3D 打印”技术研制 BMW i8 Roadster 敞篷车顶支架的过程。该支架赢得了 2018 年 Altair Enlighten 奖，比以前 Roadster 车型的常规制造车顶支架轻 44%，硬度也比最初计划的硬度高 10 倍。

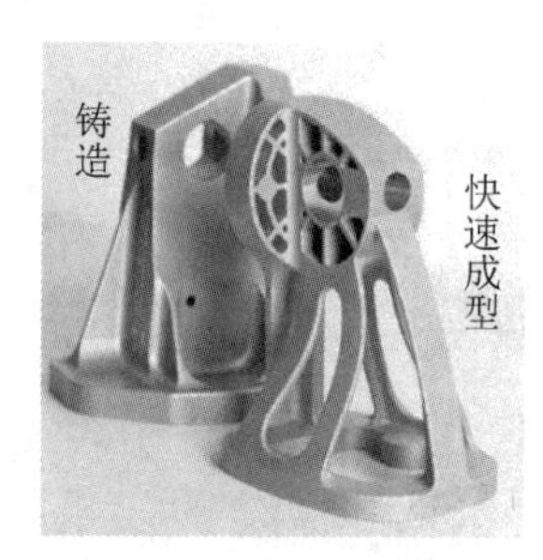

图 3-59 EADS 公司为空中客车机翼支架进行结构优化的前、后外形对比

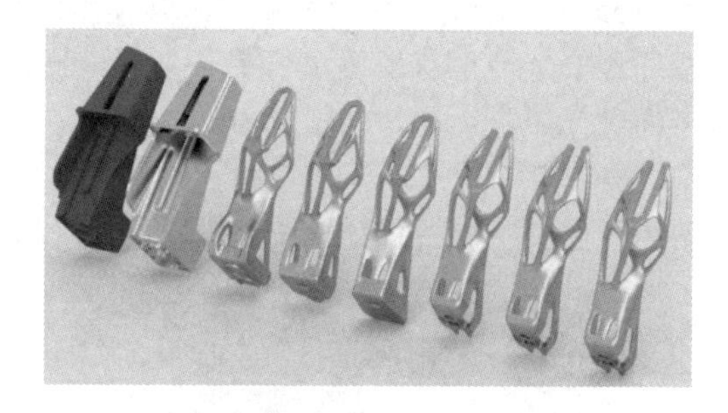

图 3-60 使用“拓扑优化设计+金属 3D 打印”技术研制 BMW i8 Roadster 敞篷车顶支架的过程

采用优化设计的方法实现制造轻量化，减少昂贵材料的使用量，缩短加工时间，为航空航天、汽车等领域中机械轻量化零件的制造提供了解决方案。

（6）快速模具制造。

快速模具制造是以快速成型技术为核心并由其发展而来的一类模具快速制造的新方法、新工艺，目的是为新产品的开发、试制及其小批量生产提供快速、高精度和低成本的中小型模具。快速模具制造分为直接制造模具和间接制造模具。直接制造模具是指模具直接由 3D 打印获得，如采用 LOM 技术直接制模（见图 3-7 和图 3-61），可代替木模直接用于传统砂型铸造；采用 3D 打印技术直接制造砂芯（见图 3-62）等。间接制造模具即利用 3D 打印的原型件，通过各种转换技术将原型转换成各种快速模具，如硅橡胶模具、石膏模具、环氧树脂模具、陶瓷模具及低熔点合金模具等。图 3-63 所示为采用 SLA 技术成型的戒指原型，将其作为熔模铸造的消失模型，然后由此得到石膏模型进而得到金属戒指。

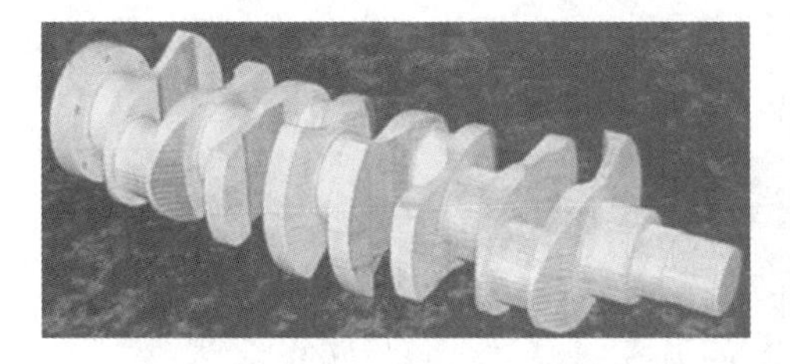

图 3-61　采用 LOM 技术直接制模

图 3-62　采用 3D 打印技术直接制造砂芯

图 3-63　采用 SLA 技术成型的戒指原型

由于 3D 打印技术具有自由设计和自由制造优势，故其突破了传统模具加工的技术瓶颈，可以制造具有特殊结构的模具，可以根据模具形状设计随形冷却流道。随形冷却流道的应用大大提高了模具的冷却效率，使得制品冷却趋于均匀化，提高产品质量和生产效率。例如，图 3-64（a）所示为德国 Alfred Kärcher（卡赫）公司生产的清洁设备，其外壳为注塑成型。将该外壳原始注塑成型模具［见图 3-64（b）］改进为具有随形冷却功能的模芯［见图 3-64（c），采用 3D 打印技术制造］，使每个塑料外壳制品的冷却时间缩短了 55%，让注塑机效率提升了 40%。

（a）德国卡赫公司生产的清洁设备

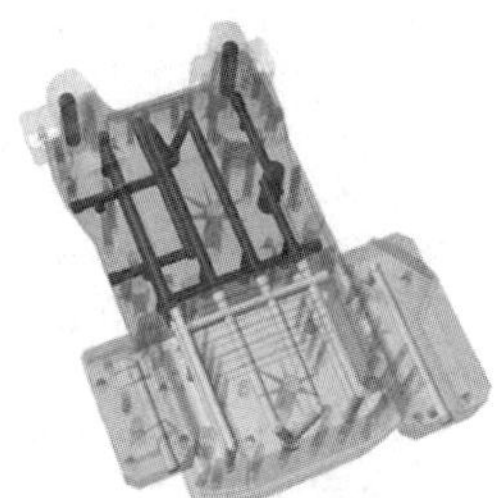

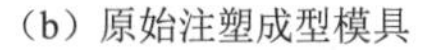

（b）原始注塑成型模具

（c）具有随形冷却功能的模芯

图 3-64　随形冷却注塑模具

（7）定制专用工装。

工装是制造过程中所用的各种工具的通用简称。包括夹具、量具、检具、辅具、钳工工具及工位器具等。工装往往呈现多品种、小批量的特点。如果用传统开模制造的方式，成本高、效率低，即使借助数控加工中心来快速成型，有时候也会受制于各种加工限制（如边角加工不到位，孔洞结构不到位等）而无法直接得到满足需求的工装。

快速成型技术的出现，为夹具的制造找到了新的快速准确的解决方案。快速成型技术特别适用于小批量、复杂夹具的制造，夹具的造型和结构能够更加匹配需要装夹的产品，装夹效果更好，而且可以与前端的夹具 CAD 设计无缝衔接，实现无模化制造。相比传统制造方式，3D 打印制造夹具，质量更好、周期更短、成本更低，随用随做。如今，定制的 3D 打印夹具和固定装置在汽车生产线、医学设备生产、航空航天及其他重工业中的应用已非常普遍。

图 3-65 所示为 3D 打印的各种专用工装。其中，图 3-65（a）所示为手表专用夹具，可以方便地打开手表盖，更换电池；图 3-65（b）所示为三坐标测量工装，能将零件以最佳测量位置固定在测量平台上；图 3-65（c）所示为汽车格栅检具，可确保在检测格栅尺寸过程中能得到精准的数据，成本低、效率高、效果好；图 3-65（d）所示为宝马集团针对装配工人推出的

定制化 3D 打印组装支持工具，这种为每个人定制的灵活的手套，使装配操作更容易被有效地执行，同时还保护工人的拇指安全。工业 3D 打印巨头 Stratasys 进行的研究表明，使用 3D 打印技术制作工装，从设计到打印完成并投入使用，可以节省 40%～90%的时间。

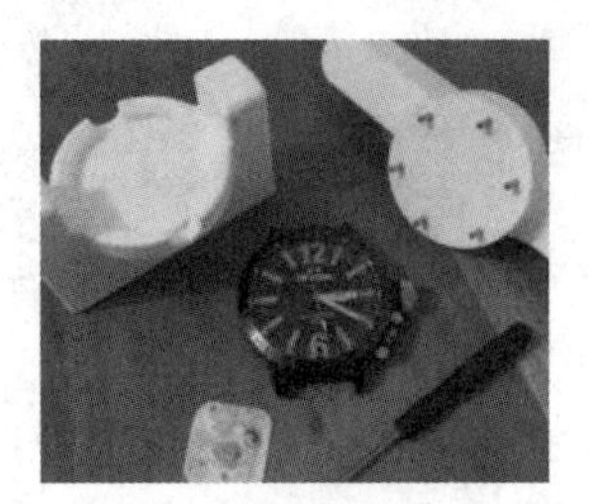

（a）手表专用夹具

（b）三坐标测量工装

（c）汽车格栅检具

（d）组装支持工具

图 3-65 3D 打印的各种专用工装

（8）多材料零件制造。

多材料零件又称异质材料零件（Heterogeneous Objects，HEO），是按产品的最优使用功能要求进行设计制造的零件，一般指由多种材料按一定分布规律组合而成的功能性零件。快速成型技术由于兼具控形、控材和控性等优越特性，在航空航天、汽车工业、特种工业和医学工程等领域具有广阔的应用前景。

目前，随着多材料建模技术和成型技术的不断进步，快速成型技术已经突破了打印单一材料的局限，可以打印由多种材料按一定分布规律组合而成的功能性零件，实现了零件的多材质、多功能一体化制造，并在零件接合结构、零件强度和可靠性方面有着明显优势。

图 3-66 所示为美国 NASA 研制的轻质、可重复使用的火箭推力室组件。其铜合金燃烧室直接将复杂的冷却流道设计到壳体的薄壁之间，采用激光选区熔化成型。带有一体化冷却流道的可重复利用喷管，采用的是 JBK-75 或 HR-1 高强度合金材料，以激光定向能量沉积工艺（DED）打印而成。燃烧室与喷管通过双金属轴向接头耦合。在燃烧室后端采用 DED 工艺沉积双金属材料，实现从铜合金到高强度合金的过渡，优化组件和材料性能，并与燃烧室形成牢固的结合。双金属轴向接头是可重复使用喷管的基础，可以帮助应对推力室总成中的所有结构和动态载荷的复杂挑战和要求。

电子多材料复合打印工艺也越来越多地被应用于电子产品的快速原型制造及电子元器件的批量生产。该工艺能够实现在打印过程中暂停，并嵌入其他部件，提高了电子产品设计的灵活性，其应用范围包括印刷电路板、天线、结构性电子产品、超声波传感器等的快速成型。图 3-67 所示的移动设备的共形天线由德国 Neotech AMT 推出的电子多材料复合打印工艺直接印刷而成，减小了设备体积及厚度，无须模具及电镀工艺。

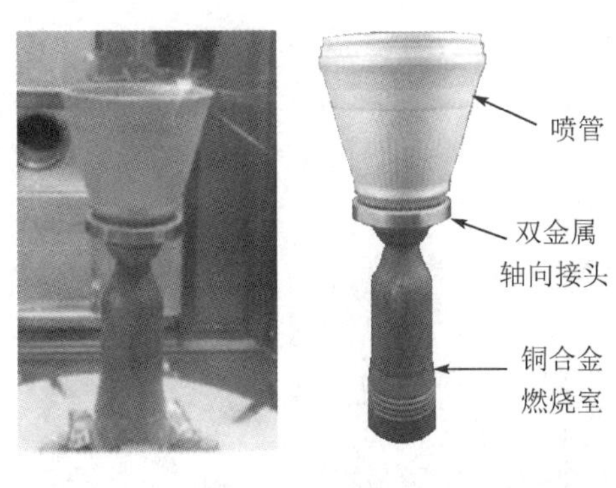

图 3-66　NASA 研制的轻质、可重复使用的火箭推力室组件

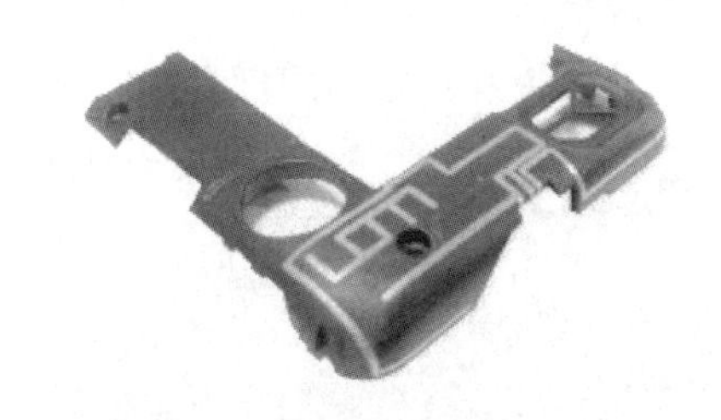

图 3-67　移动设备的共形天线

（9）功能零件修复。

增材制造技术可以对高价值零件进行修复。例如，基于激光熔覆技术的激光修复可对零件表面、内部损伤进行快速修复，提高零件的使用寿命，降低生产与维护成本。零件的加工误差、表面磨损、铸造缺陷及工作过程中的受损均可以通过激光修复方法进行尺寸、性能的恢复和提升。在工业模具、矿石、冶金、军工、核电、船舶和轨道交通等领域，诸如模具、叶片、辊轴、齿轮、阀座及框梁类零件都具有大量的修复需求。图 3-68 所示为采用激光熔覆技术修复的齿轮。图 3-69 所示为德国 Fraunhofer 研究所采用激光增材制造技术修复高性能整体涡轮叶盘。该叶盘有一叶片受损，若将整个涡轮叶盘报废，则直接经济损失将高达百万元。利用激光增材制造技术对其进行修复，将叶盘作为基体，在受损部位进行激光立体成型，再用机加工使叶片的尺寸精度和表面粗糙度达到要求。这样就可以恢复叶片形状，且性能满足使用要求，甚至高于基材的使用性能。由于 3D 打印过程具有可控性，所以修复带来的负面影响很小。

图 3-68　采用激光熔覆技术修复的齿轮

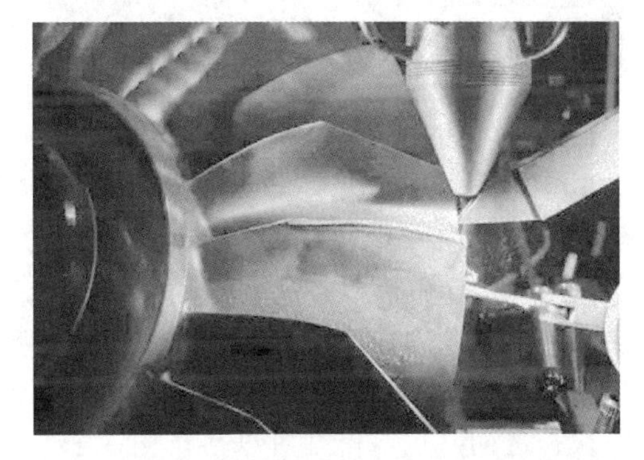

图 3-69　采用激光增材制造技术修复高性能整体涡轮叶盘

（10）个性化零件定制。

2018 年，宝马集团将增材制造技术用于汽车个性化定制服务中，其旗下 MINI 汽车引入了 3D 打印定制的概念，车主可以通过专用的在线配置程序来设计自己的内外饰配件。图 3-70 所示的侧舷窗、车内装饰面板、照明门槛条及 LED 水坑灯等个性化部件均采用 3D 打印技术生产。随着汽车更新换代的频率加快，消费者对汽车个性化的追求带动了一个极具潜力的汽车定制化服务市场。在目前的汽车零部件大规模生产模式下，小批量、个性化生产的制造成

本和时间成本高昂，3D 打印生产小批量零部件时所具有的经济、高效的优势，为汽车个性化定制带来了空间。例如，图 3-71 所示的造型更加复杂的轮毂及兼具轻量化、安全性和舒适性的汽车镂空座椅，无一不激发着人们对于汽车设计的全新思考。不只在汽车制造业，在家电、消费品等行业，个性化定制同样具有广阔的应用前景。

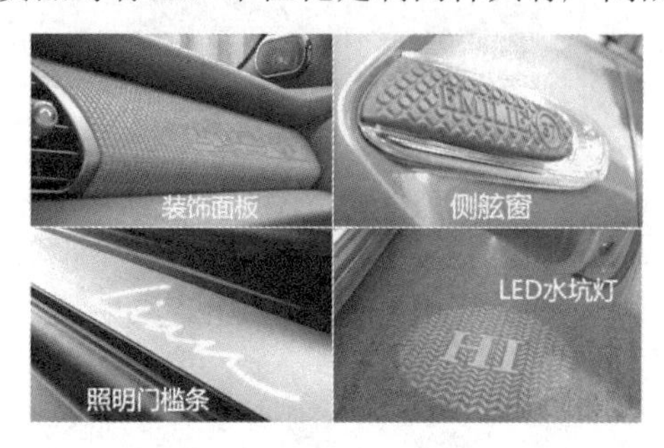

图 3-70 个性化定制汽车内、外饰零件

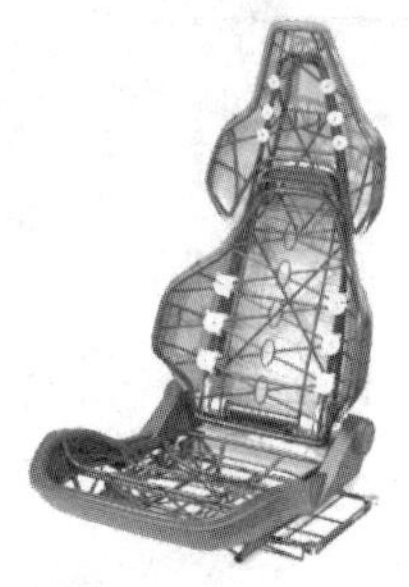

图 3-71 3D 打印个性化定制轮毂和汽车镂空座椅

2. 快速成型技术在医学与医疗工程领域的应用

近年来，随着 3D 打印技术的发展和精准化、个性化医疗需求的增长，3D 打印技术在医疗行业的应用得到了显著发展。按照应用的风险程度可将其分为四个层次，如图 3-72 所示。

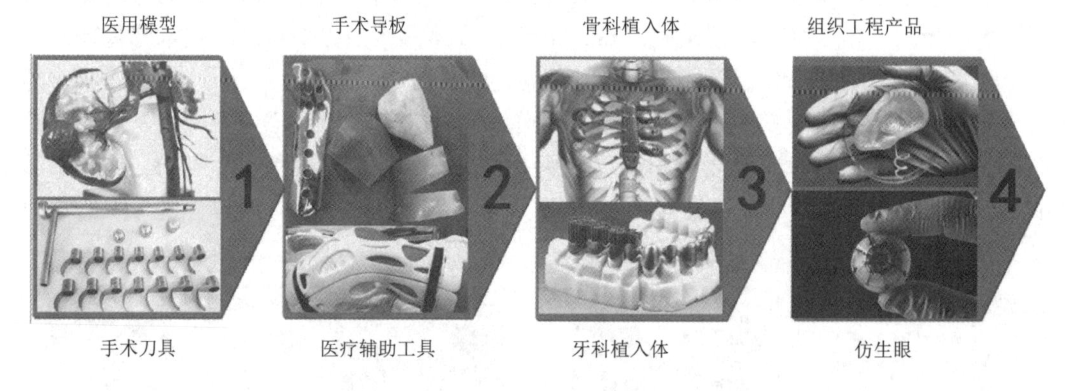

图 3-72 3D 打印技术在医疗行业的应用

（1）医学模型及手术刀具。

利用 3D 打印技术，可将 CT 或 MRI 采集的影像数据信息打印成实体医学模型。与二维影像或计算机模拟三维图像相比，实体医学模型能更加逼真、精确地反映其内部结构，提供更全面的信息，可作为医学教学模型和手术模型使用。医学教学模型可使教学讲解与学习更为明确和透彻，手术模型可以帮助医生进行精准的手术规划和演练，以提高手术精度和成功率，同时方便医生与患者就手术方案进行直观的沟通。图 3-73 所示为河北大学附属医院采用 SLA 技术制作的透明全彩、高精度肝脏术前规划模型，能够清晰地看到肝脏内肿瘤和完整的血管网，完全可以辅助开展高难度、精准化、个性化的肝胆外科手术。图 3-74 所示为美国休斯敦的 Lazarus 3D 公司使用柔软的硅胶 3D 打印而成的器官模型。这种模型根据患者器官 3D 扫描数据定制，并能提供不同级别的柔软度。模型可以轻易地被切开甚至会流“血”。外科医生可利用这样的模型制定手术方案并进行手术模拟。

图 3-73　采用 SLA 技术制作的
透明全彩、高精度肝脏术前规划模型

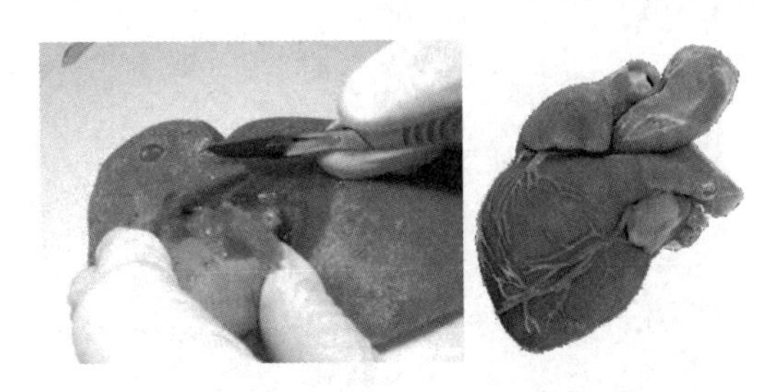

图 3-74　用柔软的硅胶 3D 打印而成的器官模型

使用 3D 打印技术可以快速定制形状复杂的外科手术刀具。图 3-75 所示为德国医疗器械公司 Endocon GmbH 推出的一款可以重复使用的手术器械——髋臼杯切割器 endoCupcut。该切割器使外科医生在髋关节置换手术中，无须再依靠传统的凿子来移除松动、磨损的髋臼杯。高精度的 endoCupcut 刀片沿着髋臼杯的边缘精确切割，不会造成骨骼和组织损坏或者导致表面不平整，能够方便地松动和提取需要替换的髋臼杯，并将相同尺寸的髋臼杯植入患者体内。这款器械的使用可将手术时间从一个半小时减少到三分钟。

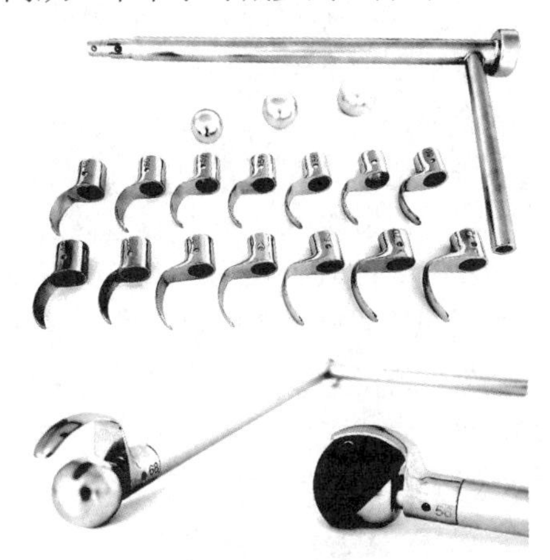

图 3-75　髋臼杯切割器 endoCupcut

endoCupcut 配备多达 15 个由不锈钢制成的 3D 打印刀片，尺寸范围为 44～72mm。这些刀片采用美国 GE Additive 的直接金属激光熔融（DMLM）技术制造。与传统的铸造工艺生产的刀片相比，3D 打印的刀片硬度为（42±2）HRC（铸造刀片硬度为 32HRC），施加 1.8kN 的力才出现塑性变形（铸造刀片在承受 600N 的力时出现裂纹），耐蚀性也较好。采用 DMLM 技术制造一套刀片只需三周（铸造刀片需三个月），并且成本较传统铸造工艺低 40%～45%。

（2）个性化手术导板及医疗辅助工具。

手术导板是在手术中辅助医生进行手术的重要工具，其作用是准确定位手术中使用的手术器械，保证手术规划方案的顺利实施。3D 打印技术可以定制个性化的异型手术导板（见图 3-72）。借助这些导板，医生可以更轻易、精准地实施手术，降低手术风险并缩短手术时间。例如，股骨颈骨折复位固定手术需要按照特定的角度置钉至股骨颈中心，才可以达到矫正目的。该角度定位难度大，采用图 3-76 所示的 3D 打印的股骨颈置钉定位导板，可以精确定位固定钉，一次性达到最优置钉效果，避免反复多次打钉对股骨造成的二次伤害。

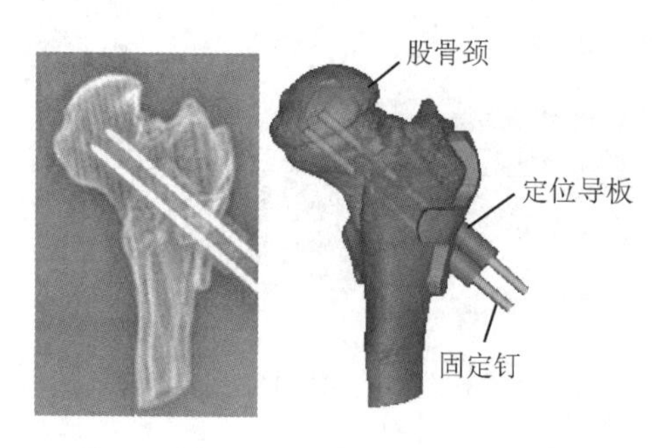

图 3-76　3D 打印的股骨颈置钉定位导板

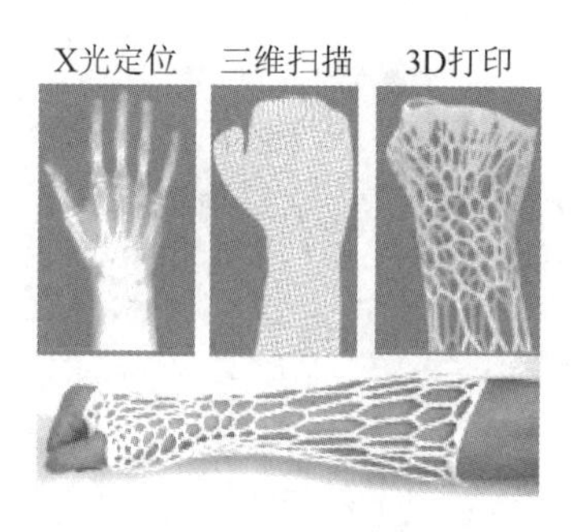

图 3-77　3D 打印轻量级外骨骼支架的实例

3D 打印还能应用于外骨骼支架、个体化假体等医疗辅助工具的制备。图 3-77 所示为 3D 打印轻量级外骨骼支架的实例。首先用 X 光确定病人骨折部位，再用三维扫描确定断裂的精确位置和骨折的肢体尺寸，然后 3D 打印出镂空的、能够贴合肢体并提供有效支撑保护的外骨骼支架。该支架具有轻质、透气、可清洗的特点。传统假肢难以制作且价格昂贵，利用 3D 打印技术制造的假肢制作简便，轻质价廉，整体美观度高，实用性也更强。最重要的是，用户可以根据自己截肢部位的结构进行定制，外形和功能兼具。图 3-78（a）所示为 Naked Prosthetics 公司借助 3D 打印技术为用户定制的假肢手连杆。这款假肢手连杆与指节根据原生手指的屈伸运动过程设计，使其在自然屈伸过程中良好地耦合原生手指的运动轨迹。相比于传统假肢手单一的抓捏方式，这种假肢的抓握方式多变，自适应能力强，能够重现原生手指的部分功能与抓握特点；同时假肢受力更加均匀，增加抓握动作的稳定性。图 3-78（b）所示的 Art4Leg 假肢外壳，采用工业级 3D 打印机制造，运用 3D 扫描技术对患者健全的腿进行扫描，以获得与之对称的、准确而美观的假肢外壳的数字模型，打印出的成品呈现自然的肌肉组织形态，用高强度磁铁将其固定在假肢的表面，可以轻松并且随意地更换自己喜欢的假肢外壳，根据不同着装来选择适合的“小腿”。

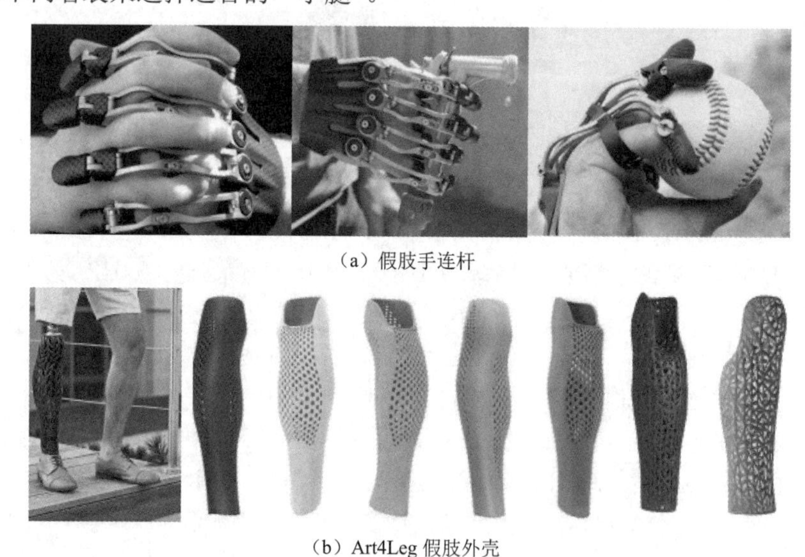

（a）假肢手连杆

（b）Art4Leg 假肢外壳

图 3-78　3D 打印技术定制个性化假肢

（3）各种植入体。

近年来，医疗行业已越来越多地采用 3D 打印技术来设计和制造骨科、牙科植入体，可有效降低定制化、小批量植入体的制造成本。

目前 3D 打印的各种骨科植入体如图 3-79 所示，包括颅骨、下颌骨、肩胛骨、胸骨、脊柱笼（脊柱锥间融合器）、髋臼杯、膝关节、截骨融合器等。这些植入体可根据每个人原生骨骼的特征进行个性化定制，与原生骨骼完全匹配，从而减少植入体（或假体）对人体的影响，更好地融入人体，改善对患者的治疗效果，最大程度恢复人体骨骼的正常功能。除了“量体定制”，3D 打印骨科植入体的另一个意义在于能够打印出与植入体一体的仿生骨小梁微孔结构，如图 3-80 所示，孔的几何结构和孔隙率可以得到精确的控制。多孔植入体结构可以促进骨长入，从而带来更加良好的康复效果。

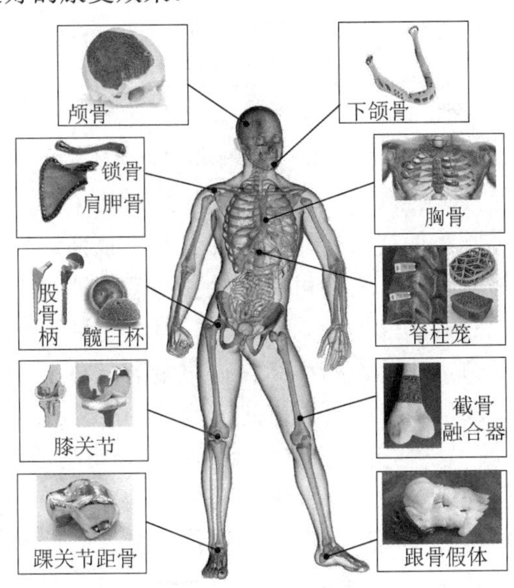

图 3-79　3D 打印各种骨科植入体

3D 打印的牙科植入体主要有牙冠、牙桥及种植牙产品等，如图 3-81 所示。用 3D 打印进行个性化定制的牙科产品比传统手工制作的植入体误差小、还原度高。例如，德国口腔产品制造商 Natural Dental Implants 公司推出了 REPLICATE Tooth 系列种植牙，见图 3-81（c），就是根据患者的口腔定制的。种植牙基于患者口腔 3D 扫描的影像数据进行设计，其钛金属牙根和氧化锆基台由 3D 打印制造。定制的种植牙可以在拔牙后立即种植到患者的口腔中，不需要钻孔或损伤相邻的牙齿。

图 3-80　植入体的仿生骨小梁微孔结构

（a）牙冠

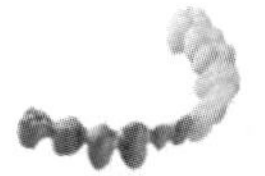

（b）牙冠、牙桥

（c）种植牙

图 3-81　3D 打印的牙科植入体

（4）组织工程产品。

与细胞结合的 3D 生物打印是组织工程研究的热点之一。3D 生物打印技术以活体细胞、营养物质和液态生物材料的共混物作为打印“墨水”，直接打印“材料—细胞”的一体化支架，可以获得更高且分布均匀的细胞密度，可以在微观尺度上控制细胞的排列分布，这对促进细胞在支架上的生长与分化并最终形成功能组织具有十分重要的意义。利用3D生物打印技术，可根据患者缺损/病变部位的成像数据，快速、精确地制造个性化组织工程支架，实现支架与患者缺损/病变部位的完美匹配。目前，对3D生物打印技术的研究尚处于起步阶段，虽然其在创伤修复（如皮肤、骨、软骨、血管、气管等）、整形功能重建（如面部、耳、鼻等）、实体器官再造（如人工肝、肾、心脏等）、工程化组织构建（如胚胎干细胞、成体干细胞等）等领域都有一定的研究成果，但3D生物打印真正发展成产业化还需要一定的时间，其面临的技术瓶颈主要有以下几点。

① 生物信息处理。在打印一个生物假体之前，要获得其全部信息，并根据掌握的信息进行二维到三维的转换。复杂的器官，如心脏、肝脏等，由于血管、细胞等组织分布密集，若没有获得完整信息就打印出仿生品，则发挥不出功效。

② 生物材料研发。一方面，3D生物打印可使用的生物材料极为有限。根据不同临床修复的需求，需要研制适合3D生物打印的多种材料和“墨水”。由于人体组织、器官形态及结构的复杂性，所以对材料种类、细胞组分、细胞、因子、管网系统（如脉管、胆管、支气管、淋巴管、神经）的要求也不同，使得对材料的研究具有挑战性。另一方面，理想的组织工程支架材料需具有良好的生物相容性、生物可降解性和适宜的力学强度等生物理化性质。其不仅应具有与缺损组织相匹配的解剖外形，同时也应具有满足细胞黏附、增殖的内部三维多孔结构。如何实现细胞在支架内按照预设组织结构进行精准分布、如何构建营养通道、如何提高打印组织的机械性能等，都是未来的研究方向。

③ 生物打印机。要适应“生物打印”这一特点，需要研制通用型、专用型等多种机型，能兼容不同材料，达到无菌、无热源，保持细胞、生物活性因子活力，维持组织结构完整性等要求；同时还需提高打印精度及速度，探索不同打印物体的打印条件（如温度、湿度、压力等）；还要满足打印物体的生物力学要求。

④ 打印后处理。具有生物活性的组织、器官被成功打印后，如何确认其结构及功能与人体组织、器官匹配，植入体内后如何实现血管化、功能化，在体内能否实现永久生理性修复，如何接受神经体液调控，是目前要攻克的难题。

随着对支架材料、干细胞技术及细胞与微环境相互作用机制研究的不断深入和突破，利用3D生物打印技术构建个性化并具有功能性的人工器官将不再是遥不可及的目标。

3．快速成型技术在其他领域的应用

快速成型技术正在逐渐深入人们日常生活的方方面面。

（1）建筑。

3D打印在建筑领域的应用主要集中在建筑设计阶段和工程施工阶段。

在建筑设计阶段，设计师们能够运用3D打印技术快速制造出建筑的设计模型（见图3-82），进行建筑总体布局、结构方案的展示和评价，对建筑创意想法进行验证，提高了实施多种不同建筑类型的可行性，对现实的施工具有较强的指导作用。同时还能够对部分特殊设计提前做出有效的判断，获得最直观的感受，并提前设定好相应的辅助措施。

在工程施工阶段，可以用水泥、陶瓷、石膏、黏土、石灰、聚合物和金属等材料打印出建筑构件，再进行拼装。与传统建筑技术相比，3D打印建筑的优势主要体现在：可以显著缩短工期，降低成本；减少建筑垃圾和粉尘，更加低碳环保；不需要大量的建筑工人，降低工人的劳动强度，大大提高生产效率。其不但可以打印出内部结构，制造最优化的高强度、轻

质的建筑物，而且可以打印出传统建筑技术很难建造的高成本曲面建筑。图 3-83 所示为打印墙体。墙体可打印成隔热保暖的蜂窝结构，还能预留电线槽和管道通路等。图 3-84 所示为 3D 打印的房屋。

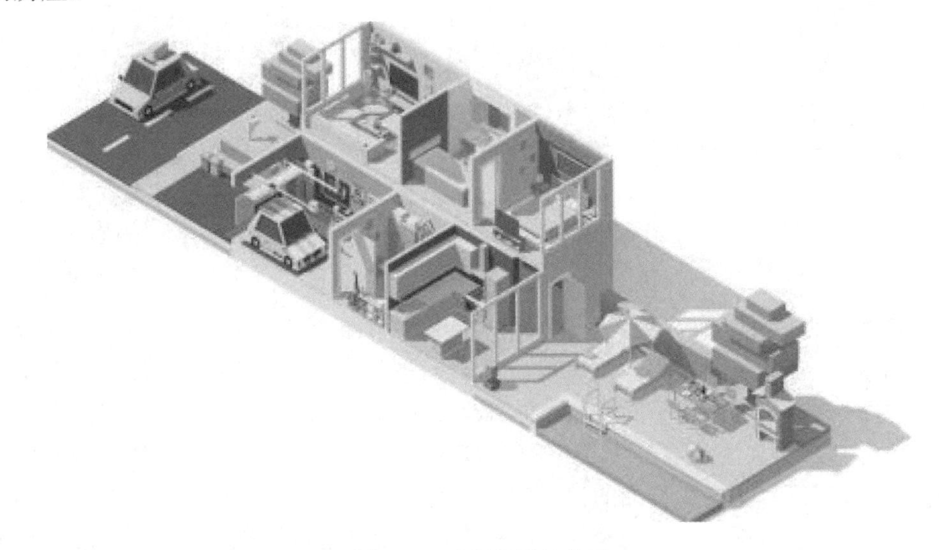

图 3-82　建筑的设计模型

图 3-83　打印墙体

图 3-84　3D 打印的房屋

（2）服装。

早在 2010 年，3D 打印的时装就在阿姆斯特丹时装周亮相，给人们带来了焕然一新的视觉冲击。与传统的服装生产技术相比，3D 打印服装使用 3D 人体测量、CAD 等技术，可以完全根据身形设计，实现了以往布料难以塑造的立体造型；给了设计师充分的想象空间，能够让设计师在产品形态创意和功能创新方面不受约束；同时可以根据客户的不同需求，实现“单量单裁”服装定制。此外，3D 打印服装省去了传统工艺的多道工序，大大缩短了服装的生产周期，在几天内就可以完成定制服装的交货，从而使库存周转期大幅缩短。

图 3-85 所示为 3D 打印的夜光礼服，由光纤材料制作而成，内置高强度 LED。图 3-86 所示的裙子是根据 CAD 建立的 3D 模型，用上千个大小各异的塑料三角片拼合而成的。塑料裙子质地贴近普通布料，贴身又时尚。图 3-87 所示的背心是采用尼龙粉末材料，由 SLS 设备打印而成的。

图 3-85　3D 打印的夜光礼服

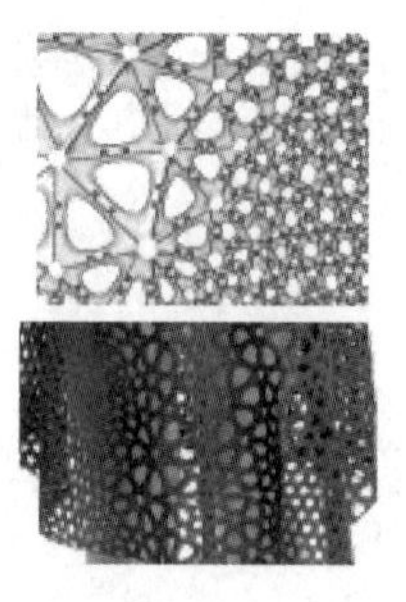

图 3-86　三角片拼合的裙子

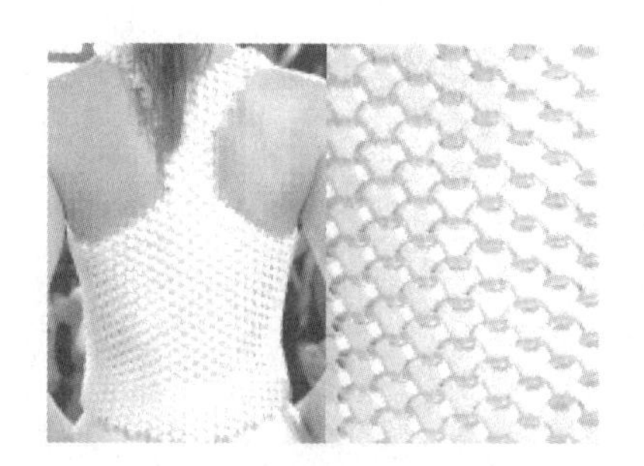

图 3-87　尼龙粉末烧结成型的背心

（3）制鞋。

3D 打印技术在鞋子的设计、生产及个性化定制等方面发展迅速。图 3-88 所示为 3D 打印的造型各异的鞋子。首先，该技术以一种全新制造模式来突破鞋子的设计极限，设计师运用参数化设计手法创造出具有美感的结构，自由地释放自己的创意，灵活修改设计方案。其次，3D 打印技术创建出全新的制造方法，无须任何模具或机械加工，开发流程更直观高效，大大缩短了样品开发时间，提高了样品的精准度。再次，可以满足用户个性化定制鞋子的需求，尤其是在运动鞋定制方面，运用精确的三维扫描技术测量用户的脚部数据，并采集运动过程中足底压力动态分布区域和压力大小，通过三维制作软件构建出数据模型，根据用户的体重、脚型、跑步姿态、落地方式的不同，制作出匹配用户运动特点的运动鞋。图 3-89 所示为 Nike 公司推出的一款球鞋。球鞋基板（鞋底）及由其延伸出的图案均由 3D 打印完成。该鞋重约 30g，能使运动员获得更快的速度和更大的冲力，除此之外还添加了其他性能，以便优化脚部的生物机械运动。

图 3-88　3D 打印的造型各异的鞋子

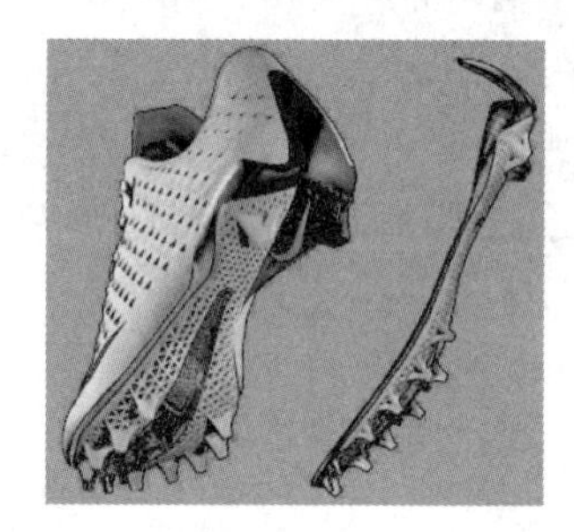

图 3-89 Nike 公司推出的一款球鞋

（4）珠宝首饰。

3D 打印作为具有代表性的前沿技术之一，已经逐渐被应用于珠宝等产品的设计与制造，以满足消费者不断增长的个性化、定制化需求。根据设计需求，我们可以应用多种不同材料来进行珠宝的 3D 打印，3D 打印的各种首饰如图 3-90 所示。目前，3D 打印技术在珠宝首饰制造中的应用主要分为两类。一类是间接应用，即先通过 3D 打印制造出蜡模或树脂熔模，轻松实现镂空图案，再应用失蜡法等工艺，将贵金属浇筑翻模，并进行简单的后期加工处理，即可得到珠宝首饰成品。另一类是直接应用，即采用 SLS 技术直接打印出贵金属实体模型，其技术含量和成本较高。与间接制造相比，直接打印首饰实现了真正意义上的自由设计。虽然 3D 打印在珠宝行业中的应用还处于初级阶段，但随着贵金属打印设备的研发和材料（如玫瑰金、人造白金、银和铂等金属粉材）的发展，其未来市场发展空间将非常大。

图 3-90　3D 打印的各种首饰

（5）食品。

在食品加工工业，3D 打印技术悄然带来了一场变革。食品 3D 打印技术具有形状多样、个性化、营养、安全等优点，不但能够做出传统工艺难以实现的造型，而且可以根据不同人群（如青少年、老人、孕妇和病人）的身体需要，精确调整食物中碳水化合物、蛋白质、食用色素、调味剂及微量元素等各成分的比例，均衡日常膳食营养。此外，通过 3D 打印还可以改变食品内部组织结构，能够使食物质地松软，容易咀嚼吞咽、高效吸收。目前 3D 打印的食品主要有六大类：糖果（杏仁糖、口香糖、软糖等），烘焙食品（饼干、蛋糕等），零食产品（薯片等），水果和蔬菜产品（各种水果泥、水果汁、水果果冻或凝胶等），肉制品（不同的肉酱和肉类品等）及奶制品（奶酪或酸奶等）。图 3-91 所示为 3D 打印的各种食物。

图 3-91　3D 打印的各种食品

除上述应用之外，3D 打印技术在玩具设计与验证、动漫模型制作、文物修复与复制、各种工艺品和文体娱乐用品生产等方面的应用也越来越广泛。

第 4 章 创意作品的逆向设计与制作

4.1 项目训练任务

4.1.1 训练内容

通过逆向设计方法设计一个创意作品，具体包括创意模型的设计（通过手工方法 DIY 或对现有实物模型进行改进）、模型数据的采集、模型数据的处理，最后导出可以 3D 打印的创意作品 STL 文件。

4.1.2 训练形式

项目训练采用团队分工合作形式完成：学生以 4 人为一小组，每位学生分别承担不同任务，合作完成项目训练任务。

4.1.3 训练要求

（1）完成创意模型的设计（要求设计作品有一定的创意，能体现逆向设计方法的独特优势）；

（2）完成 DIY 模型或实物模型的数据采集（要求数据采集方法正确、仪器使用规范、测量数据准确）；

（3）完成创意作品的数据处理和 STL 文件导出（要求数据处理合理不失真、实物模型数据还原度高）；

（4）完成作品的 3D 打印。

4.1.4 训练目的

（1）让学生了解逆向工程的概念、应用领域，并培养学生利用逆向工程技术完成设计的能力；

（2）培养学生在多学科背景下的创意设计能力。

4.2　逆向工程简介

4.2.1　逆向工程的概念

1．逆向工程的起源

随着工业技术的进步和经济的发展，在消费者的高质量要求下，功能上的需求已不再是赢得市场的唯一条件，产品不仅要具有先进的功能，还要有流畅的造型、富有个性化的产品外观，以吸引消费者的注意。流畅的造型、富有个性化的产品外观要求必然会使得产品的外观由复杂的自由曲面组成，而传统的产品开发模式（正向工程）很难用严谨的数学语言来描述这些自由曲面。随着市场竞争的加剧，为了快速地响应市场，产品的周期越来越短，企业对新产品的开发力度也越来越强，传统的产品开发模式受到了挑战。

为了适应现代先进制造技术的发展，需要将实物样件或手工模型转换为 CAD 数据，以便利用快速成型（RP）技术、计算机辅助制造（CAM）系统、产品数据管理（PDM）等先进技术对其进行处理和管理，并进行进一步修改和再设计优化，此时就需要一个一体化的解决手段：样品→数据→样品。

逆向工程是专门为制造业提供的一个全新、高效的重构手段，实现从实物到几何模型的直接转换。作为产品设计制造的一种手段，在 20 世纪 90 年代初，逆向工程技术开始引起各国工业界和学术界的高度重视。有关逆向工程的研究和应用一直受到政府、企业和个人的关注，特别是随着计算机和测量等技术的发展，利用 CAD 和 CAM 技术、先进制造技术来实现产品实物的逆向设计已经成为热点。

2．逆向工程的定义

逆向工程（Reverse Engineering）也称反求工程，是通过各种测量手段，将已有产品和实物模型转换为三维数字模型，并对已有产品进行优化设计、再创造的过程。

4.2.2　逆向工程的工作流程

传统的设计过程是根据功能和用途来设计的，从概念出发绘制产品的工程图纸，然后制作三维几何模型，经审核通过后制造出产品，采用的是从抽象概念到具体实物的思维方法，如图 4-1 所示。

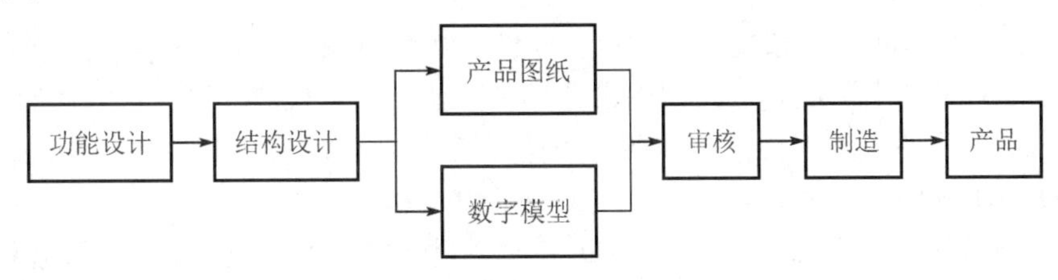

图 4-1　传统的设计过程

逆向工程是对现有的实物模型进行精确测量，并根据测量的数据重构出数字模型，经过对该模型的分析、修改、检验、输出图纸，然后制造出产品的过程。在新产品开发过程中，若新产品形状复杂，包含许多自由曲面，则很难用计算机建立数字模型，常常需要以实物模型为依据，进行仿型、改型或工业造型设计，最终获得所需要的产品。如汽车车身的设计，家用电器、玩具和覆盖件的制造，通常用由工程师手工制作出的油泥或树脂模型作为设计原型，再用三维测量的方法获得数字模型，然后进行零件设计、有限元分析、模型修改、误差分析和数控加工等，也可进行快速原型制造（如 3D 打印）并进行反复优化评估，直到得到满意的设计结果。

逆向工程开发产品的工艺路线是：用三维扫描设备准确、快速地测量实物的轮廓坐标值并构建曲面，经编辑、修改后，将其上传至 CAD/CAM 系统，再将 CAM 系统生成的 NC 文档送至 CNC 加工机床来制造所需模具，或者通过 3D 打印技术将样品模型制作出来。逆向工程的设计过程如图 4-2 所示。

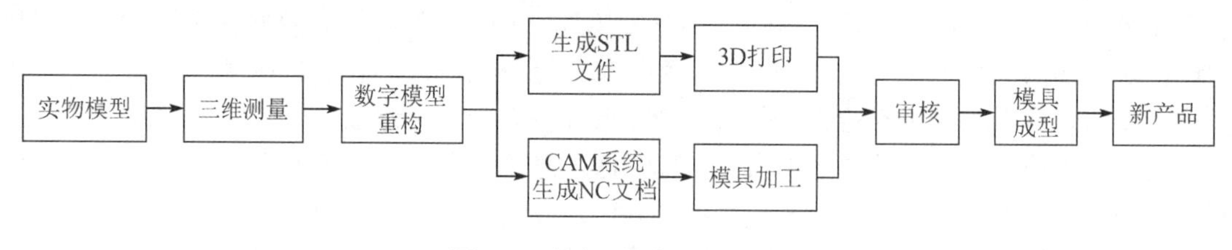

图 4-2　逆向工程的设计过程

4.2.3　逆向工程的应用领域

逆向工程不是简单的复制，而是在原有的基础上进行二次创新。它为产品的改进设计提供了方便、快捷的工具，缩短了产品开发周期，使企业更好地适应市场多品种、小批量的需求，从而在激烈的市场竞争中处于有利的地位。逆向工程的应用对缩短我国企业与发达国家企业的差距具有积极的意义。

1．产品的仿制与改型设计领域

逆向工程在没有设计图纸和 CAD 模型的情况下，对零件原型进行数据测量和处理，形成零件的 CAD 模型和设计图纸，并在此基础上进行模型修改、零件设计、有限元分析、误差分析，生成数控加工指令或快速成型所需的数据，最终实现产品的仿制和改进，如对摩托车、家用电器、玩具等产品外形进行修复、改进和创新设计，提高产品的市场竞争力。

2．模具制造领域

逆向工程在模具制造中的应用主要体现在以下几个方面：以原有模具为对象，对其进行测量，重构其 CAD 模型，生成加工程序；以零件实物为对象，对其进行测量，将零件实物转换成 CAD 模型；需要通过反复修改原始设计模具才能定型的模具，往往有些外形的改变，没有在原始的 CAD 模型上反映出来，需要借助逆向工程得到变更过的 CAD 模型。

（1）3D 打印领域。

3D 打印技术综合了数控、激光、CAD 和材料科学等技术，成为新产品开发设计和生产的有效手段，加工过程是在 CAD 模型直接驱动下进行的，而逆向工程恰恰为其提供了 CAD 模型，两者相结合可实现产品的快速开发。

（2）产品数字化检测领域。

这是逆向工程应用前景比较看好的领域，对已加工的零件进行三维扫描，获取零件的数字化模型，与原设计比较，可以检测制造误差，提高产品精度。

（3）文物、艺术品的修复领域。

可以应用逆向工程对文物、艺术品进行复制，将其数字化保存用于修复，实现对文物的保护。

（4）影视动画角色、场景、道具等三维虚拟物体的设计和制作领域。

当今三维扫描技术已经被广泛应用于影视动画领域，在影视动画的角色创建过程中，三维扫描技术主要表现在数字替身和精细模型创建方面。通过对地形、地貌、建筑的复制和创建，为影视动画场景的拍摄和搭建节省资金，提高效率。

（5）医学领域。

医学断层扫描仪器，如 CT、MRI，为医学研究和诊断提供高质量的断层扫描信息，可以利用逆向工程技术将断层扫描信息转换成 CAD 数字模型，为后期进行假肢和组织器官的设计制作、手术辅助、力学分析提供参考数据。

4.3　模型的数据扫描

4.3.1　数据扫描的概念

1. 数据扫描的定义和目的

三维数据扫描是逆向工程的基础，数据采集的质量直接影响最终模型的质量，在实际应用中，常常因为扫描设备、软件、相关人员的操作水平直接影响采集的模型表面数据的质量，进而影响重构模型的质量。

数据扫描，又称为模型表面数字化，是指通过特定的测量设备和测量方法，将模型表面的形状转换成离散的几何点坐标数据，为以后的模型建立、评价、改进和制造打下基础。高精度、高效率地实现模型表面的数据采集，是逆向工程技术的基础和关键，也是逆向工程技术最基本、最不可少的步骤。可以说，测量数据的质量直接影响最终模型的质量，进而影响整个工程的效率和质量。

数据扫描的目的是真实地反映被测量物体有关特征的坐标信息，因此，高精度是测量技术的首要目标。测量的高精度化、高效率化及测量规划的智能化是未来的发展方向。

2. 数据采集的方法（接触式测量和非接触式测量）

数据采集的方法多种多样，其原理各不相同。测量方法的选用是逆向工程中非常重要的问题，其不但影响测量本身的精度、速度和经济性，还会造成测量数据类型及后续处理方式的不同。

根据测量探头是否和零件表面接触，测量方法可分为两大类，即接触式测量和非接触式测量。接触式测量分为基于力变形原理的触发式和连续式。非接触式测量按其原理分为光学式和非光学式。光学式又分为激光三角法、结构光法、计算机视觉法、激光干涉法、激光衍射法等。非光学式又分为 CT 测量法、MRI 测量法、超声波法和层析法。

（1）接触式测量。

在接触式测量方法中，坐标测量机（Coordinate Measuring Machine，CMM）是应用较为广泛的一种测量设备。坐标测量机基于力变形原理，通过接触式测头沿被测物体表面移动并与其接触时发生的变形，测出该点的三维坐标。测量方法分为单点触发式测量和连续扫描式测量。

坐标测量机的原理是将被测物体置于坐标测量机的测量空间中，获取被测物体上各测量点的坐标位置，根据这些点的空间坐标值求出被测物体的几何尺寸、形状和位置。其是一种以精密机械为基础，综合了数控、电子、计算机和传感等先进技术的高精度、高效率、多功能的测量设备。坐标测量机是测量和获得尺寸数据较精准的设备之一，其功能是快速准确地获得尺寸数据，为操作者提供关于生产过程状况的有用信息，这与所有的手动测量设备有很大的区别。

坐标测量机由硬件系统和软件系统组成，硬件系统包括主机、测头、电气系统三大部分。坐标测量机如图 4-3 所示。

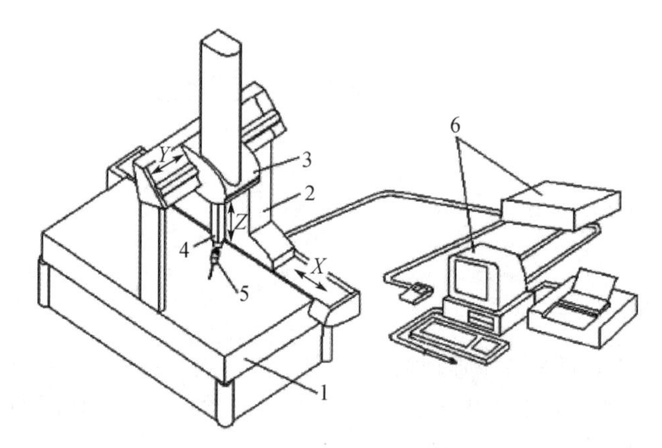

1—工作台；2—移动桥架；3—中央滑架；4—Z 轴；5—测头；6—电气系统

图 4-3　坐标测量机

坐标测量机是 20 世纪 60 年代发展起来的一种高效率、高精度的测量设备，它被广泛应用于制造、电子、汽车和航空航天领域，是使用较广泛的、精准的测量和检测设备。在工业生产的应用过程中，接触式坐标测量机可达到很高的测量精度（±0.5μm），对物体边界和特征点的测量相对准确，对于没有复杂内部型腔、特征几何尺寸多、只有少数特征曲面的规则零件检测特别有效。由于在测量过程中要与被测物体接触，会产生测量力，所以其对被测物体的材质有一定要求；而且其对测量环境、测量者的操作水平要求比较高，存在需要进行测头半径补偿等不足。但随着坐标测量机技术的发展，如回转工作台触发式测头的产生，特别是计算机控制的坐标测量机的出现，它已被广泛应用于各类零件的自动检测和测量。与投影仪、轮廓仪、激光测量仪相比较，坐标测量机具有适应性强、功能完善等特点。它多用于产品测绘、型面检测、工装夹具测量等，同时在设计、生产、制造方面也发挥着越来越重要的作用，在汽车工业、航空航天、机床设备、国防军工、模具和电子等行业得到了广泛应用。

（2）非接触式测量。

上面介绍了接触式测量的方法，其存在的缺点限制了它的应用领域，无法满足逆向工程的要求。随着技术的发展，产生了非接触式测量，它克服了接触式测量的一些缺点，在逆向工程领域得到了广泛应用。在非接触式测量方法中，结构光法被认为是目前较成熟的三维形状测量方法。

非接触式扫描设备利用某种与物体表面发生相互作用的物理现象，如光、声和电磁等，来获取物体表面的三维坐标信息。其中，以应用光学原理发展起来的测量方法应用较为广泛，如激光三角法、结构光法等。由于其测量速度快，不与物体表面接触，因而能测量柔软质地的物体，也因此越来越受到人们的重视。

① 激光三角法。

激光三角法是目前比较成熟且应用比较广泛的一种测量方法。其测量原理是利用光源和光敏元件之间的位置和角度关系来计算物体表面的坐标数据。其基本原理是：将有规则几何形状的激光，投影到被测物体表面上，形成的漫反射光点（光带）的像被放置在某一空间位置的图像传感器接收，根据光点（光带）在物体表面成像的偏移及被测物体基平面像点、像距等之间的关系，通过三角几何原理即可测量出被测物体的空间坐标。其原理如图 4-4 所示。

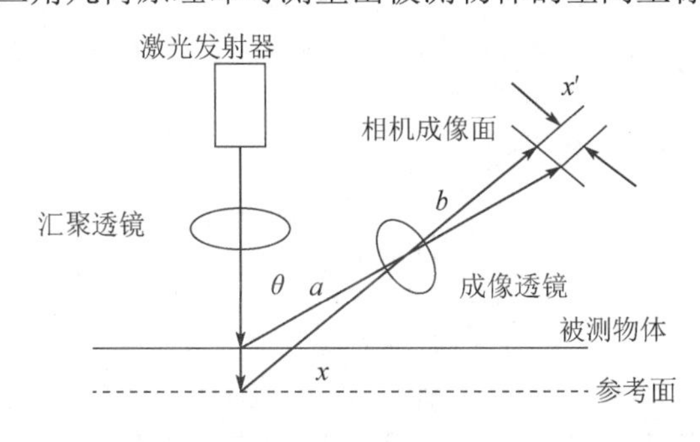

图 4-4　激光三角法测量原理图

激光三角法由于同时拥有高精度、高速度的特点，被广泛应用于逆向工程测量，测量精度可以达到 0.01mm 左右，采样速度可达到每秒数万千点。

② 结构光法。

结构光法被认为是目前三维形状测量中较好的方法之一，其主要优点是测量范围大、速度快、稳定、成本低、携带方便、便于操作、受环境影响小；缺点是与接触式三坐标测量方式的精度（可达到微米级）相比，其精度略低，只能测量表面曲率变化不大、较平坦的物体；当测量表面变化剧烈的物体时，在其陡峭处会发生相位突变，从而使测量精度大大下降；物体表面的粗糙度、色泽也会影响其测量精度，为了提高精度，需要对被测物体表面进行喷涂处理，以减小测量误差；此外，还有图像的获取和处理时间长、测量量程短等。

结构光法的基本原理是把一定模式的光源（如光栅）投影到被测物体上，受被测物体表面高度的限制，光栅影线会发生变形，利用两个相机捕捉不同角度的图像，通过解调变形的光栅影线，就可以得到被测表面的整幅图像上像素的三维坐标值，其原理如图 4-5 所示。

测量时，入射光线照射到参考平面上的 A 点，放上被测物体后，A 点就移到 B 点，距离 AB 就包含了高度信息 h，即高度受到物体表面形状的调制。目前，解调变形光栅影线的方法主要有傅里叶分析法和相移法。

采用结构光法的测量系统被认为是目前测量速度和精度较高的扫描测量系统，特别是随着分区测量技术的进步，光栅投影测量的范围不断扩大，其已经成为当今逆向测量领域使用较广泛、成熟的测量系统。德国 GOM 公司的 ATOS 测量系统是这种方法的典型代表。我国的北京天远三维科技有限公司、上海数造机电科技有限公司、天津微深通用科技有限公司，均已研究出具有国际先进水平、拥有自主知识产权的照相式三维扫描系统。

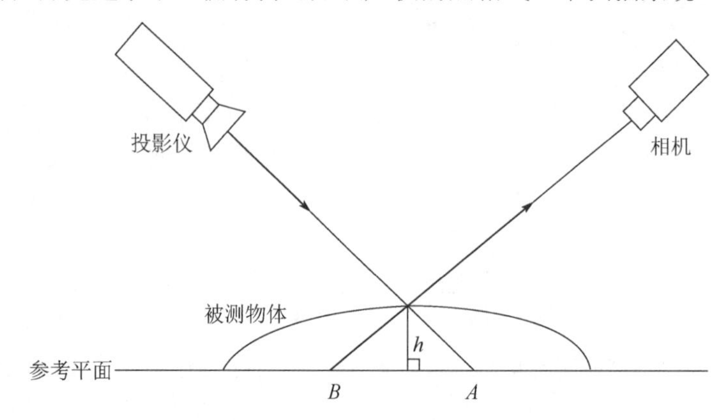

图 4-5　结构光法测量原理图

下一节对天津微深通用科技有限公司的 VTOP200B 系列三维扫描仪进行了具体介绍。

4.3.2　模型的数据测量

1. 光栅式扫描仪（VTOP200B）的功能介绍

（1）VTOP200B 三维扫描仪采用优秀的算法和程序架构，实现了系统的稳定性和高精度性能。其具有全自动拼接和整体误差控制模块，多幅点云拼接无累积误差和分层现象，无须利用其他商业软件进行全局注册。高精度的标志点识别和先进的型心偏畸纠正算法，完全满足薄壁件拼接过渡的需求。薄壁件拼接扫描的特点：适用于细节繁复及立筋的薄壁结构，能有效修正薄壁件拼接带来的分层、错层等问题，薄壁扫描无须夹具。薄壁件拼接扫描如图 4-6 所示。

图 4-6　薄壁件拼接扫描

（2）系统兼有整体点云或单幅面点云两种导出方式，一键式将拼接后扫描点云整体导出为单个数据文件，并自动去除重叠部分。组合扫描的特点：组合扫描是指分别用幅面大小不同的扫描仪对同一个物体进行扫描。针对大件物体可先用大幅面扫描仪进行扫描，然后针对细节部位用精度更高的小幅面扫描仪进行扫描，最后把扫描的数据组合在一起，达到精简有致的效果，既保证全局精度，又突出局部细节。VTOP200B 三维扫描仪采用两组相机，自由切换，中间过程无须再标定，组合扫描，实现精密花纹的高精度扫描、整体结构无漏洞完整扫描，如图 4-7 所示。

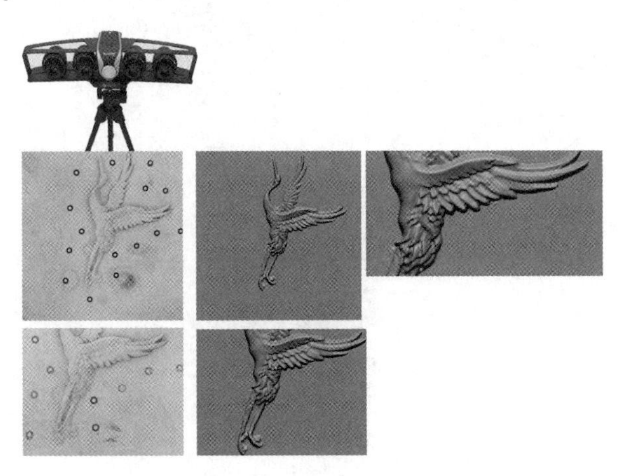

图 4-7　组合扫描

（3）彩色三维系统具备全自动彩色贴图功能，三维建模无须手动。系统可以进行全自动纹理拼接，无须使用标志点。彩色扫描特点：大多数的三维扫描仪需要在物体上先贴好标志点，然后才可以扫描，扫描时贴标志点的地方将会出现漏洞，对扫描结果造成影响。贴标志点也比较讲究技巧，有特殊要求的物体将无法实现。VTOP200B 彩色扫描系统可以实现在不贴标志点的情况下，依据物体表面的纹理，自动拼接多组点云，方便快捷，完全解决了客户的后顾之忧。彩色扫描如图 4-8 所示。（推荐使用场合：文物重建及修复、动漫建模及电子商务产品展示）

图 4-8　彩色扫描

（4）独特的色差扫描方式，深色、浅色可以同时扫描到。色差扫描特点：一般的扫描仪在遇到物体颜色差别较大时，不能将色差很大的物体轮廓全部扫描清楚。VTOP200B 三维扫描系统独创的色差扫描方式，可以先扫描比较亮的部分，再扫描暗的部分，使图案颜色分明、清晰显现。然后将两幅点云甚至更多的点云自动合成在一起，此合成过程不用使用标志点，也不会带来重复点云，使扫描结果更完整、更清晰。色差扫描如图 4-9 所示。（推荐使用场合：物体颜色区别较大，又不允许喷涂反差增强剂。）

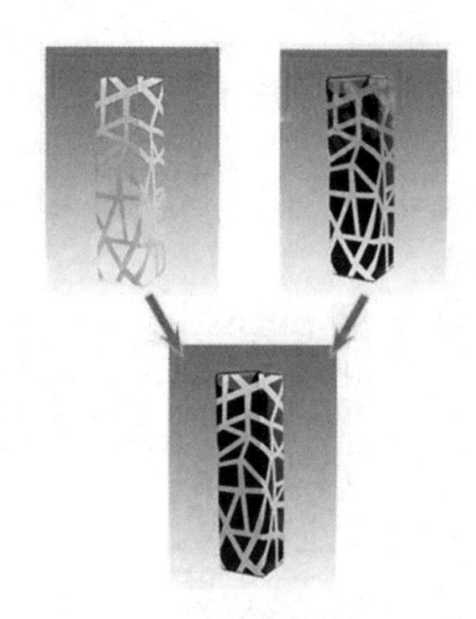

图 4-9　色差扫描

（5）VisenTOP 三维扫描系统支持自动去除标志点，方便后续数据处理。系统选配自动转台，通过软件控制，可自动完成 360° 物体扫描工作。

2. 光栅式扫描仪（VTOP200B）的调节

（1）计算机最低配置。

2GHz 双核 CPU 处理器，1GB 独立显卡，4GB 内存，带 HDMI 数据接口，4 个 USB 接口（均支持高速 USB 传输），建议操作系统为 Windows 7（64 位）及以上。

（2）线束连接方法。

线束连接方法如图 4-10 所示。

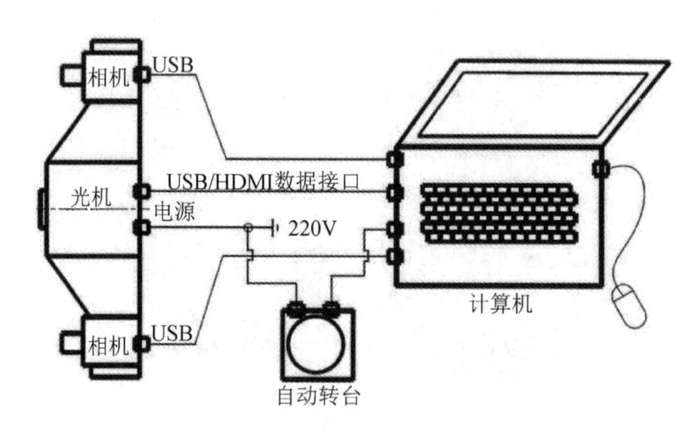

图 4-10　线束连接方法

（3）扫描仪幅面的调节。

① 将扫描仪正对白色平面，调整扫描仪与平面的距离，即物距，同时调节光机的调焦环，使其投射出的黑白条纹清晰且满足幅面大小要求（以幅面 200mm 为例），如图 4-11 所示。

② 打开软件中的“工具”→“基线计算”对话框，设置两相机之间的顶角为 25°，量出物距，确定相机距离，如图 4-12 所示。

③ 根据计算所得的相机距离，测量并调整左、右相机的位置，如图 4-13 所示。

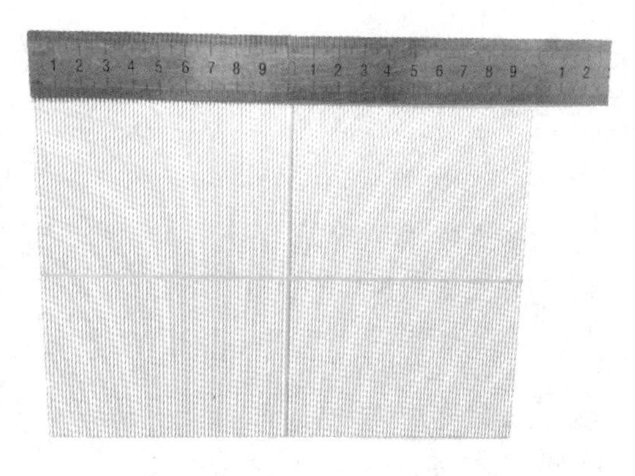

图 4-11　幅面调节

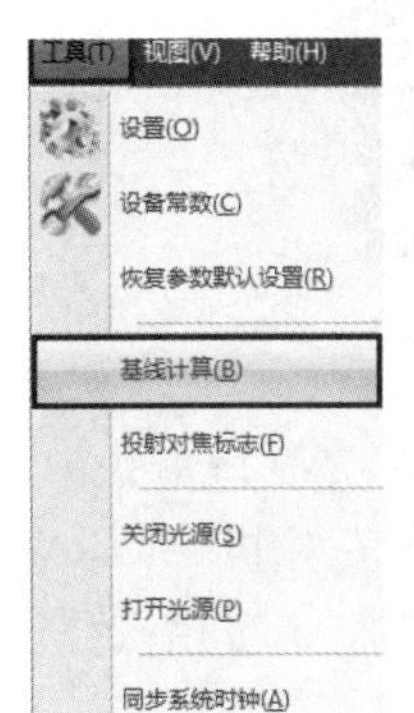

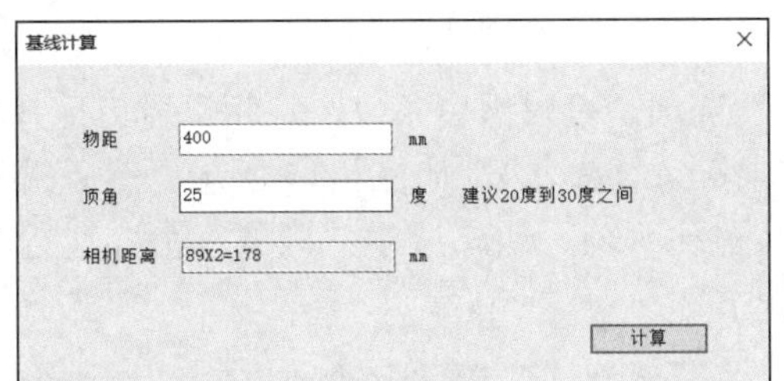

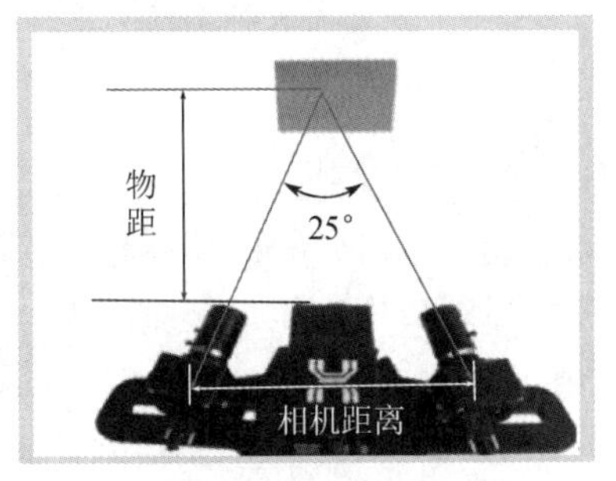

图 4-12　打开基线计算

图 4-13　相机调整

④ 保证相机距离不变，分别调节左、右相机的上下俯仰角度和左右旋转角度，使相机窗口中十字线位于相机小矩形框的中间，锁紧固定螺丝，如图 4-14 所示。

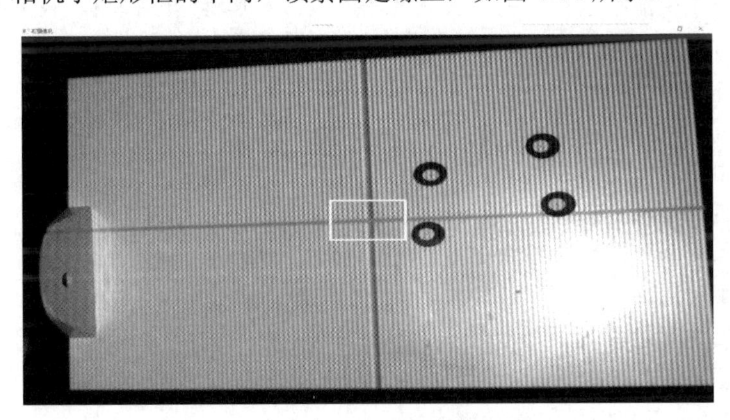

图 4-14　相机窗口画面

⑤ 调节相机清晰度：单击“工具”→“投射对焦标志”按钮，双击左（右）相机窗口，使其全屏显示以便于查看，调整左（右）相机调焦环使其对焦清晰（注：调节清晰度时可适当增大光圈使对焦标志明显），如图 4-15 所示。如果遇到小幅面无法调到最清晰的状况，请装上附带的镜头垫圈。

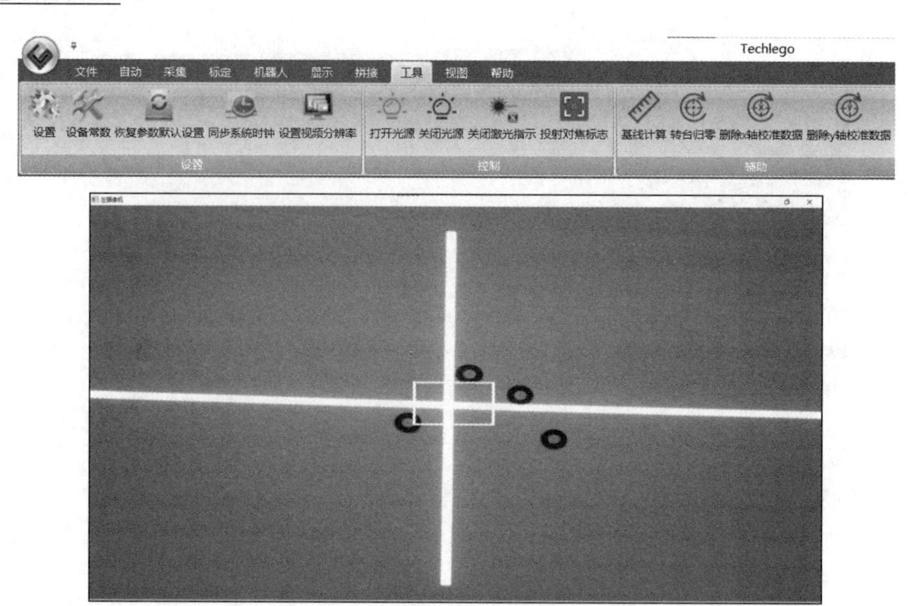

图 4-15 清晰度调节

⑥ 调节亮度：单击“预对焦”选项，投射黑白条纹，将相机窗口下方的亮度调节条由 0 向右调 1～2 格（可使用键盘的方向键进行操作），如图 4-16 所示。然后调节左相机光圈，使左相机窗口中的黑白条纹清晰并且对比强烈、明暗适中；调节右相机光圈使左、右相机亮度相同，然后锁紧两个相机的光圈调节环。

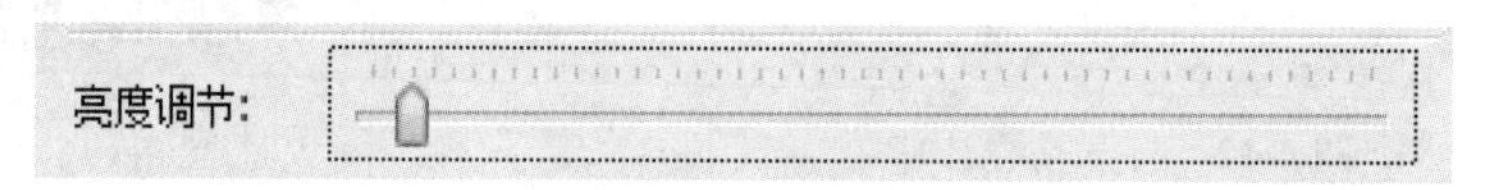

图 4-16 亮度调节

⑦ 再次调整相机清晰度：单击“工具”→“投射对焦标志”按钮，双击相机的窗口，使之放大便于查看，分别调整两相机至对焦清晰并锁紧调焦环。

（4）扫描仪的标定。

需要标定的情形：出现以下情况之一，需要重新标定。

① 首次使用扫描仪之前。

② 重新组装扫描仪之后。

③ 扫描仪经受强烈震动之后。

④ 更换镜头之后。

⑤ 多次拼接失败之后。

⑥ 扫描精度降低之后。

（5）VTOP200B 三维扫描仪的标定操作。

① 摆放标定靶。

摆放标定靶，使标定靶正对扫描仪，连接标定靶的电源，如图 4-17 所示。

② 打开相机开关，相机采集窗口如图 4-18 所示。

③ 设置标定靶参数，单击“工具”选项卡中的“设置”按钮，如图 4-19 所示。

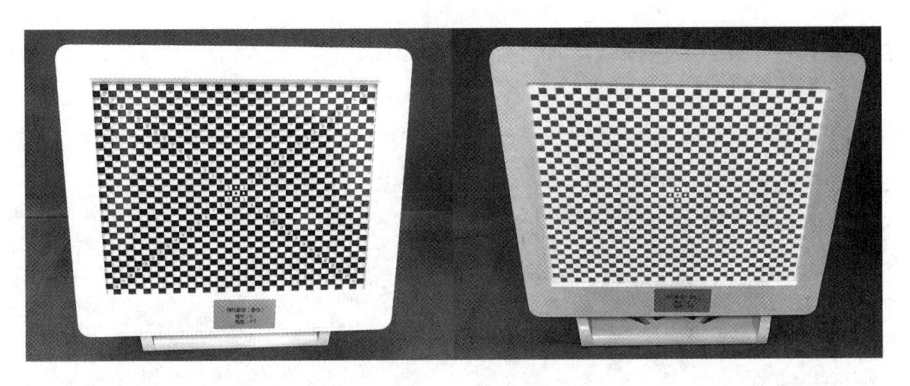

图 4-17　标定靶

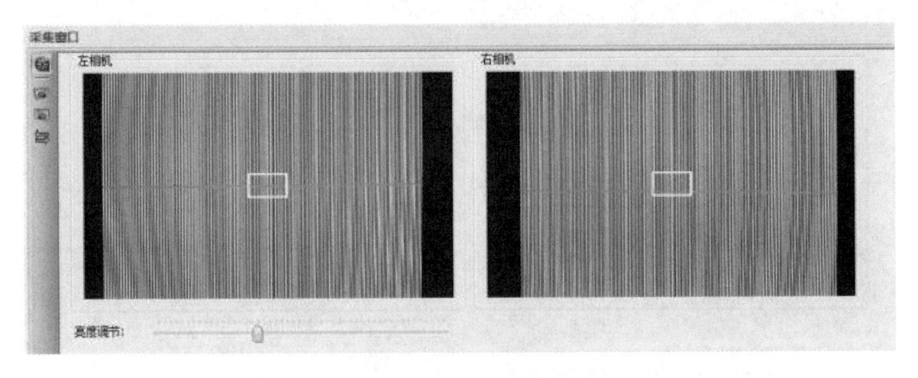

图 4-18　相机采集窗口

图 4-19　设置

④ 根据相机窗口中显示的标定靶大小设置合适的数值，填写标定靶参数中的行数和列数，如图 4-20 所示。

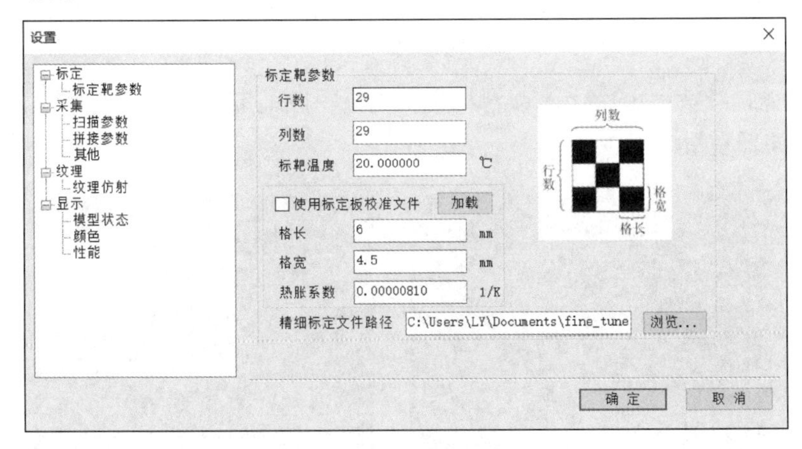

图 4-20　设置标定靶参数

④ 摆正标定靶，调整标定靶与扫描仪之间的距离，使标定靶的靶心同时出现在两个相机窗口的小矩形框中，如图 4-21 所示。

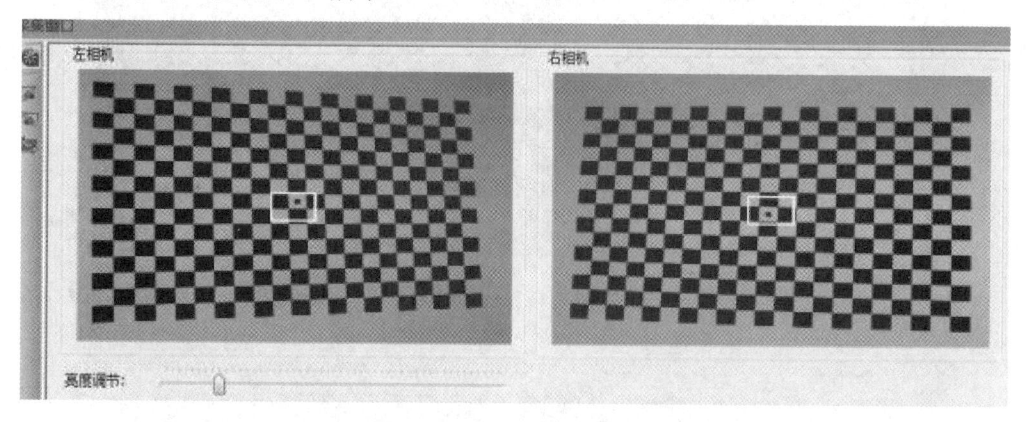

图 4-21　调整标定靶与扫描仪之间的距离

⑤ 勾选“视图”→“标定窗口”复选框，打开标定窗口，如图 4-22 所示。

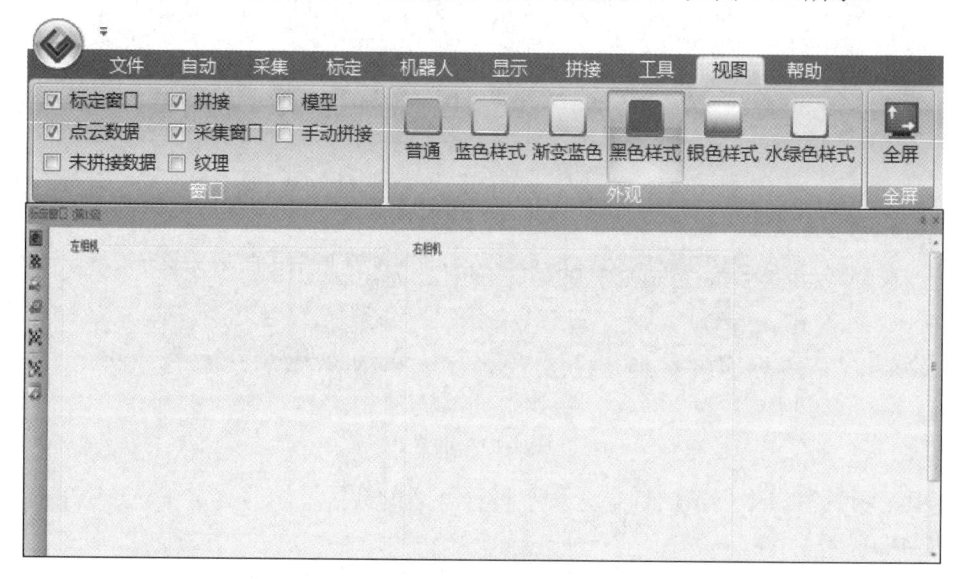

图 4-22　标定窗口

⑥ 单击左侧工具栏中的图标，对标定靶进行图像采集（扫描仪正对标定靶），得到的第一幅图如图 4-23 所示。

图 4-23　第一幅图

⑦ 单击左侧工具栏中的图标 切换到下一幅。改变标定靶的旋转角度为正对偏左 30°左右，调整标定靶与扫描仪之间的距离，使靶心同时出现在两相机窗口的小矩形框中，单击左侧工具栏中的图标完成第二次图像采集，得到的第二幅图如图 4-24 所示。

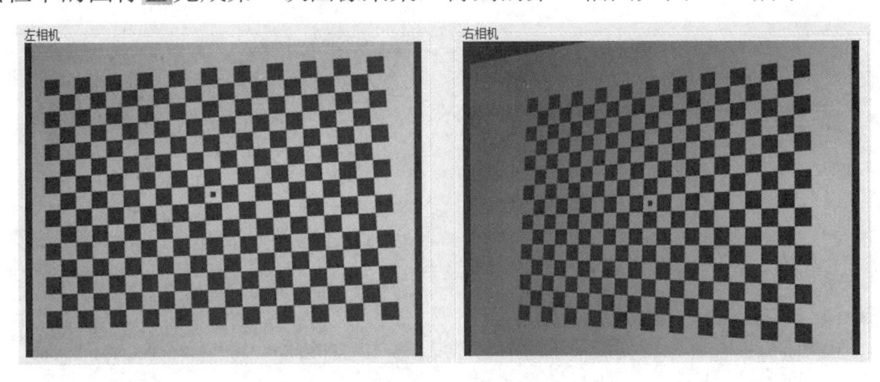

图 4-24　第二幅图

⑧ 单击左侧工具栏中的图标 切换到第三幅。改变标定靶的旋转角度为正对偏右 30°左右，调整标定靶与扫描仪之间的距离，使靶心同时出现在两相机窗口的小矩形框中，单击左侧工具栏中的图标，完成第三次图像采集。得到的第三幅图如图 4-25 所示。

图 4-25　第三幅图

⑨ 单击左侧工具栏中的图标 切换到第四幅。改变标定靶的旋转角度为正对偏上 30°左右，调整标定靶与扫描仪之间的距离，使靶心同时出现在两相机窗口的小矩形框中，单击左侧工具栏中的图标，完成第四幅图像采集。得到的第四幅图如图 4-26 所示。

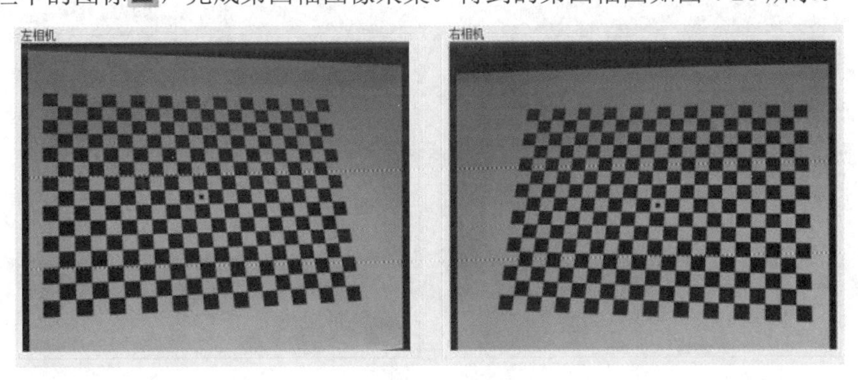

图 4-26　第四幅图

⑩ 单击左侧工具栏中的图标切换到第五幅。改变标定靶的旋转角度为正对偏下 30°左右，调整标定靶与扫描仪之间的距离，使靶心同时出现在两相机窗口的小矩形框中，单击左侧工具栏中的图标，完成第五幅图像采集。得到的第五幅图如图 4-27 所示。

图 4-27　第五幅图

⑪ 单击“监视标定距离”按钮，当显示“当前距离合适”后，再单击“自动角点检测”按钮，如图 4-28 所示。角点为行数值和列数值组成的四边形的顶点，也是边角四个黑格的内顶点（见图 4-29）。

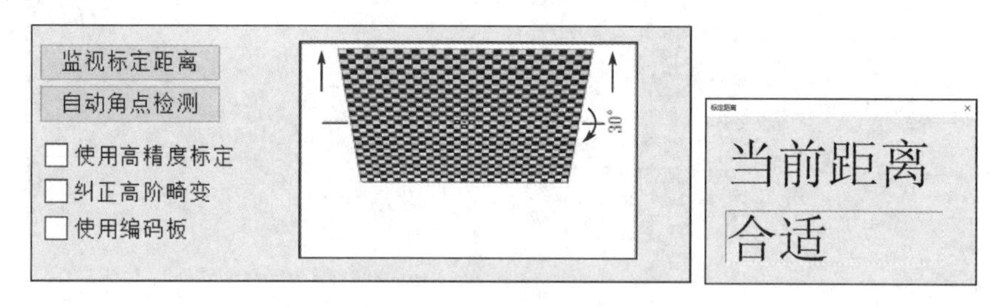

图 4-28　自动角点检测

⑫ 观察角点检测结果是否正确，角点的排列是否整齐，整齐角点如图 4-29 所示。如果发现角点排列不整齐，如图 4-30 所示，则说明本次角点检测出现错误。检查角点的位置和标定靶参数是否匹配，重新匹配后再次单击“自动角点检测”按钮进行角点检测。

图 4-29　整齐角点

图 4-30　角点排列不整齐

⑬ 单击左侧工具栏中的图标，切换到上一幅，按步骤⑪和⑫完成第四幅图的角点检测。重复此操作，直到完成五幅图像的角点检测。

⑭ 单击左侧工具栏中的图标，进行系统标定。标定完成时，系统提示“标定成功”。单击左侧工具栏中的图标，收起标定窗口。

3．案例：逆向设计榔头手柄

借助油泥，设计制作个性化榔头手柄（材质为油泥），再使用三维扫描仪，对其进行数据采集、数字化处理和逆向设计，最后 3D 打印出能满足装配、实用且个性化的榔头手柄（材质为塑料）。

油泥手柄的制作要求：手柄尾部要近似平面；手柄中心线垂直于尾部平面；手柄长度适中，建议大于 90mm，小于 100mm；手柄粗细适中，结合同学各自的手型进行设计，建议直径大于 30mm，小于 40mm。

（1）制作油泥手柄模型。

取适量油泥，按照制作要求，结合各自手型捏制手柄，如图 4-31 所示。

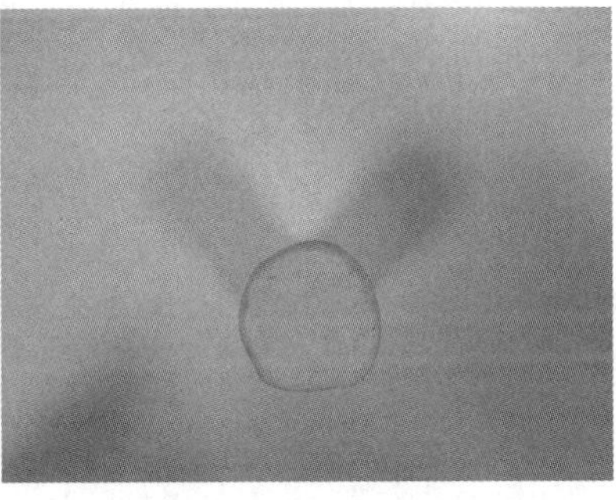

图 4-31　制作油泥手柄模型

（2）贴标志点，如图 4-32 所示。

根据模型的大小与表面特征，需要进行多幅面测量后再拼接，根据视角在物体表面贴上一些标志点，用于协助坐标转换。模型的外形尺寸大约为 Φ40mm×100mm，可以选择直径为 4mm 的标志点若干。用镊子将标志点以“V”字形无规则地贴于模型表面（注意：标志点不能贴成直线，也不能贴成等边三角形，尽量贴在平缓的位置），粘贴过程中确保至少 3 个共同点作为已扫描和未扫描的过渡点，标志点全部粘贴完成后，检查模型上标志点粘贴的地方是否合理、有无脱落，确认无误后等待扫描。

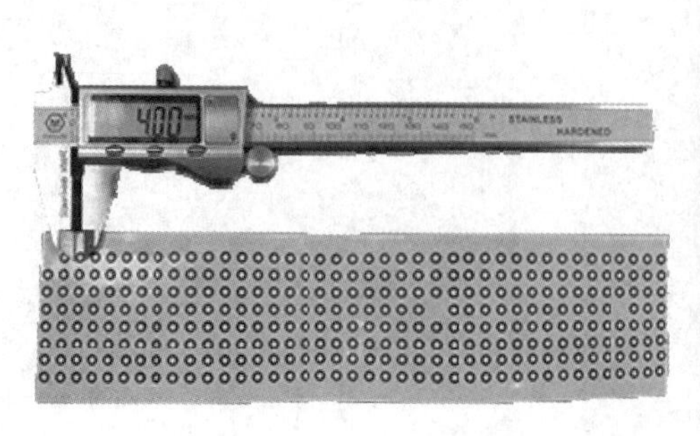

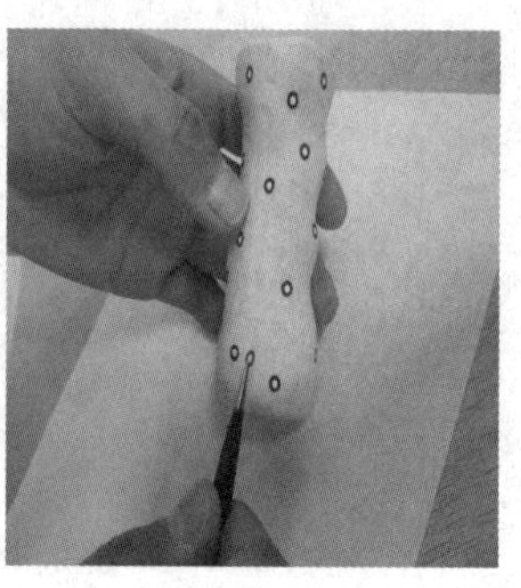

图 4-32　贴标志点

（3）完成模型扫描工作。

① 确保计算机和扫描仪已正确连接，检查加密狗是否接入计算机，双击扫描仪软件，进入扫描仪软件的操作界面，如图 4-33 所示。新建工程“手柄数据”，勾选“采集窗口”复选框，单击“开关”按钮打开相机。

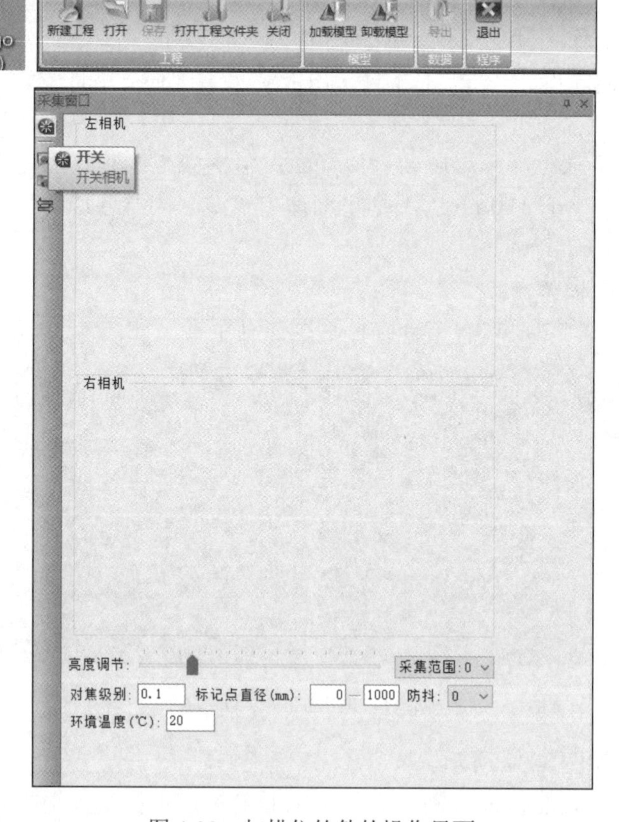

图 4-33　扫描仪软件的操作界面

② 打开光机，光机投射出蓝色光栅到手柄上，如图 4-34 所示。调节扫描仪的高度、前后位置和仰俯角度，使光栅的十字光标进入相机的矩形框内，使光栅为最清晰状态。

图 4-34　打开光机

③ 打开扫描仪相机，将扫描仪十字架和矩形框投射到手柄表面，如图 4-35 所示。

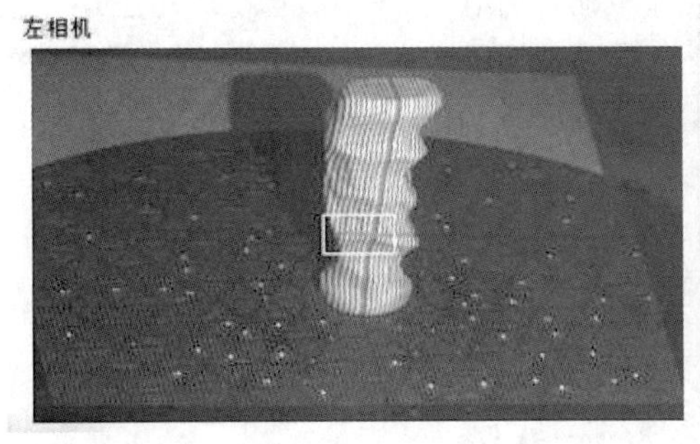

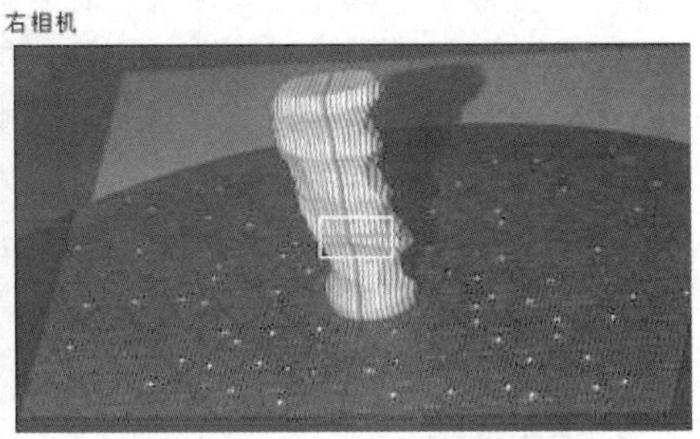

图 4-35　打开扫描仪相机

④ 设置拼接方案，单击“工具”→“设置”→“采集”→“扫描参数”选项，在打开的“扫描参数”对话框中，设置“识别方式”为“标志点”，其他参数默认。

⑤ 采集数据。

单击“采集”按钮，进行第一次数据采集，并检查采集到的数据。通过对“视图”窗口中显示的点云图进行观察，保证采集到的数据必须是含有至少三个标志点的数据，如图 4-36 所示，以保证其与后面采集到的数据能够正确拼接。依次变换手柄位置，直至采集完所有数据。

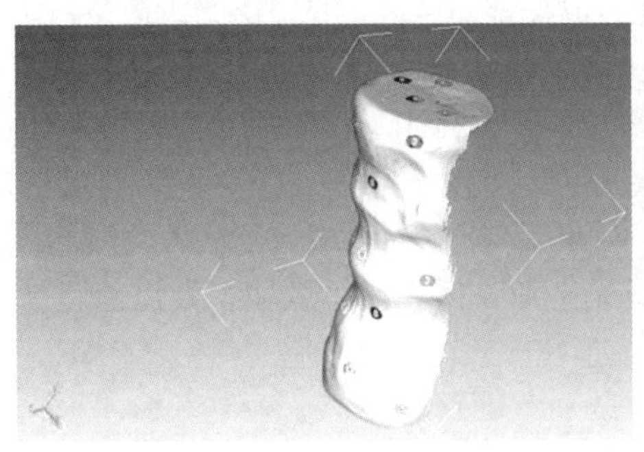

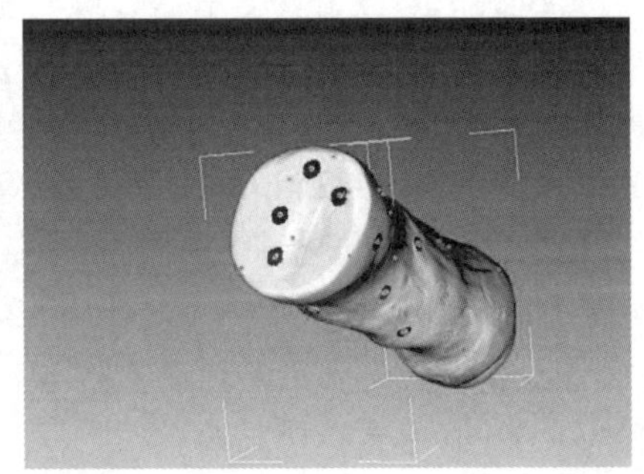

图 4-36　采集数据

⑥ 保存数据。

待数据全部采集完成后，单击“文件”→“保存”按钮，采集到的数据将按新建的设定路径与文件名保存。

⑦ 删除杂点。

保存原始采集数据后，需要对原始数据进行删除杂点等处理后再导出数据。先单击“点云”→“合适尺寸”按钮，点云将以最佳视图比例显示在屏幕上；再单击“点云”→“选择点云”→“套索”按钮，可以用套索工具（矩形、多边形、椭圆形）选择点云，选中的点云将变成红色；最后单击“点云”→“删除”按钮，或按 Delete 键删除选中的点云。

⑧ 导出数据。

单击“文件”→“导出”按钮，弹出“精度提示”对话框，提示是否已经删除杂点。如果没有，则返回上一步进行处理；如果已经完成杂点删除，单击“是”按钮则弹出“保存提示”对话框，提示是否存储修改，单击“是”按钮，弹出“导出设置”对话框。

在“导出设置”对话框中，勾选“重叠去除”“标志点去除”“增强修正”选区的“启用”复选框，其他参数默认。单击“处理点云”按钮，系统自动进行点云处理，除去扫描中的重叠点和标志点，操作完成后回到“导出设置”对话框。

单击“导出文件”选区的“导出当前数据”按钮，弹出“导出设置”对话框，设置文件名及保存类型，单击“保存”按钮。保存类型一般选择 PLY 或者 ASC 格式，这两种格式为 Geomagic 等逆向软件的通用格式，方便点云数据的后期处理。

4.4 数据处理

4.4.1 三维数据处理软件——Geomagic Wrap 介绍

Geomagic Wrap 是一款非常专业的 3D 扫描分析软件，也是应用广泛的逆向处理软件之一，无缝支持大部分主流扫描仪和便携式 CRM，它能够轻易地利用扫描所得的点云数据创建出完美的多边形模型和网格，并自动转换为非均匀有理 B 样条（NURBS）曲面，主要应用于分析、动画和电影制作中。同时，Geomagic Wrap 的新功能和增强功能，带来了全新提升后的 3D 扫描至模型工作流，可加速设计，缩短产品上市时间。例如，其提供了一套更为强大的纹理贴图处理工具，可控制模型上的自定义纹理分组，让用户创建更高质量、更规范的纹理贴图，从而提高下游可用性。此外，新增的分析功能能够保留对象之间的 3D 比较模型，使优化、验证和检查流程更轻松，满足行业内不同用户的使用需求。与市面上其他同类软件相比，Geomagic Wrap 提供了创建完美数据的数字桥梁，可直接用于 3D 打印、铣削、归档和其他 3D 用途，其包含的高级精确造面工具能够提供强大、易用的领先建模功能，帮助用户构建出完美的 3D 模型，可用的脚本和宏功能能够在逆向工程流程中实现重复任务功能的自动化。不论是在工程、娱乐、艺术领域，还是在考古、制造业、博物馆等领域，人们都可以将扫描数据和 3D 文件轻松转换为完美的逆向工程 3D 模型。

Geomagic Wrap 具有以下特点。

① 兼容性强。

可与大部分的主流三维扫描仪、计算机辅助设计（CAD）软件、常规制图软件及快速设备制造系统配合使用。

② 支持多种数据格式。

Geomagic Wrap 提供多种建模格式，包括目前主流的 3D 格式数据、点、多边形及 NURBS 曲面模型。

③ 提高了生产率。

Geomagic Wrap 是一款可提高生产效率的实用软件，与传统的 CAD 软件相比，在处理复杂或自由曲面形状时的生产效率可提高 10 倍。

④ “重划网络”工具。

可以快速、准确地对多边形模型进行三角化，使其成为更加简洁、更有用的三维模型，以便 3D 打印。

4.4.2　模型测量数据处理

在 4.3 节的实例中，应用 VTOP200B 三维扫描仪完成了对手柄的扫描，取得了手柄的点云数据，但是，在扫描过程中，环境、拼接等因素会导致测量数据存在一定问题，如杂点、重点、孔洞等，对后续的模型重建有较大的影响，因此需要去杂、补洞、简化数据，然后将其转换成 CAD 系统能接受的格式输出。接下来需要将 VTOP200B 三维扫描仪导出的 ASC 格式的文件，在 Geomagic Wrap 软件中进行数据处理和坐标对齐操作，在“点编辑”模块中进行删除体外孤点、减少噪音、统一采样精确数据操作，然后将其封装成 STL 格式，进入“多边形编辑”模块，进行填补孔洞、去除错误特征等操作，完成后对齐坐标，输出到 Geomagic Design X 软件中重构 CAD 模型。

1．点云处理阶段

（1）导入点云。

打开 Geomagic Wrap 软件，单击界面左上角的图标，在弹出的菜单中单击“导入”按钮，在打开的“导入文件”对话框的“文件名”下拉列表中选择“手柄.asc”文件，单击“打开”按钮，弹出“文件选项”对话框，设置导入数据的采样比率为 100%，并勾选“保持全部数据进行采样”复选框，单击“确定”按钮即可导入点云，如图 4-37 所示。

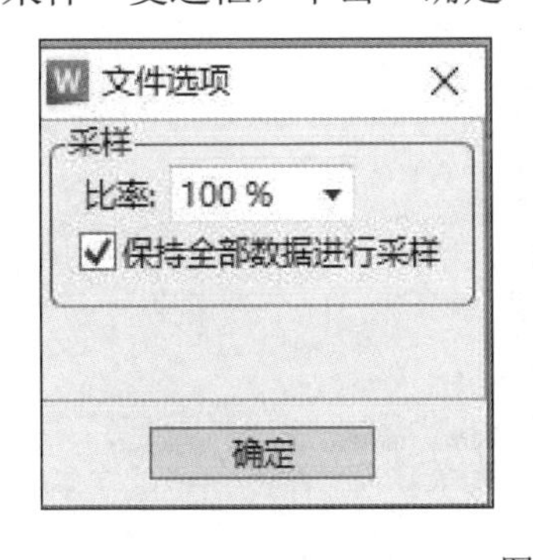

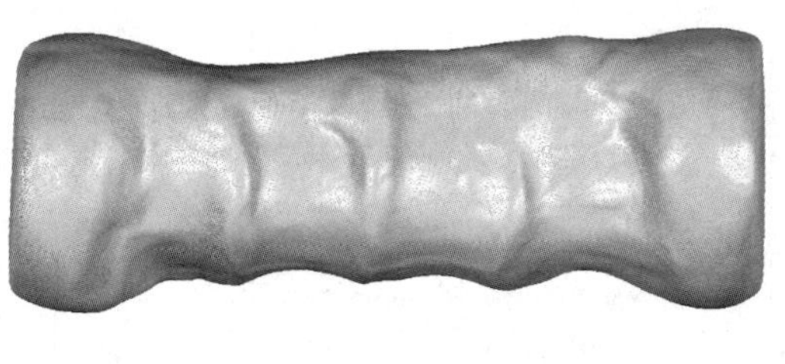

图 4-37　导入点云数据

（2）去除多余点云、减少噪音。

① 由于扫描仪的技术限制和扫描环境的影响，测量数据不可避免地会出现多余点云，可手动对这些点云进行删除，也可以在“选择体外孤点”或“选择非连接项”对话框中设置合适的参数对多余点云进行删除。单击“选择”→“体外孤点”按钮，系统弹出“选择体外孤点”对话框。先在“敏感度”数值框中输入“85.0”，单击“应用”按钮，再单击“确定”按钮。一些与其他多数点保持一定距离的孤点被选中，如图 4-38 所示。

② 由于测量、拼接误差，一些点组脱离点云，与其他点云相距甚远，接下来就要删除这

些点组。单击“选择”→“非连接项”按钮，弹出“选择非连接项”对话框，一般默认设置“尺寸”值为“5.0”，单击“确定”按钮，选择一些脱离本体的点组，单击“删除”按钮，完成后，多余点云基本被处理干净，如图 4-39 所示。

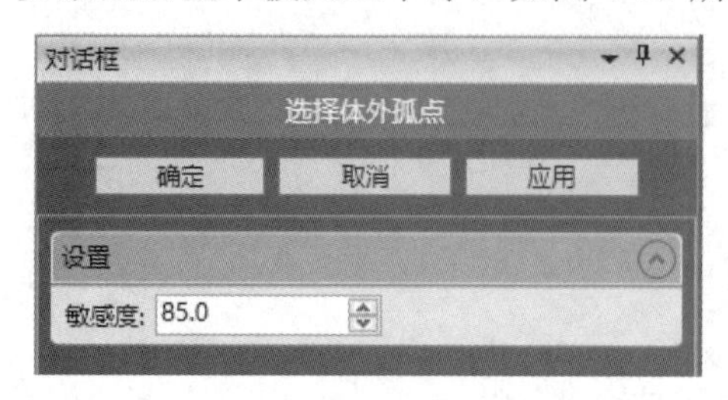

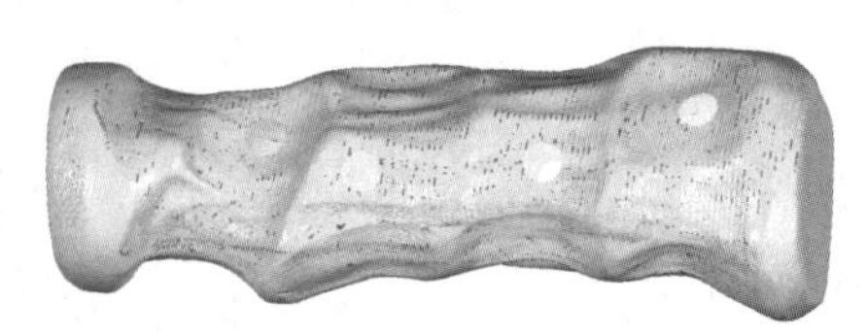

图 4-38　去除体外孤点

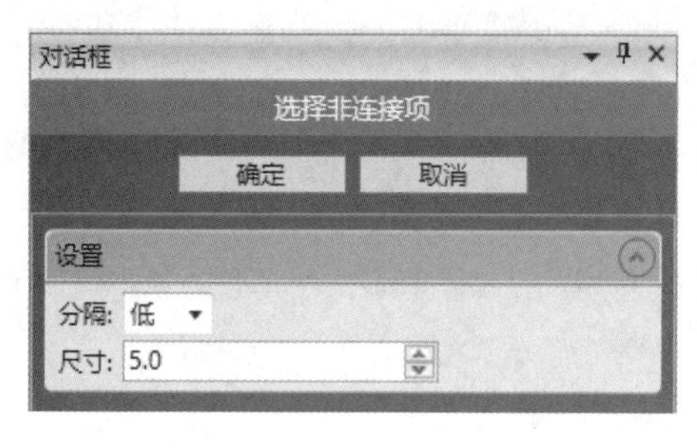

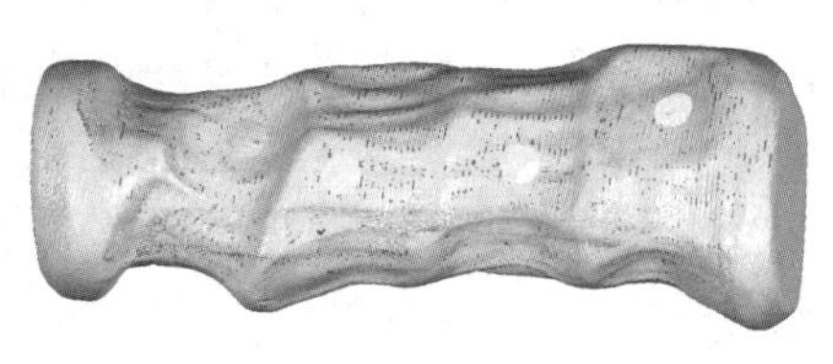

图 4-39　去除多余点云

③ 由于扫描误差，扫描所得的一些点会偏离正确位置，产生噪音，应用“减少噪音”功能，可以将点移动至统计的正确位置以消除扫描误差，使点的排列更加平滑，如图 4-40 所示。

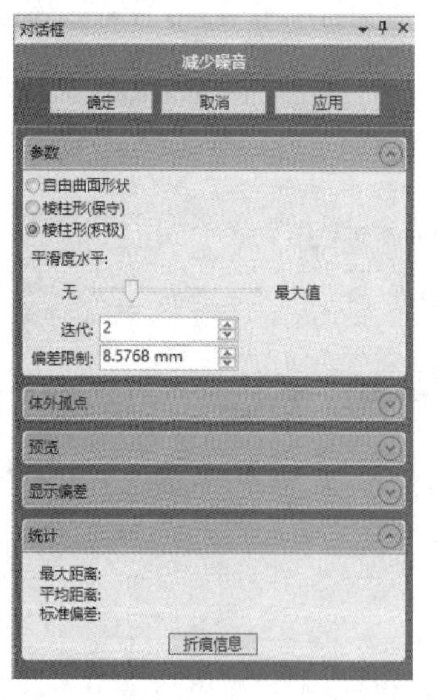

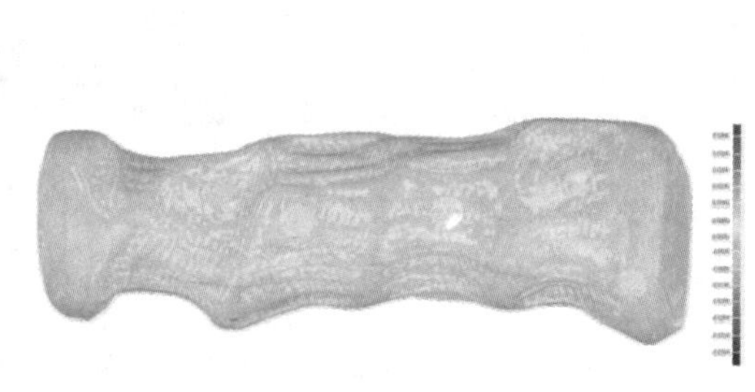

图 4-40　减少噪音

（3）数据采样。

如果从扫描仪中获得的原始点云数据很大，则为了提高效率，可以对点云数据进行采样，简化数据。统一采样的功能可以在保持特征的情况下，删除多余的点云，但不能过度采样。

单击“统一”→“统一采样”按钮，弹出“统一采样”对话框，先单击“应用”按钮，再点击“确定”按钮，如图 4-41 所示。

（4）封装三角形网格。

点云编辑完成以后，需要将点云转化为三角形网格，即将点对象转换成多边形对象，进行填孔、去除特征操作。单击“封装”选项，弹出“封装”对话框，将“设置”选区中的“噪音的降低”设置为“自动”，其他设置如图 4-42 所示，单击“确定”按钮，得到封装后的“手柄”数据图。

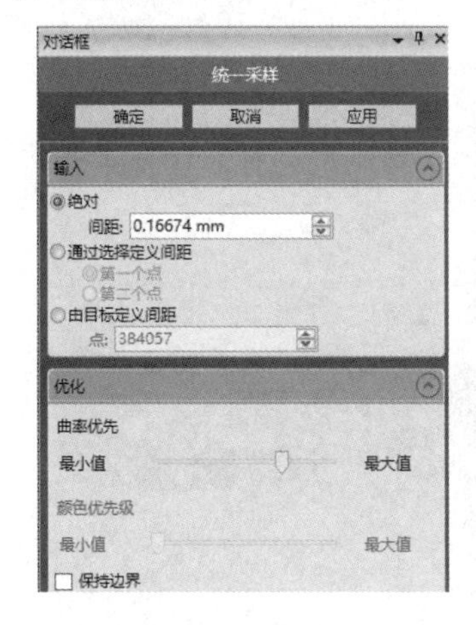

图 4-41　数据采样

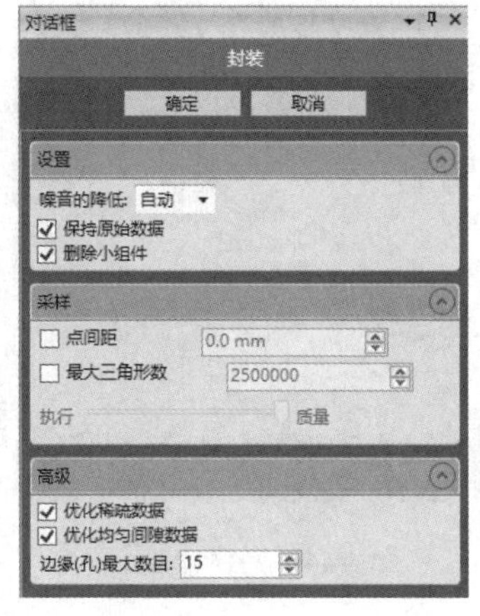

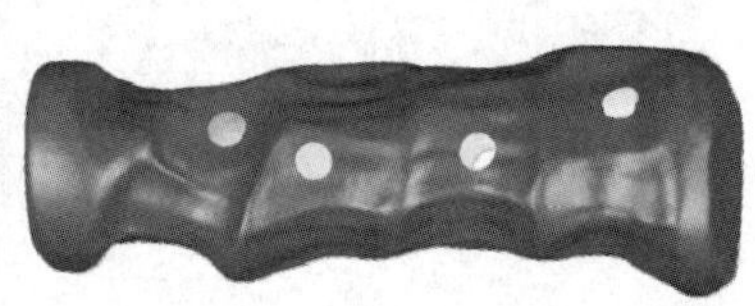

图 4-42　封装三角形网格

2. 多边形处理阶段

（1）填充内、外部孔。

完成点云数据的封装后，会自动进入“多边形”模块，可以进行“修补”“平滑”“填充孔”“联合”“偏移”等操作，粘贴标志点的地方还有孔洞需要填补。打开“全部填充”对话框，全部采用默认参数，如图 4-43 所示，先单击“应用”按钮，再单击“确定”按钮，即可完成孔洞填充。

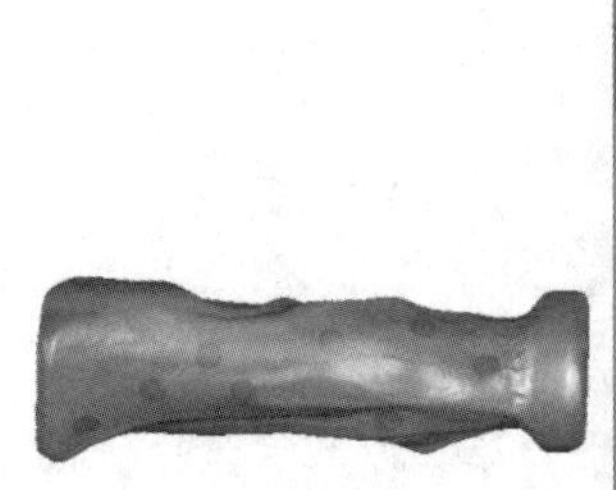

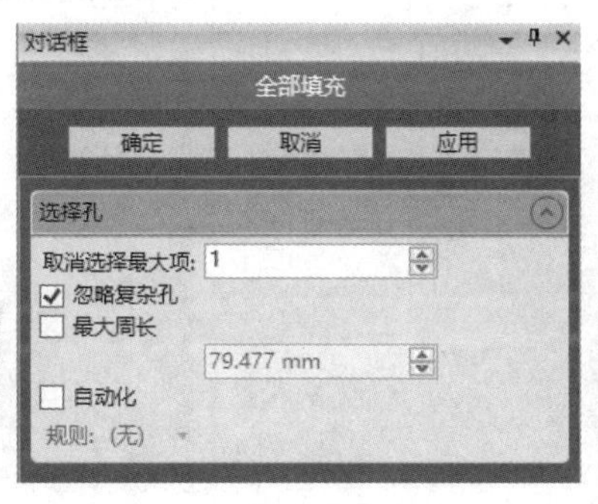

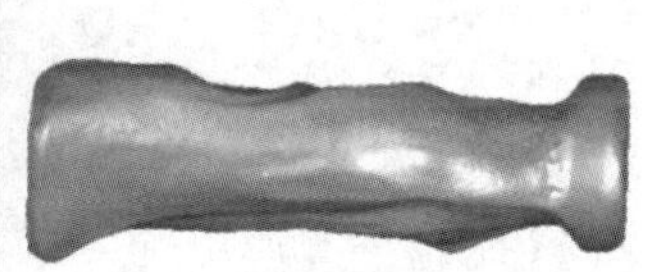

图 4-43　填充内、外部孔

（2）网格修复。

单击工具栏中的“网格医生”按钮，弹出“网格医生”对话框，如图 4-50 所示，单击“更新”按钮，图形中的“手柄”有缺陷的地方将显示红色。选择“操作”中合适的“类型”，单击“自动修复”→“应用”→“确定”按钮，完成点云数据网格自动修复，修复后红色消失，其效果如图 4-44 所示。

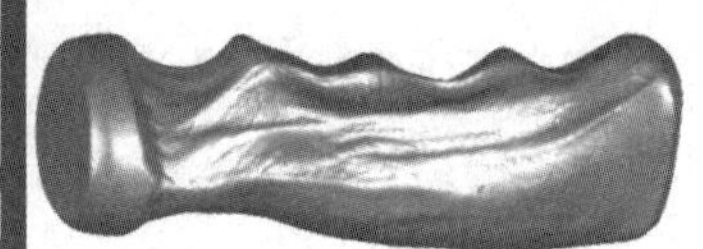

图 4-44　网格修复

（3）对齐坐标。

为了后期模型重构时处理方便，需要确定点云相对于全局坐标的位置，下面进行对齐坐标操作。

① 单击菜单栏中的“特征”选项卡，选择“平面”→“3 个点”选项，弹出“创建 平面”对话框，如图 4-45 所示。

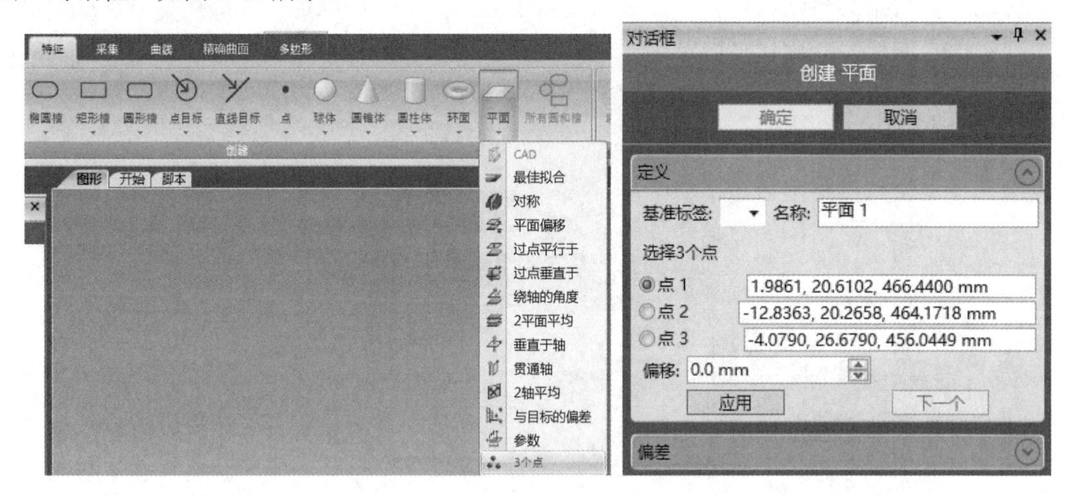

图 4-45　选点

② 用鼠标在手柄模型尾部平面选择点 1、点 2、点 3 的位置，单击“创建 平面”对话框中的“应用”按钮，软件自动生成基于 3 个点的“平面 1”，单击“确定”按钮，如图 4-46 所示。

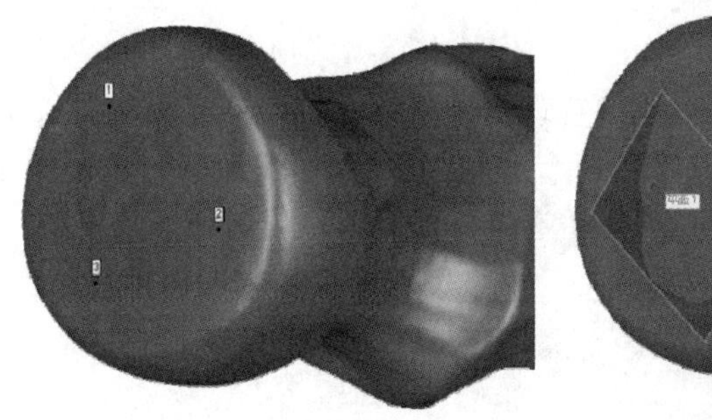

图 4-46　生成平面

③ 先单击“对齐”→“对齐到全局”按钮，弹出“对齐到全局”对话框，在对话框“固定：全局”列表中选择“XY 平面”，在“浮动：手柄”列表中选择“平面 1”，再单击“对齐到全局”对话框中的“创建对”按钮，最后单击“确定”按钮，得到的画面如图 4-47 所示。

图 4-47　对齐平面

④ 单击“工具”→“对象移动器”按钮，弹出十字移动器，拖动十字移动器，结合手柄两端的实际大小，将模型中心对齐到坐标原点，如图 4-48 所示。

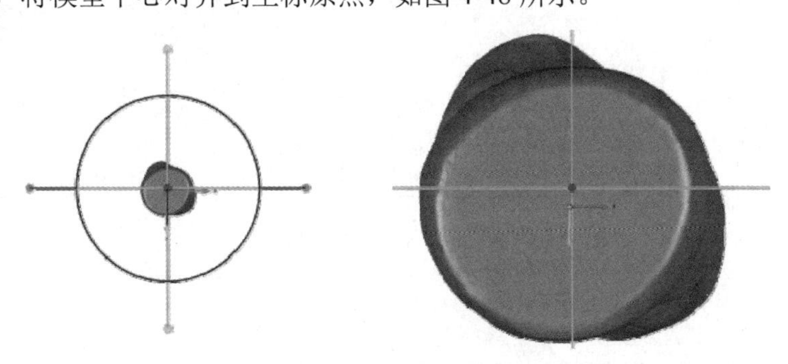

图 4-48　对齐到坐标原点

3．导出 STL 文件

单击“模型管理器”选项卡，弹出模型管理器列表，右击“手柄数据”选项，在弹出的快捷菜单中单击“保存...”按钮，如图 4-49 所示，在弹出的“保存”对话框“文件名”文本框中输入文件名，在“保存类型”下拉列表中选择“STL（binary）文件（*.stl)”，然后单击“保存”按钮，完成模型导出的操作。

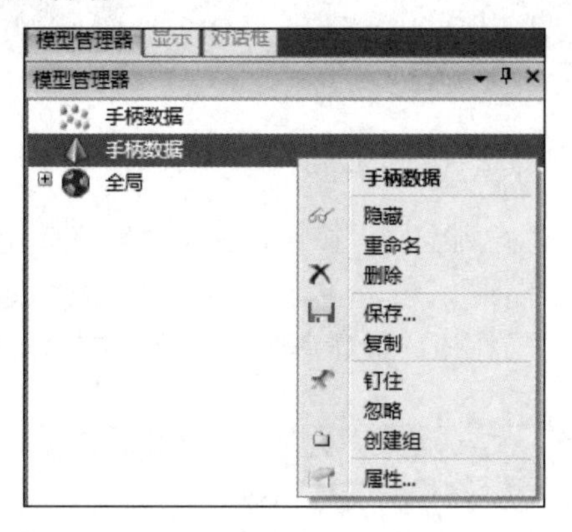

图 4-49　导出文件

4.4.3　逆向设计

1．打开软件

打开计算机中的 3D ONE 软件，导入“手柄数据.stl”模型。

2．摆放模型

将模型摆放至软件平台中央位置（X：0；Y：0；Z：0)，如图 4-50 所示。

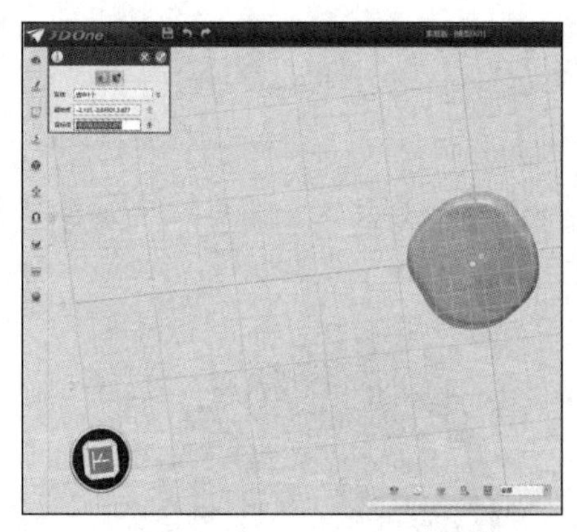
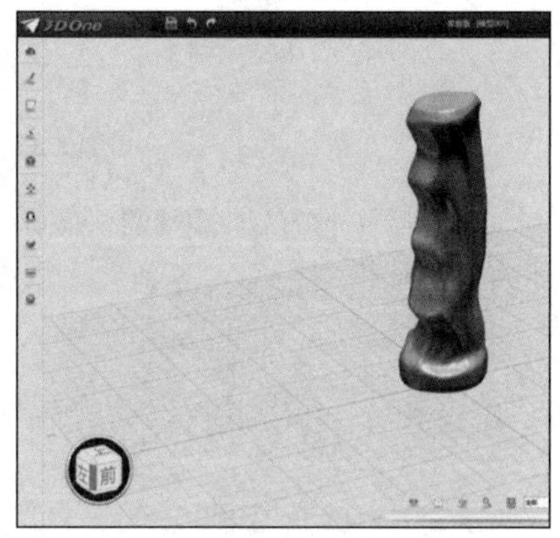

图 4-50　摆放模型

3．创建圆柱

将鼠标移动至 3D ONE 软件界面左侧工具栏中的第一个图标上方，自动弹出“基本实体”选项，单击圆柱体的图标，如图 4-51 所示。生成的圆柱体位于软件平台中央位置（X：

0；*Y*：0；*Z*：−5），单击模型上数值，更改圆柱体的高度为 80mm，直径为 10mm，如图 4-52 所示。

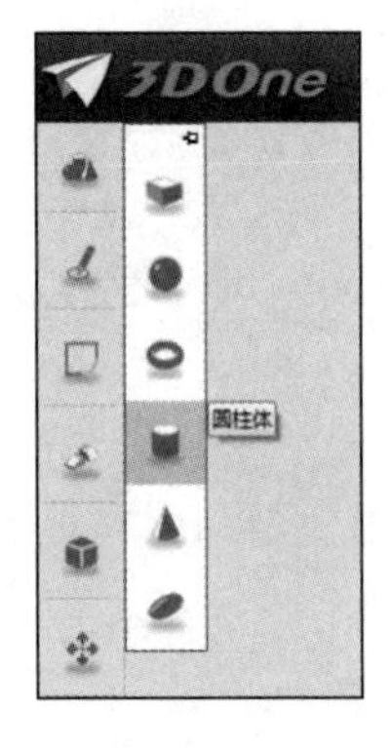

图 4-51　基本实体选择

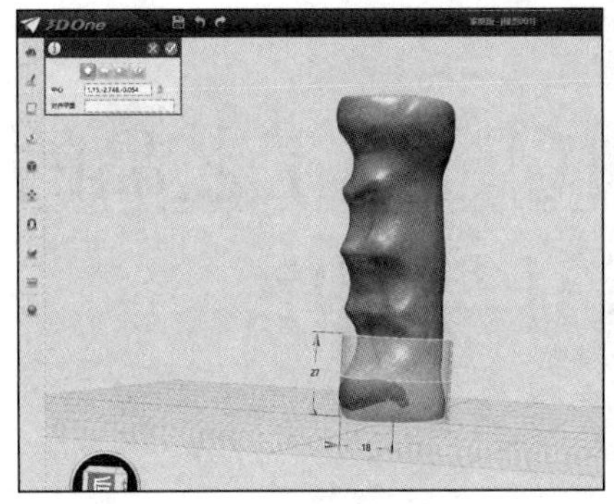

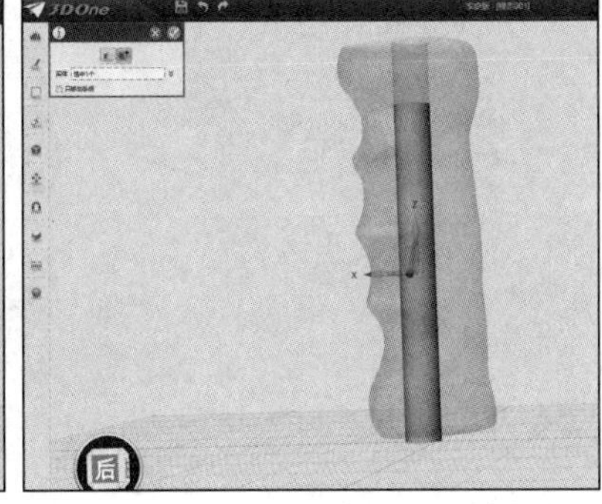

图 4-52　更改模型数据

4．布尔求差

将鼠标移动至 3D ONE 软件界面左侧工具栏中的图标上方，自动弹出“组合编辑”选项，选择“减运算”按钮，弹出图 4-53 所示的对话框。基体选择“手柄模型”，合并体选择“圆柱”，得到的合并体如图 4-54 所示。

图 4-53　减运算

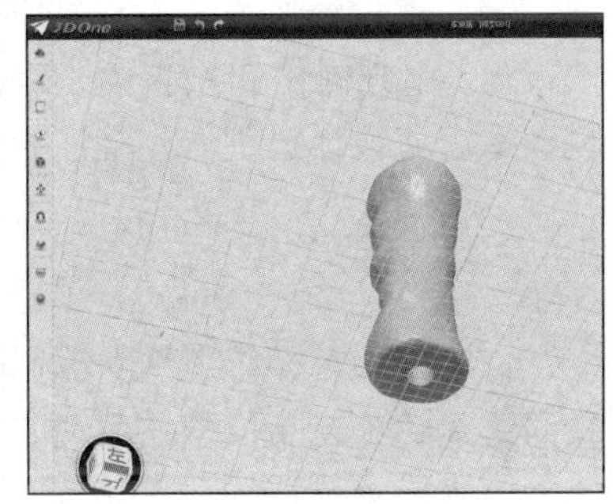

图 4-54　合并体

5．导出模型

单击软件界面左上角的 3D ONE 图标，弹出快捷菜单，单击“导出”按钮，在弹出的对话框中将保存类型设置为“STL File（*.stl）”。

第5章 创意金属工艺品的设计与制作

5.1 项目训练任务

5.1.1 训练内容

采用熔模铸造工艺设计并制作一个创意金属工艺品，具体包括创意金属工艺品三维模型的设计、用光固化3D打印设备制作创意金属工艺品的树脂熔模、熔模铸造浇注系统设计、熔模铸造铸型设计与制作、浇注金属液和创意金属工艺品的清洗与后处理等内容。

5.1.2 训练形式

低难度项目训练：每位学生均有自己的训练任务，仅在熔模铸造阶段以8～10人为一组，按照给定的工艺品模型完成训练任务。

中难度项目训练：每位学生均有自己的训练任务，仅在熔模铸造阶段以8～10人为一组，需按照自己设计的三维模型完成训练任务。

高难度项目训练：采用团队分工合作形式完成，学生以4～6人为一组，每组设1名组长总负责，其余组员分别承担不同任务（需完成模型设计、结合2～3个其他项目训练），最终合作完成项目训练任务。

5.1.3 训练要求

（1）完成创意金属工艺品三维模型的设计（要求方案合理、可操作性强）；

（2）完成创意金属工艺品的光固化成形（要求满足光固化3D打印制作的相关需求，结构设计合理、不存在封闭空腔及薄壁结构）；

（3）完成创意金属工艺品的熔模铸造及后处理（要求制作出的金属工艺品表面粗糙度及整体尺寸与原始设计模型偏差在10%以内）。

5.1.4 训练目的

（1）让学生掌握熔模铸造工艺的原理及特点、光固化成形技术的原理及应用等理论知识，并培养学生自主设计、制定项目式产品工艺方案的能力；

（2）培养学生在工程项目训练中的实践动手能力及创新创造能力；

（3）通过学生在综合性工程项目训练团队中对自身角色的认知，培养学生初步的工程能力和素养。

5.2　创意金属工艺品的设计

本项目训练任务中创意金属工艺品的设计包括三维模型设计和工艺方案的制定两部分，主要由学生完成，指导教师需要提出三维模型的设计要求及工艺方案中工艺方法的选择范围。

5.2.1　三维模型设计

三维模型设计需要学生有一定的三维模型设计软件基础，由学生自主选择设计软件，由指导教师对模型设计提出要求。一般的设计要求包括模型尺寸、模型形状、模型格式等。

1．模型设计要求

（1）模型尺寸。

模型的尺寸一般由模型的工艺方案中涉及的设备尺寸、容量决定。在本项目训练任务中，由于工艺品主体要求采用熔模铸造的方法进行制作，因此，模型的尺寸主要与熔模铸造的熔炼炉容量、熔模铸造浇注系统容器的体积有关。此外，制作熔模的工艺也限制了熔模铸造工艺品的尺寸，例如，在采用光固化成形方法制作熔模时，熔模的尺寸也受限于光固化成形设备的可制作产品尺寸。

一般来说，工艺品模型的尺寸不可超出设备的尺寸上限，在不超出设备尺寸上限的同时也要注意：模型尺寸过大容易在熔模铸造的过程中产生浇注不足等问题；模型尺寸也不可过小，不可低于设备的制作尺寸精度下限，否则制作出的产品容易出现结构缺损、部件粘连等现象。

（2）模型形状。

对于大部分机械加工工艺来说，模型的形状取决于加工产品设备的能力，通常对可制作的产品形状有一定的限制。对于熔模铸造工艺来说，加工产品的自由度较高，特别是结合光固化成形工艺制作熔模，进一步扩大了该工艺可加工产品的自由度范围。因此，在本项目训练任务中，对模型的形状不做具体要求，但是模型结构应满足光固化 3D 打印制作的相关需求。

（3）模型格式。

在本项目训练任务中，优先考虑选用光固化成形方法制作产品的熔模，学生可使用多种设计软件进行模型的设计，但是要求建立的模型必须为实体模型，不存在多余的几何形状、重复的面片、没有壁厚的曲面等，且最终可切片为 STL 格式的切片模型进行光固化成形熔模的制作。

2．模型设计工具

目前，常用的三维建模软件基本分为参数化建模软件（CAD 类）和非参数化建模软件（CAID 类）两种。

（1）参数化建模软件。

参数化建模软件是以数据作为支撑的，数据与数据之间存在相互联系，改变一个尺寸就会对多个数据产生影响，所以参数化建模软件可以通过对参数尺寸的修改来实现对模型整体的修改，从而快捷地实现对设计的修改。此类软件主要应用于工业零部件、建筑模型等需要以尺寸作为基础的模型设计。目前，应用较为广泛、实用性较强的有 AutoCAD、Pro/E、SolidWorks、UG 和 CATIA 等。

Pro/E 是美国参数技术公司（PTC）旗下的 CAD/CAM/CAE 一体化的三维软件。Pro/E 是最早应用参数化技术的三维软件，在机械设计领域具有很高的认可度，同时也是目前国内应用较多、较成熟的一款软件，主要应用于电子行业与模具制造业。

SolidWorks 是由法国 Dassault Systèmes 公司开发的一款在 Windows 环境下进行实体建模的计算机辅助设计和计算机辅助工程的计算机程序。SolidWorks 最大的优势在于操作比其他工业建模软件命令的使用更加简单直观，适合设计领域的初学者学习，因此这款软件的使用也成为很多高校设计专业课程的内容。除此之外，其也是设计、工程、制造领域中最佳的软件系统之一。

UG 是西门子公司出品的一个交互式CAD/CAM（计算机辅助设计与计算机辅助制造）系统，这款软件的功能十分丰富，可以轻松构建各种复杂形状的实体，同时也可以在后期快速对其进行修改，其主要应用领域是产品设计。

（2）非参数化建模软件。

非参数化建模软件也称为艺术类建模软件，其曲面编辑自由，没有工业建模软件那么多的限制，相较于模型的大小和尺寸，艺术建模更偏向于模型的外形设计，更有利于在设计中推敲。这种类型的建模软件主要通过对点、线、面进行细微的勾勒来实现对模型的修改。相较于工业建模软件，艺术类建模软件更适用于复杂工艺结构、复杂曲面结构。其在应用方面也偏向于影视特效、游戏人物或场景建模等。常用的有 3D Studio Max（MAX）、Maya、Rhino 等软件。

本项目训练任务不对建模的软件进行具体要求，学生可根据自己的兴趣和专业基础选择建模软件（建议学生优先选择参数化建模软件）。

3．模型的前处理

三维模型建好后，需要在 3D 打印相关的专业软件上对模型进行打印前的最后一次处理，包括模型的位置布局、大小调整、添加支撑及切片处理等操作，本节内容作为原型制作的前处理过程，在 5.4.1 节中有详细的介绍。

5.2.2　工艺方案的制定

本项目训练任务要求创意金属工艺品主体采用熔模铸造，可选用整体铸造和对零部件铸造后组装两种形式，工艺品的其他部分，如底座、配件等，可采用传统加工工艺（如机械加工、钳工、数控加工等方式）进行制作，并可选用激光加工、焊接、陶艺、镶嵌、快速成型等工艺方式进行创意金属工艺品的完整制作，其制作流程如图 5-1 所示。因此，学生在进行制作之前要先完成工艺方案的制定，包括项目概述、工艺流程设计、成本预估和项目评价等内容。

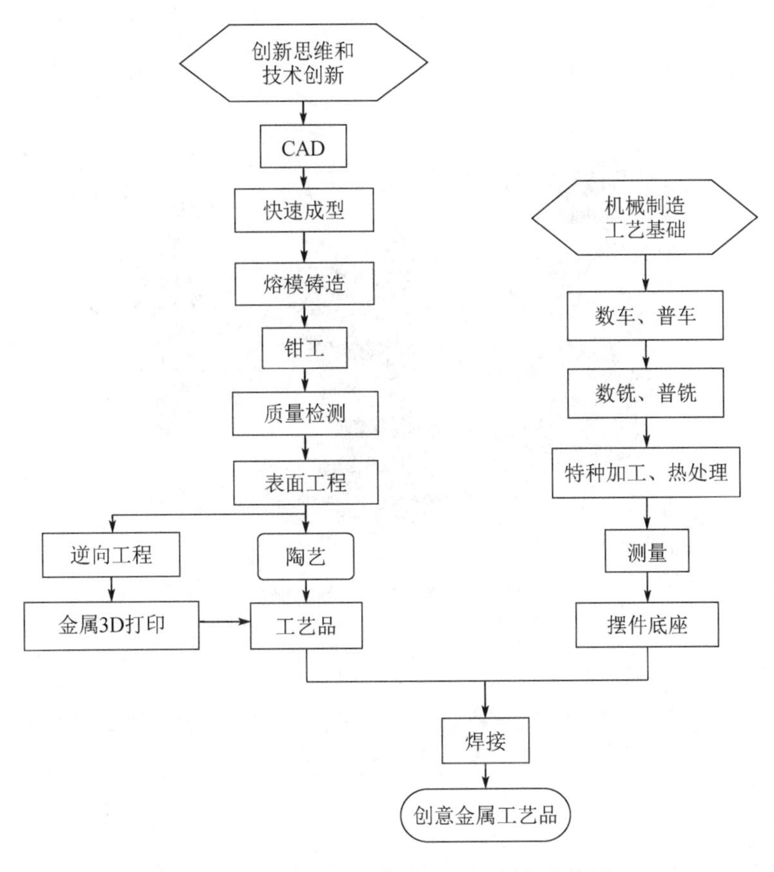

图 5-1　完整的创意金属工艺品制作流程图

1．项目概述

项目概述需包括以下内容：项目名称、项目简介、项目成员及分工、项目预期目标、项目存在的创新点及难点和进度安排等。

2．工艺流程设计

（1）确定工艺路线。根据设计要求，确定产品制造过程的产品级工艺路线和装配级工艺路线。

（2）确定工艺流程。根据设计要求和工艺路线，确定产品的生产过程，完成工艺流程图，创意工艺品示例如图 5-2 所示。

（3）其他方面要求。工艺防护要求、环境要求、操作要求、加工控制等。

（4）可行性分析。工艺流程设计需要遵从以下原则：①先进性原则。在确定工艺流程时，技术上应具有一定的先进程度，经济上应合理可行。选择的加工生产方法应满足物料损耗较小、物料循环量较少并易于回收利用、能量消耗较少和有利于环境保护等要求。②可靠性原则。主要指所选择的生产方法和工艺流程是否成熟可靠。要选择一些比较成熟的生产方法和工艺，避免只考虑先进性的一面，而忽视不成熟、不稳妥的一面。③合理性原则。指在进行工艺流程选择时，应结合实际条件，从实际情况出发，考虑各方面的因素，即宏观上的合理性。

图 5-2　创意工艺品示例

3．成本预估

成本预估主要包括原材料消耗、设备消耗及项目以外人员的人工等成本估算，考虑到本项目的实施主体为学生，项目为校内综合实践项目，项目成本应适中。

4．项目评价

本环节包括对项目产品结构工艺性的评价和对工艺工作量的大体估计、对关键零部件的设计意见、对主要材料和工时的估算等内容。

5.3　熔模铸造工艺概述

本项目采用熔模铸造工艺进行工艺品主体的制作。熔模铸造是工业上用于制作复杂金属零部件的一种工艺方法，尺寸精度较高，后续机械加工的工作量较小，适用于在短课时内制作结构较为复杂的工艺品及学生的实践操作。

5.3.1　熔模铸造

铸造是人类掌握比较早的一种金属热加工工艺，已有约 6000 年的历史。我国约在公元前 1700～前 1000 年之间进入青铜铸件的全盛期，工艺上已达到相当高的水平。铸造是指将固态金属熔化为液态倒入特定形状的铸型中，待其凝固成型的加工方式。被铸金属有铜、铁、铝、锡、铅等，普通铸型的材料是原砂、黏土、水玻璃、树脂及其他辅助材料。特种铸造的铸型包括熔模铸造、消失模铸造、金属型铸造、陶瓷型铸造等。

熔模铸造是铸造工艺的一种，通常是指将易熔材料制成模样，在模样表面包覆若干层耐火材料制成型壳，再将模样熔化排出型壳，从而获得无分型面的铸型，经高温焙烧后即可填砂浇注的铸造方案。用蜡料做模样时，熔模铸造又称“失蜡铸造”。失蜡铸造是用蜡制作所要铸成零件的蜡模，然后在蜡模上涂以泥浆，这就是泥模。泥模晾干后，再焙烧成陶模。一经焙烧，蜡模全部熔化流失，只剩陶模。一般制泥模时就留下了浇注口，再从浇注口灌入金属熔液，冷却后，所需的零件就制成了。图 5-3 所示为河南淅川出土的春秋时期熔模铸造的铜禁。

由于用这种方法所得到的铸件尺寸精确、棱角清晰、表面光滑、接近于零件的最终形状，因而是一种近净形铸造工艺方法，故又称为熔模精密铸造。

图 5-3 河南淅川出土的春秋时期熔模铸造的铜禁

熔模铸造的铸造方法有离心铸造、真空吸铸、真空离心铸造和真空加压铸造等。

在铸造过程中，当熔融金属进入铸模时，铸模内的压强为大气压，要使熔融金属进入铸模就必须使熔融金属克服大气压的作用，离心铸造就是将熔融金属坩埚与铸模安装在高速旋转的圆盘上，依靠离心力的作用使熔融金属在圆盘的法向（径向）高速流动，产生注射作用进入铸模。也就是说，在铸造过程中，熔融金属进入铸模空腔的瞬间，铸模内部压力大于铸模外部压力，两者的差值大于 0，故而称为“正压铸造”。

“负压铸造”以真空吸铸为典型，在铸造过程中，当熔融金属进入铸模时，铸模内部的压力小于铸模外部压力，两者的差值小于 0，故而称为“负压铸造”。当然，铸模内的负压必须通过与铸模连通的真空泵来完成，液态金属在大气压的作用下自然进入铸模。

从实际的生产效果上看，正压铸造与负压铸造本没有明显的差异，只是在一般情况下，正压铸造适用于产量较高的场合，而负压铸造适用于中等产量或产量较小的场合。

真空加压铸造是结合了正压铸造和负压铸造优点的铸造方法。这种铸造方法的“真空”位置在铸模一侧，而“加压”位置在盛放熔融金属的坩埚一侧。由于这种铸造方法的铸模内部压强在铸造过程中是小于大气压的，因此也可归于“负压铸造”一类。

5.3.2 熔模铸造的设备

熔模铸造工艺的工序较多，过程较为复杂，因此整个过程中使用的设备较多，包括注蜡机、真空搅拌机、高温焙烧炉、微电脑半自动真空浇注机、高压冲洗机，以及用于切割、打磨、抛光等后处理的设备。

1．注蜡机

注蜡机主要用于制作蜡模（熔模）和蜡棒（用作浇道，直径不同）。

注蜡机的类别通常有风压式和真空式两种，注蜡原理基本相似，就是利用气压将熔融状态的蜡注入胶模。两者的区别在于真空式注蜡机能够先将胶模抽真空，再向胶模注蜡；而风压式注蜡机只能直接向胶模注蜡。所以通常真空式注蜡机的操作比较容易掌握，而风压式注蜡机的操作需要具有一定的经验。图 5-4 所示为 D-VWI1 新数码真空注蜡机。

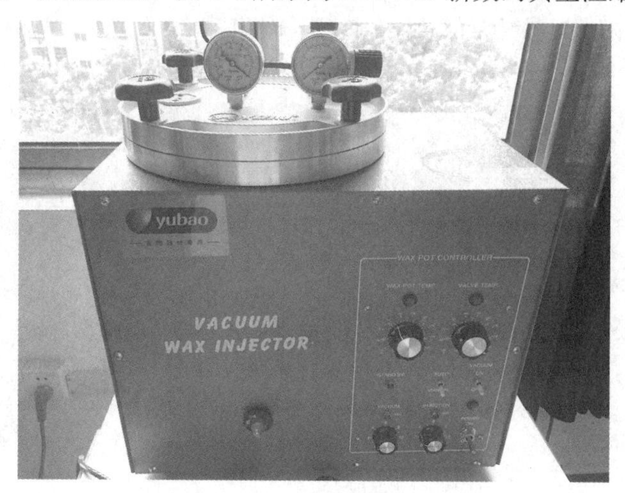

图 5-4　D-VWI1 新数码真空注蜡机

注蜡之前，首先应该打开胶模，检查胶模的完好性和清洁度。如果是使用过的胶模，则应该向胶模中，尤其是形状比较细小、复杂的位置喷洒脱蜡剂（也可撒上少量滑石粉），以利于取出蜡模。然后预热注蜡机，打开气泵，调整好压力和温度。

注蜡时，应该用双手将夹板（可以是有机玻璃板、木板或铝板等）中的胶模夹紧，注意手指的分布应该使胶模受压均匀；将胶模水口对准注蜡嘴平行推进，顶牢注蜡嘴后双手不动，用脚轻轻踏合注蜡开关并随即松开，双手停留 1～2 秒后，将胶模放置片刻，即可打开胶模（如果胶模有底，应该先将模底拉出），取出蜡模。蜡模取出后，对其进行仔细检查，如果出现比较严重的缺边、断脚等问题，则这样的蜡模属于废品；如果是一些比较细小的缺陷，则应该进行蜡模的修整。

2．真空搅拌机

在陶瓷等工业的石膏制模工艺方面，一般采用给单一的电动机转轴装上螺旋叶搅棒直接插入浆桶内，在石膏里加水后进行搅拌的方法以求均匀。

如果石膏浆内存有大量气泡，则会使石膏模成型后的制品出现针孔，致密度低，严重影响石膏模的机械强度和使用性能，且石膏加水调成浆后要在很短的时间内使用，否则会出现凝结的现象，使石膏浆报废。真空搅拌机可以实现石膏浆的真空脱气搅拌，解决上述问题。图 5-5 所示为 YB-CMX 真空搅拌机。

3．高温焙烧炉

高温焙烧炉是指专用于精密铸造行业、砂型模壳高温焙烧、石膏蜡模烧结的焙烧炉。

YB-JL24 高温焙烧炉（见图 5-6）的参数如下。

YB-JL24 高温焙烧炉的电压为 380V，频率为 50Hz，功率为 9kW，最高温度为 1200℃，焙烧温度为 1050℃，为防止烧结模壳时自由升温开裂，采用微电脑程序控温，自动高精度执行最佳焙烧温度工艺曲线。机身由耐高温合成材料制作；4 面均可实现加热；工作室外壳为不锈钢材料，配有炉脚架；可以实现 30 段智能控温。

图 5-5　YB-CMX 真空搅拌机

图 5-6　YB-JL24 高温焙烧炉

YB-JL24 高温焙烧炉属于高温箱式电阻炉，该型号电阻炉是国家标准节能型周期式作业炉，采用先进的复合炉衬超节能结构，节电 30%～40%，适用于精密铸造行业和模壳加热，效率高，比燃油、燃煤成本低。该炉的热工材料选用高品质节能型轻质泡沫砖和优质保温制品砌筑而成。该炉的温度调节方便、安全，只要调节功能按钮，即可实现温度控制，免去了燃油炉调节油嘴的麻烦，具有控温稳定、性能优越、能耗较低、炉膛洁净等优点。

4．微电脑半自动真空浇注机

真空浇注机用于金属的熔化与浇注。目前常用的为可自动控制浇注过程并配备有抽真空装置的微电脑半自动真空浇注机。

YB02 微电脑半自动铸造机（见图 5-7）的参数如下。

图 5-7　YB02 微电脑半自动铸造机

电源：380V/5kW；

最高温度：1450℃；

熔解时间：3～5min；

外形尺寸：≥720mm×700mm×1150mm；

金属容量：2.4kg；

金属类别：金、银、铜、K 金。

YB02 微电脑半自动铸造机配备水循环系统和自动 PID 控温系统，最高温度为 1450℃，温差为 2℃；具有独特的电磁搅拌功能，使熔炼金属的成色更均匀；可以直观方便地观察熔解铸造全过程；设有安全控制阀门，确保人机安全；可以实现在真空环境下熔解铸造，将氧化物控制在最低限；具备铸筒自动升降功能，方便放置与取出铸筒；具有完善的自身报警系统，如遇异常现象，即时停机，可以最大限度地保护机身内部系统。

5．其他设备

熔模铸造工艺可将原材料直接加工为不需后续机加工的成品，但考虑到工艺产品的美观要求，可在后续增加抛光、镀层、激光雕刻等处理工序，相应地也需要使用抛光、镀层、激光加工等设备，具体使用设备由项目的实际需要决定。

5.3.3　熔模铸造的工艺流程

对于传统的熔模铸造工艺，工艺流程如图 5-8 所示，仅做参考。

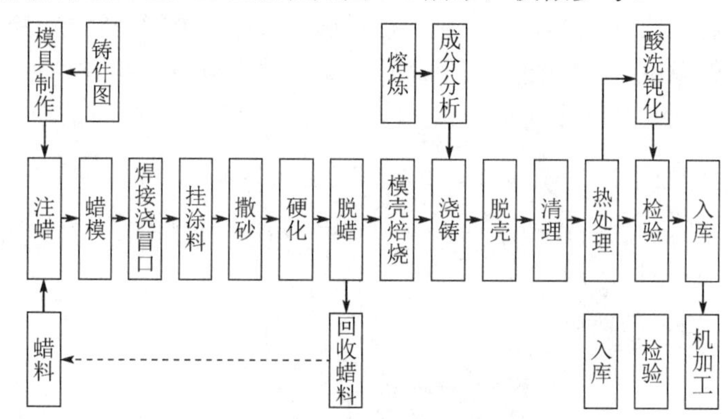

图 5-8　传统熔模铸造的工艺流程图

一般情况下，熔模铸造的工艺流程如下。

1．制作熔模

制作熔模也就是制作原型，工业上常用的熔模是蜡模，将蜡料经高温熔化后压入模具型腔（通常需要借助真空注蜡机等设备），待蜡料冷却成型后取出形成蜡模。

2．修整熔模

因为熔模即产品的原型，熔模上任何缺陷或者与设计尺寸、形状的不同之处，都将体现在铸造出来的产品上。相对而言，修整蜡膜比修整铸造出来的金属产品容易得多，因此，若熔模上有缺陷，应先对熔模进行修整后再进行下一步的操作。一般情况下，修整熔模就是修复蜡模表面的一些外观和尺寸缺陷，如披缝、注蜡嘴、流纹、尺寸偏差等。

3．蜡模组树

组树焊接是指按照一定的顺序对已修整好了的蜡模进行焊接，形成浇注系统。通常对于较大的零件，选择在某些部位上面焊接一定的蜡块或者蜡棒作为浇道，从而便于后续熔融金属液能够顺利填充到每一个部位；对于较小的零件，为了提高加工效率，可通过将蜡块和蜡棒焊接成一体，实现一次浇注多个零件（多个零件焊接在一起形成类似一棵大树的形状，因此叫蜡模组树）。

4．制壳（多次重复）

制壳工艺为全硅溶胶工艺（因不利于环境保护，水玻璃工艺已逐步被淘汰），即在蜡模表面先蘸上配好的硅溶胶涂料，然后撒上耐火砂料，涂料凝固后形成硬壳，型壳在特定的温度、湿度下进行干燥硬化，这样在蜡模表面就形成了致密的耐火涂层，然后重复该工序，最后就形成了具有一定厚度、强度和耐火度的硅溶胶型壳。

5．脱蜡（回收处理）

脱蜡是指通过高温加热使型壳里面的蜡模熔化，然后将蜡液排出，从而得到带有空腔的可以进行金属液浇注成型的型壳。出于环境保护和节约资源的目的，脱出的蜡可以进行回收处理。

6．焙烧型壳

焙烧型壳的目的主要是烧掉型壳中残留的蜡料和水分，提升型壳硬度。精密铸造在型壳温度较高的状态下进行浇注，通常将型壳在 1000℃左右焙烧 1～2 小时，目的是减小金属液和型壳的温度差，提高金属液的流动性能和充型能力。

7．熔炼、浇注

先按照产品的材质成分进行配料，再进行金属液熔炼、除渣、光谱测试，成分合格后就可以进行浇注了，在型壳温度较高的状态下严格按照工艺的要求将金属液浇入型壳，形成铸件毛坯。在实践课程中，可直接选用合适的原材料进行高温熔化，然后使用自动化或者半自动化浇注机将金属液浇注到焙烧好的石膏型壳中。一般地，石膏型壳在浇注时需要保持在一定的高温状态，以保证金属液的流动性良好。

8．脱壳清洗

待浇注完成的产品充分冷却后，使用人工（锤击）或振动脱壳机使型壳从铸件上分离，得到浇铸件。在某些行业，可以使用其他方式进行脱壳处理。脱壳完成后将浇铸件表面残留的型壳材料清洗干净。

9．切割

切割就是将模组上的铸件产品与浇注系统分离。大部分精铸件用的都是等离子切割，注意浇口余根不要太长，不要切伤铸件本体。小型工艺品铸件可以选择使用小型切割机等工具对其进行切割。

10．磨浇口

磨浇口即将切除浇注系统后的毛坯铸件上面的浇口余根去除掉，主要通过砂轮或者砂带对其进行磨削，该工序分为初磨和精磨，注意打磨时不要损伤铸件本体。

11．精整

精整主要是修复铸件表面的一些外观缺陷，如砂孔、渣孔、飞边毛刺、变形等，采用的主要方式为焊补、打磨、校正、抛丸、酸洗和抛光等。

12．检验

精整后的铸件不只需要做尺寸、外观检查，必要的时候还需要检验内部质量，检验合格后就可以打包入库了。

13．入库

对检验合格的铸件成品进行入库管理。

5.3.4 熔模铸造的特点

铸造工艺可分为砂型铸造和特种铸造两大类，熔模铸造是一种特种铸造工艺；按照得到型腔的方式，铸造又可以分为脱模铸造和消失模铸造两种，熔模铸造属于消失模铸造。

适用熔模铸造法的材料范围比较广，可用熔模铸造法生产的合金种类有碳素钢、合金钢、耐热合金、不锈钢、精密合金、永磁合金、轴承合金、铜合金、铝合金、钛合金和球墨铸铁等。熔模铸件的形状一般都比较复杂，铸件上孔的最小直径可达 0.5mm，铸件的最小壁厚为 0.3mm。熔模铸件大多数为中小型零件（质量从几克到十几千克不等，一般不超过 25kg），太重的铸件用熔模铸造法生产较为麻烦。

1．熔模铸造的优点

熔模铸造最大的优点就是相对于其他铸造工艺，熔模铸件有着很高的尺寸精度和表面光洁度。由于熔模铸造采用尺寸精确、表面光滑的可熔性模，从而获得无分型面的整体型壳，且避免了一般铸造方法中的起模、下芯、合型等工序所带来的尺寸误差，因此熔模铸件的尺寸精度一般可达 DCTG2～4（砂型铸造为 DCTG5～7）。此外，型壳由耐高温的特殊黏结剂和耐火材料配制成的耐火涂料涂挂在熔模上制成，与熔融金属直接接触的型腔内表面光洁度高。所以，熔模铸件的表面粗糙度比一般铸造件低，一般可达 1.6～3.2μm。

鉴于以上优点，熔模铸件后续机械加工的工作量较小，只需在零件要求较高的部位留少许加工余量即可，甚至某些铸件只留打磨、抛光余量，不必机械加工即可使用。由此可见，采用熔模铸造方法可节省大量机床设备和加工工时，大幅度节约金属原材料。

熔模铸造方法的另一优点是，它可以铸造各种合金的复杂铸件，特别是可以铸造高温合金铸件。如燃气涡轮发动机的涡轮叶片，其流线型外廓与冷却用内腔，用机械加工工艺几乎无法成型。用熔模铸造工艺生产不仅可以做到批量生产，而且避免了机械加工后残留刀纹的应力集中。此外，生产中的一些原来由几个零件组合而成的部件，可通过改变零件的结构将其设计成为整体零件，从而直接由熔模铸造铸出，以节省加工工时，降低金属材料的消耗，使零件结构更为合理。

2．熔模铸造的缺点

但是传统熔模铸造的工艺过程复杂，影响铸件尺寸精度的因素较多，如模料的收缩、熔模的变形、型壳在加热和冷却过程中的线量变化、合金的收缩率及在凝固过程中铸件的变形等，所以普通熔模铸件的尺寸精度虽然较高，但其一致性仍需提高（采用中高温蜡料的铸件尺寸一致性要提高很多）。

熔模铸造工艺使用和消耗的材料较贵，生产周期较长，另外，受蜡模与型壳强度、刚度的限制，该工艺目前适用于生产形状复杂、精度要求高或很难进行其他加工的中小型零件，如燃气涡轮发动机的涡轮叶片等。

5.3.5　熔模铸造的应用

熔模铸造主要用来生产形状复杂、精度要求较高或难以切削加工的中小型零件，目前在航空、船舶、汽车、机床、仪表、刀具、兵器和珠宝首饰等行业都得到了广泛的应用，如汽轮机及燃气轮机的叶片、泵的叶轮、切削刀具，以及飞机、汽车、拖拉机、风动工具和机床上的小型零件等。

在首饰制造行业，将精密铸造应用于首饰的批量制造是现代首饰制造业的突出特点。熔模铸造能够满足首饰产品批量生产的需求，也能够兼顾款式或品种的变化，因此其在首饰制造业的生产方式中占据重要的地位。

未来，熔模铸造的发展趋势有以下几点。

1．更大、更薄

目前，熔模铸造生产的精密铸件，最大轮廓尺寸可达 1.8m，而最小壁厚却不到 2mm，最大铸件的质量接近 1000kg。

2．更精

熔模铸件已经越来越精确，在 ISO 标准中，一般线性尺寸公差是 DCTG7～9，特殊线性尺寸公差高的可达 DCTG2～4，而熔模铸件的表面粗糙度也越来越小，可达到 0.8μm。

3．更强

材质的改进和工艺技术的进步使得铸件的性能越来越好。如飞机发动机用的涡轮叶片，其工作温度由 980℃提高到了 1200℃；热等静压技术的应用使得熔模铸造生产的镍基高温合金、钛合金和铝合金的高温低周疲劳性能提高了 3～10 倍。

5.4　创意金属工艺品的制作

本节主要介绍采用熔模铸造方法制作创意金属工艺品的工艺流程，其中包括创意金属工艺品的原型制作、创意金属工艺品的熔模铸造过程和创意金属工艺品的后续加工。

5.4.1　创意金属工艺品的原型制作

传统熔模铸造的产品原型（熔模）通常为蜡制模型。蜡制模型的制作过程复杂、步骤繁多且要求较高，一般为样品原型制作、模具制作和蜡模制作，先根据设计图纸，采用其他加工方法制作一件样品原型，根据样品原型制作橡胶模具或者金属模具，再采用向模具中注蜡的形式制作蜡模，这个过程很难通过高校实践课完成。因此本项目考虑采用 3D 打印（光固化成形）的方式直接制作原型（熔模）：首先用三维设计软件进行模型的设计与修改，导出 STL 格式的文件；然后使用专业切片软件对三维模型进行打印前处理；最后导入至 3D 打印机进行模型制作。本项目中 3D 打印制作的树脂熔模采用专用的铸造树脂，其灰分少、熔点较低，适用于制作熔模。下面首先来了解一下制作树脂熔模的 SLA 工艺。

1. SLA 工艺的原理

SLA 工艺又称为光敏液相固化法、立体印刷和立体光刻，它是基于液态光敏材料可在紫外线或电子束、可见光等的照射刺激下转变为固态聚合塑胶的特性工作的，SLA 工艺由 Charles Hull 于 1986 年获得美国专利，是最早出现的一种快速成型技术。

SLA 工艺利用计算机三维图像结合紫外线固化塑胶与高能光束光源，实现三维实体物件的成型，其原理如图 5-9 所示。成型时，液料盒中盛满液态光敏树脂，在控制系统的作用下，一定波长和强度的激光按照零件的分层截面信息，在光敏树脂表面进行逐点扫描，使被扫描区域的树脂薄层产生光聚合反应而固化，形成零件的一个薄层。一层固化完毕后，工作台下移一个分层厚度的距离，在已固化好的树脂表面再覆上一层新的液态光敏树脂，刮平器刮平后即进行下一层的扫描。如此重复，直至整个零件制造完毕，从而达到制造一个三维实体原型的目的。

光固化打印机的结构和功能，以图 5-10 所示的大业 D100 工业级光固化成形机为例，打印机主体可以分为机身、液料盒、成型台和保护罩等部分。

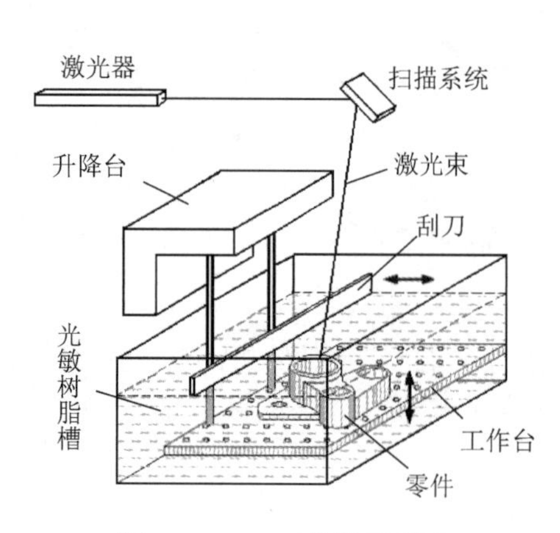

图 5-9 SLA 工艺的原理图

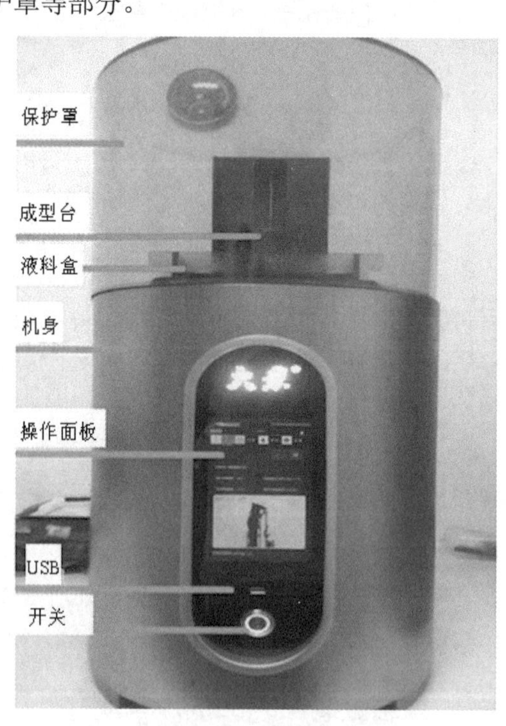

图 5-10 大业 D100 工业级光固化成型机

机身为设备主体，设备摆放时要保证机身底部相对水平，禁止设备在水平度差的平台上打印，对机身进行日常清洁时使用洗洁精加水，用无尘布擦洗即可。机身上操作面板里面包含显示屏、Logo 灯、USB 接口、前置开关。其中，显示屏显示设备的整个软件界面，并通过触控操作对设备进行设置；外部 U 盘可以通过 USB 接口进行打印数据的拷贝，实现设备与 PC 的脱机打印；前置开关控制主机电路的通断，在总电源开关打开的情况下，按压前置开关，主机启动，处于工作状态时，蓝色指示灯常亮，再次按压，主机关机。

机身背后有总电源开关，包含 220V 电源品字插口与总开关，关掉总开关，设备内部电路全部断电。总电源开关处于开启状态时，红色指示灯常亮，禁止在总电源开关未断开的情况下直接插拔电源线，否则容易造成设备损坏。

液料盒为打印过程中盛放耗材的部件。成型台为打印模型最终成形附着的零部件。保护罩的目的在于保护耗材免受外界环境中紫外线的破坏，无论设备处于打印状态还是非打印状态，都要避免保护罩处于长时间开启状态。

2. SLA 工艺的分类

SLA 工艺按照成型的方式可分为自由液面式和约束液面式。

（1）自由液面式。

自由液面式 SLA 的成型过程是：液料盒中盛满液态光敏树脂，一定波长的激光束按计算机的控制指令在液面上有选择地逐点扫描固化（或整层固化），每层扫描固化后的树脂便形成一个二维图形。一层扫描结束后，升降台下降一个分层厚度，然后进行下一层扫描，同时新固化的一层牢固地粘在前一层上，如此重复，直至整个成型过程结束。

（2）约束液面式。

约束液面式与自由液面式的方法正好相反：激光束从下面往上照射，成型件倒置于基板上，即最先成型的层片位于最上方，每层加工完之后，Z 轴向上移动一层距离，液态光敏树脂充盈于刚加工的层片与底板之间，激光束继续从下方照射，最后完成加工过程。约束液面式可提高零件制作精度，不需使用刮平光敏树脂液面的机构，制作时间有较大缩短。

3. SLA 工艺的优缺点

相对于其他快速成型工艺，SLA 工艺的优、缺点如下。

（1）优点。

① SLA 工艺是最早出现的快速原型制造工艺，成熟度高，已经过时间的检验；

② 由CAD模型直接制成原型，加工速度快，产品生产周期短，无须切削工具与模具；

③ 可以加工结构、外形复杂或使用传统手段难以成型的原型和模具；

④ 使 CAD 模型直观化，降低修复错误的成本；

⑤ 为实验提供试样，可以对计算机仿真计算的结果进行验证与校核；

⑥ 可联机操作，可远程控制，利于生产的自动化。

（2）缺点。

① SLA 系统造价高昂，使用和维护成本过高；

② SLA 系统是要对液体进行操作的精密设备，对工作环境要求比较高；

③ 成型件多为树脂类，强度、刚度、耐热性有限，不利于长时间保存；

④ 预处理程序较多，驱动软件运算量大，与加工效果关联性强。

4. SLA工艺的应用

在当前应用较多的几种快速成型工艺方法中，SLA 工艺由于具有成型过程自动化程度高、制作的原型表面质量好、尺寸精度高及能够实现比较精细的尺寸成型等特点，故得到了较为广泛的应用，如航空、汽车、电器、消费品及医疗等行业概念设计的交流、单件或小批量精密铸造、产品模型、快速工/模具及直接面向产品的模具等诸多方面。

（1）航空航天领域。

在航空航天领域，SLA 模型可直接用于风洞试验，进行可制造性、可装配性检验。航空航天零件往往是在有限空间内运行的复杂系统，在采用 SLA 技术以后，不但可以基于 SLA 原型进行装配干涉检查，而且可以对可制造性进行讨论评估，确定最佳的制造工艺。通过快速熔模铸造、快速翻砂铸造等辅助技术进行特殊复杂零件（如涡轮、叶片、叶轮等）的单件或小批量生产，并进行发动机等部件的试制和试验。此外，利用 SLA 技术可以制作出多种弹体外壳，装上传感器后便可直接进行风洞试验，节省了制作复杂曲面模的成本和时间，大大缩短了验证周期，降低了开发成本。

（2）生物医学领域。

SLA 技术为不能制作或难以用传统方法制作的人体器官模型提供了一种新的方法，基于 CT 图像的 SLA 技术是完成假体制作、复杂外科手术的规划、口腔颌面修复的有效方法。另外，可以基于 SLA 技术制作具有生物活性的人工骨支架，该支架具有很好的机械性能和与细胞的生物相容性，且有利于成骨细胞的黏附和生长。

（3）其他制造领域。

SLA 技术在其他制造领域的应用也非常重要且广泛，如汽车领域、模具制造、电器和铸造领域等。除此之外，SLA 技术还可以与逆向工程技术、快速模具制造技术相结合，用于结构设计、结构样件与功能样件试制及零件制作等。图 5-11 所示为用于制作首饰工艺品的 SLA 模型和半成品首饰。

图 5-11　用于制作首饰工艺品的 SLA 模型和半成品首饰

5. 创意金属工艺品原型的制作过程

创意金属工艺品熔模的制作过程也就是工艺品原型的制作过程如下。

（1）原材料选择。

首先选择 SLA 的原材料，SLA 的原材料一般为光敏树脂，根据需求不同，树脂基模料的成分和颜色不同。树脂基模料的基体是树脂，树脂分为天然树脂和人造树脂；树脂基模料的优点是强度和热稳定性高、收缩率小、灰分少，适用于生产质量要求高的熔模铸件产品。一般选用适用于铸造的光敏树脂即可。

（2）建立模型。

选用合适的建模软件设计出创意金属工艺品的三维模型，需满足项目现有设备的生产能力和尺寸精度等要求。

（3）前期处理。

开始 3D 打印之前还需要进行模型前期处理。将建好的模型（STL 文件）导入光固化打印机的操作软件中，按照要求进行一定处理（包括调整模型尺寸、排列布局、添加支撑和分层切片等）后，才能进行打印。

其中，对于 3D 打印技术来说，添加支撑和分层切片是十分必要且重要的前期处理过程。

① 添加支撑。

3D 打印技术的原理是将三维模型切分成一层一层的二维图像，这样层层叠加成型的技术原理上要求模型未打印的上层结构要有下层已打印部分的支撑，因此，被打印模型的某些部位如果是悬空的，打印的时候就需要在悬空结构下方增加支撑结构。戒指模型如图 5-12 所示。添加支撑的效果直接决定了模型最后能不能被成功打印。

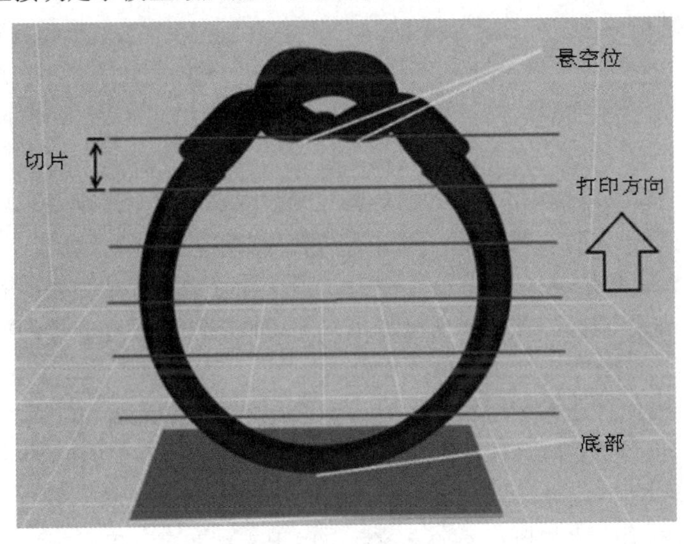

图 5-12　戒指模型

对于添加支撑的原则，我们需要先来了解一个概念——3D 打印中的 45° 角原则，如图 5-13 所示。

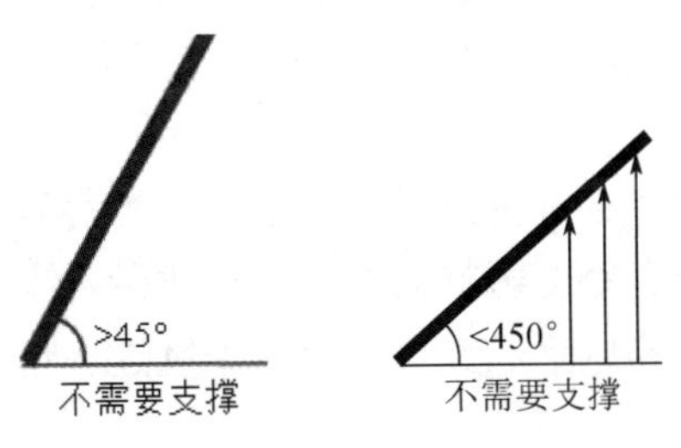

图 5-13　45° 角原则

根据 SLA 技术的原理，液体材料通过激光扫描固化，一层一层地堆叠，直至模型最终成型，在此过程中，要考虑已成型材料的重力。根据重力原理，如果一个物体的某个面与水平线的角度大于 45° 且悬空，那么就有可能发生坠落。对于 3D 打印来说，也是如此，虽然在打印过程中，液体材料会有一定的表面张力，但是，材料也有可能在没有完全固化之前，因本身的重力过大而坠落，从而导致打印失败。

此外，支撑还可以用于平衡树脂从液态转变为固态时内应力引起的原型零件的翘曲变形，防止工作台的上下移动带给原型零件的层间“伞降”效应，保持原型零件在制作过程中的稳定性，使其相对于加工系统精确定位，为一些零件制作时的“孤岛”特征提供制作基础等，如图 5-14 所示。

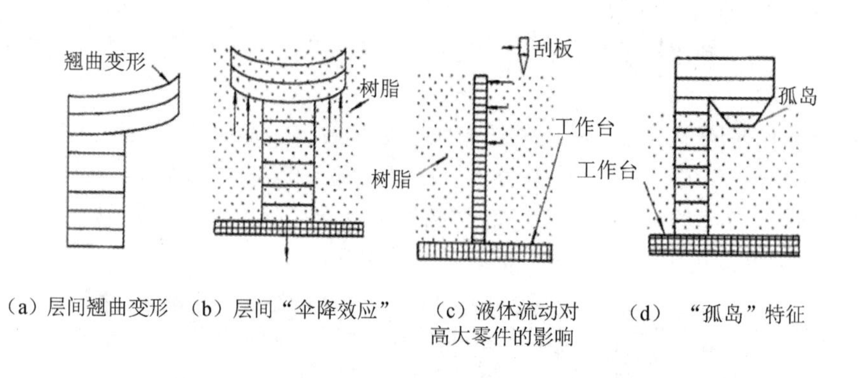

图 5-14　需要添加支撑的几种情况

虽然支撑对于 3D 打印非常必要，但是支撑结构也存在一定的缺点：增加材料成本；增加打印持续时间；增加后期处理工作；有损坏模型的风险。

鉴于以上支撑结构的缺点，实际操作中会选择在保证模型被成功打印的前提下，尽量减少支撑的数量，比如调整模型的摆放角度，不同的摆放方法，添加支撑的要求也不一样，可以通过调整模型的摆放角度来减少支撑添加量。

我们可以在光固化打印机专用软件中对模型进行角度调整和添加支撑，其中添加支撑有自动添加支撑和手动添加支撑两种方法。自动添加支撑更为方便和快捷，软件系统会根据 45° 角原则，计算出模型所有需要添加支撑的点，自动为模型加入支撑。手动支撑主要是在特别的时候发挥重要的作用。比如自动添加支撑后，由于支撑密集程度（支撑越多，模型下表面质量越好）的设置等导致模型有些部位没有添加到支撑，或者在模型打印出来后发现了结构缺损等情况，需要二次打印，这个时候就要手动添加支撑进行修正。手动添加支撑实际上就是对自动添加支撑的补充，往往对操作者要求较高，需要其能准确地判断模型哪个位置需要添加支撑，哪个位置不需要，这需要大量经验的长期积累。常见的小饰品支撑添加示例如图 5-15 所示。

常用的支撑参数有支撑半径、顶尖点半径、连接点半径等，支撑的粗细和密度根据模型的尺寸等情况来定。支撑半径和密度影响模型的成型质量，支撑半径和密度过大将会造成材料的浪费，增大模型结构损坏的风险；支撑半径和密度过小可能导致支撑力不足，出现结构缺损和垂丝等现象。

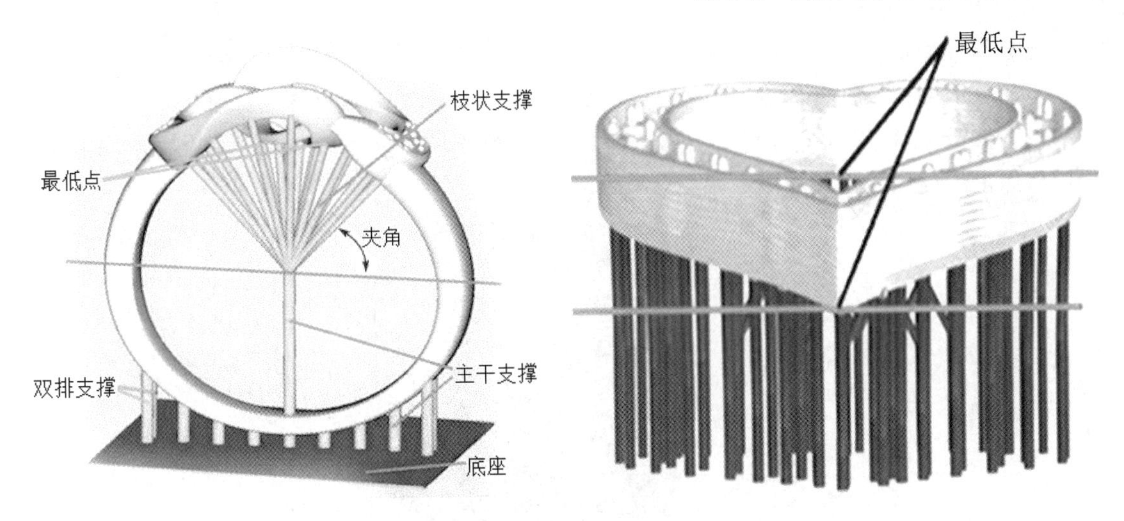

图 5-15　常见的小饰品支撑添加示例

② 分层切片。

模型设计软件导出的 STL 文件，需要被导入专业的切片软件完成处理后，才能将图形数据转换成机器能够识别的代码。分层切片操作简单来说就是将模型分为厚度均等的数层，同时计算出打印机在打印每一层时所行走的路径。3D 打印机的输入文件，其实就是描述打印头位移方式的文件。切片处理是 3D 打印的基础，切片参数的设置是影响模型成品质量的重要条件之一，分层切片的常用参数有层厚（0.025～0.1mm）、填充参数（10%～30%）和外壳数（2～4 层）等。

合理的分层设置不仅会使打印的成品效果更好，还可以节省时间和材料。

（4）打印模型。

将模型按照要求在切片软件上处理好之后就可以导入到光固化打印机中进行打印了。

打印时，有以下注意事项。

① 光敏树脂。光敏树脂使用前需要轻微地左右摇晃一下，不要让皮肤或眼睛直接接触光敏树脂，若引发皮肤过敏或者不适，请立刻用清水冲洗，情况严重的请及时就医。

② 打印前的注意事项。光固化打印机应放置在远离易燃易爆物品或高热源的位置，最好放置在通风、阴凉、少尘、无阳光直射的环境内，且室温应保持在（26±5）℃，尽量恒温。其也不能放置在震动较大或者其他不稳定的环境内，机器晃动会影响打印机的打印质量。打印前需要检查平台上的旋钮和液料盒上的固定位置是否锁紧，防止打印时不稳定。使用机器前查看屏幕照射是否正常，请佩戴防紫外光眼镜查看。请勿在测试屏幕时用眼睛直视，以免损伤眼睛。

③ 打印时的注意事项。检查液料盒：确定液料盒内没有杂物后再进行打印，如果不确定液料盒内是否有残留物，可先将液料盒内树脂液倒出，若有残留物，请使用机器自带的金属铲刀清理，切记不要用金属铲刀触碰液料盒内的离型膜。检查曝光时间：打印时查看曝光时间是否在耗材的规定范围内，防止打印时间过长产生模型膨胀，或者时间太少导致模型不成型。

④ 处理模型的注意事项。在确定模型被取出之后再控制 *Z* 轴的上下移动，防止 *Z* 轴向下移动时模型压到平台。取模型的时候请务必带上防护手套进行操作，用酒精清洗干净模型。模型打印完请先将成型台清理干净后再取出液料盒，防止成型台上的树脂滴落到屏幕上。取成型台上的模型时用金属铲刀，切记不要用金属铲刀触碰液料盒内的离型膜。

（5）后续处理。

打印完成的树脂模型如图 5-16 所示，将模型从成型台上取下进行后续处理。模型后处理工序包含清洗、吹干，二次固化，去除支撑，打磨抛光。后处理工序是否符合合格标准决定着模型的最终展示效果与应用效果。

图 5-16　打印完成的树脂模型

① 清洗、吹干。

将树脂模型放入盛有酒精的容器中进行清洗，清洗完，把模型上的残留酒精沥干，如果模型表面附着的酒精已经比较清透，不再有耗材液体的黏腻感，则说明模型已经清洗干净；如果模型表面附着的酒精比较浑浊，则需要继续清洗。

清洗干净之后，用吹风机冷风贴近模型进行吹干，如果用热风吹干，则一定要保证吹风机的出风口与模型间的距离大于 20cm，直到模型表面变得干爽为止。

注意：模型表面一定要吹干，吹完用手触摸不黏腻。在吹干的过程中，有的模型表面会逐渐发白，这时需要一直吹，直到白色消失为止，否则一旦二次固化，白色痕迹将无法去除。使用热风吹干时，吹风机的出风口离模型太近会导致模型受热变形。

② 二次固化。

将模型平铺在方盒子里，先倒入 90℃以上的热水，热水以没过模型为准，再将盒子放入固化箱中进行二次固化，根据不同的耗材选择不同的固化时间，铸造材料一般固化 40 分钟左右，压胶膜材料一般固化 5 分钟左右。

注意：铸造材料需要用热水固化，冷水无法做到充分固化，压胶膜材料用冷水固化即可。固化完的模型表面比较干爽硬朗，为保证模型充分固化，模型固化一段时间后可将模型反过来继续固化。

③ 去除支撑。

二次固化完成后，需要将模型上的支撑结构去除后再进行下一步的操作。去除支撑时，为了避免支撑崩裂造成模型出现凹坑，偏口钳要在距离根部大约 0.5mm 的位置剪断，钳口朝外，如图 5-17 所示，然后通过后期打磨把多余的部分去除。

注意：不要用手去撕扯支撑，容易造成模型表面缺损；也不要用剪刀去除支撑，剪刀的铰切方式会让支撑崩断，同样会带来模型缺陷。

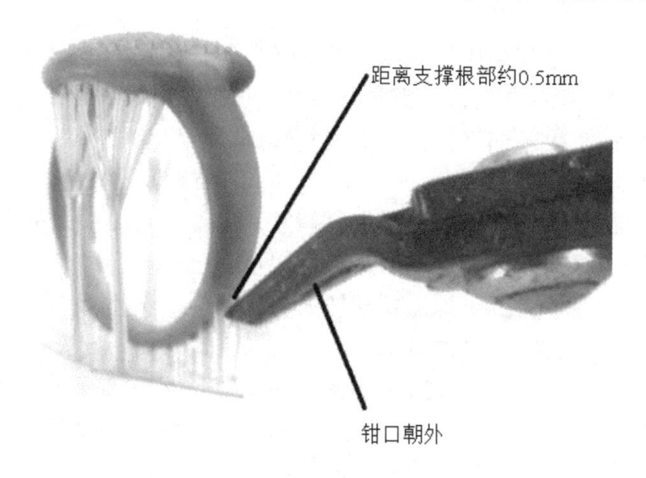

图 5-17　去除支撑

④ 打磨抛光。

去除完支撑的模型，先用 600 目的砂纸把剩余的部分支撑快速磨掉，打磨过程中要避免砂纸摩擦导致的模型表面损坏，再用 1000 目的砂纸细磨支撑处，直到支撑高度与模型结构表面平滑为止，最后用水冲洗完粉末并吹干模型。砂纸可以用来去除部分支撑，但是通常采用砂纸来进行后期的打磨工作。使用高砂砾砂纸（220 目至 1200 目）进行湿磨砂不仅可以去除 3D 打印的支撑结构，还可以抛光模型。为了达到最好效果，可以将水涂抹在部件上用高砂砾砂纸以平滑、轻盈的方式打磨，直到达到所需的表面质量。图 5-18 所示为批量打印好的戒指树脂模型和去除支撑后的戒指树脂模型示例。

图 5-18　批量打印好的戒指树脂模型和去除支撑后的戒指树脂模型示例

5.4.2　创意金属工艺品的熔模铸造过程

在通过 SLA 技术制作并得到创意金属工艺品的熔模之后，就可以开始进行创意金属工艺品的熔模铸造了，熔模铸造可分为四个主要的工艺流程：浇注系统的设计；石膏型壳的制作；金属液的熔融与浇注；成型及后处理。

1．浇注系统的设计

浇注系统是铸型中液态金属流入型腔的通道的总称。在本项目中，不同工艺品熔模与直径不同的蜡棒进行连接，这些蜡棒的作用就是其高温熔化之后形成的空腔可以作为金属液流动的通道，从而将多个熔模型腔连接起来。因此熔模和蜡棒组成了熔模铸造中的“浇注系统”。

在本项目的熔模铸造中，如果工艺品的尺寸较小，可以将多个工艺品进行组合一次性浇注，节约时间成本和设备成本。

光敏树脂的熔模在与蜡棒焊接前需要进行修整，去除自身结构之外的支撑和其他多余部分。然后，将修整好的熔模按照一定的顺序，用焊蜡器（小型电烙铁）沿圆周方向依次分层地焊接到一根蜡棒上，最终得到一棵形状酷似大树的蜡树，再进行下一步的操作。这个过程即浇注系统的设计过程，也称为“种蜡树”。

“蜡树”底座为圆形橡胶底盘，这个橡胶底盘的直径与灌注石膏的不锈钢筒内径配套。底盘的正中心有一个突起的圆形凹孔，凹孔的直径与蜡树的蜡棒直径相同。“种蜡树”的第一步，将蜡棒底部插入底盘的凹孔中，确保蜡棒与凹孔结合牢固；第二步，将熔模焊接在蜡棒上，如果熔模较小，可以考虑将熔模先焊接在较细的蜡棒上（便于后期将铸好的产品从蜡树上取下），再焊接在主蜡棒上。焊接顺序可以选择从蜡棒底部开始（由下向上），也可以从蜡棒头部开始（由上向下），图 5-19 所示为种好的戒指“蜡树”。大多数情况下采用从蜡棒头部开始（由上向下）的方法，可以防止熔化的蜡液滴落到焊好的熔模上，操作起来也更方便。

图 5-19　种好的戒指“蜡树”

种蜡树的基本要求是熔模要排列有序，熔模之间不能接触，既保持一定的间隙（一般保持 3～5mm 的间距），又能够将熔模尽量多地焊在蜡树上，也就是说，一棵蜡树上要尽量“种”上更多数量的熔模，以提高效率，节约时间等成本。

金属液从注入石膏型壳到冷却凝固所需要的时间只有短短的数十秒，金属液必须在最短的时间内注满型腔。若金属液在浇注系统中流动不顺畅，则会使金属液出现湍流，降低金属液温度，导致浇不足、冷隔、缩孔、夹杂等缺陷。因此，种蜡树的操作过程还应该注意以下问题。

① 种蜡树的熔模与主蜡棒之间一般有 45° 的夹角，也就是说，熔模的方向是倾斜向上的。只有这样才能便于金属液顺利注入石膏型壳（浇注金属液时，蜡树是倒置的状态）。这个夹角可以根据熔模的大小和复杂程度进行适当的调整，小而复杂的熔模可以减小夹角；反之，比较大的熔模可以增大夹角。另外，为保证熔融金属液的浇注速度，熔模和蜡棒之间的过渡应尽量圆滑。其操作过程如图 5-20 所示。

② 在种蜡树之前，应该对橡胶底盘进行称重。种蜡树完毕，再进行一次称重。将这两次称重的结果相减，可以得出蜡树的净重。将蜡树的质量按石蜡与铸造金属的密度比（约为 1∶9；树脂与铸造金属的密度比约为 1∶10）换算成金属的重量，就可以估算出浇注需要熔融的金属颗粒质量。

③ 种蜡树完毕，必须检查熔模是否都已和蜡棒焊牢。如果没有焊牢，灌石膏时容易造成熔模脱落，影响浇注的进行。同时，检查熔模之间是否有足够的间隙，熔模若贴在一起，应该将其分开。对焊接完成的蜡树进行修整，如果蜡树上有滴落的蜡滴等，应该用刀片等工具除去。

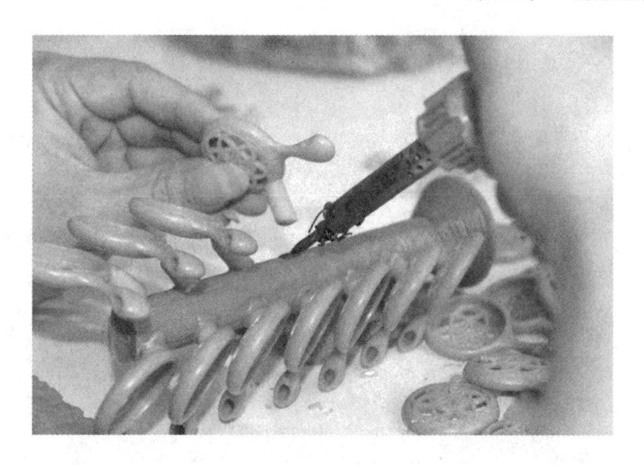

图 5-20　种蜡树的操作过程

2. 石膏型壳的制作

浇注系统设计制作完成之后，可以进行型壳的制作。

熔模铸造要求获得表面光滑、棱角清晰、尺寸正确、质量良好的铸件，这些都与型壳质量有直接关系。在熔模铸件废品中，由于型壳质量不良而报废的熔模铸件占很大的比例，而型壳的质量又与制壳工艺及制壳材料密切相关，因此，选用性能良好的制壳材料和工艺就显得十分重要。

熔模铸造的铸型有多层型壳和实体型壳两种，现代熔模铸造工艺普遍采用多层型壳，而实体型壳主要用于石膏型铸造中（用于有色金属铸造）。对比其他铸造方法，石膏型铸造存在以下优点。

① 与砂型、陶瓷型等铸造方法相比，石膏型铸造工艺简单、生产周期短，铸件的精度高、表面质量好、容易清理，且成本低、使用的设备少、能耗小、无污染，劳动强度低。

② 石膏型铸造可铸造形状、结构复杂的整体铸件，取代过去由多个机械加工件或钣金冲压件组成的零件（如有几十个叶片的叶轮），增加了零部件设计的自由度，提高了产品的机械性能、气密性能，缩小了体积，也简化了加工工序，缩短了加工周期，从而在一定程度上降低了成本。

③ 石膏型铸造可铸造薄壁（最小壁厚可达 0.5mm）铸件，而且铸件的成型性能好，铸件各部位的结晶组织和机械性能均匀。

④ 石膏型铸造还可铸造出表面文字、花纹等微结构。铸件的表面粗糙度 Ra 最高可达 0.8μm，尺寸精度较高，适用于铸造复杂工艺品等产品。

鉴于以上石膏型铸造的突出优点，本项目选择采用石膏型铸造制作铜制创意工艺品。

石膏型壳的制作有如下步骤。

（1）混粉。

制作石膏型壳首先要选择合适的石膏粉。石膏粉（主要成分为 $CaSO_4 \cdot 2H_2O$）的种类很多，不同的种类适用于不同的领域，精密铸造采用的石膏粉由 α 半水石膏粉添加多种耐火材料经深加工精制而成，如图 5-21 所示。其能有效抑制石膏型壳的尺寸收缩和裂纹倾向，最高可耐 1300℃高温，可用于金、银、铜、铝、橡胶工艺制品及精密零部件的铸造。

在开始搅拌石膏粉之前，应将种好的蜡树连底盘一起套上不锈钢筒，为使后期高温加热时不锈钢筒内部受热均匀，其表面留有许多透气孔，如图 5-22 所示。将不锈钢筒放入真空搅拌机灌浆室后，将真空搅拌机的桶盖闭合，随后搅拌石膏粉，待石膏粉混粉完毕（约搅拌 2～3min）后将搅拌室盖子闭合并抽真空。

混粉时需注意：石膏粉是一种化学物质，在使用的过程中，应该避免被人体吸入或进入眼睛，以免对人体造成伤害。

图 5-21 石膏粉

（2）制浆。

将石膏粉与水按照一定的比例进行混合配制。石膏浆的流动性比较好，凝固受热时的膨胀率和收缩率都较小，所制铸型轮廓清晰、花纹精细；溃散性好，易于清除；导热性差，浇入金属后散热缓慢；流动性好，适合用于生产薄壁铸件。石膏型壳的耐火度低，适合用于生产铝、锌、铜、金、银等合金铸件；但石膏型壳的透气性极差，铸件易出现气孔、浇不足等现象。

操作时，按不锈钢筒（见图 5-22）的具体容积准备好相应质量的石膏粉和水（若无蒸馏水，自来水也可），一般石膏粉和水的比例为(2～2.5)∶1（质量比例），可以根据环境的干湿、冷热，以及铸模的大小、复杂程度进行调整，水温在 20～25℃之间比较适宜。称量好之后，先将水放入搅拌容器中，开动搅拌器，再逐步放入石膏粉，进行搅拌。

石膏混合料吸附大量的气体，在搅拌浆料时又会卷入大量的气体，致使浆料中有大量的气泡，影响石膏型腔表面的质量。除发泡石膏型壳因为希望有大量孔洞，所以可以在大气环境下搅拌浆料外，普通石膏型壳的浆料大多数在真空环境下搅拌，以便浆料中所含的气体能够顺利外排。

（3）灌浆。

本项目中的石膏型壳采用真空灌浆的方式制作。

在灌注石膏浆时，在不锈钢筒外面包裹上单面胶纸（胶纸应该高出钢铃上沿 20cm 左右）作为临时性容器备用，待石膏浆自然硬化之后，再去除外面的胶纸即可。

将搅拌室抽真空后，石膏浆需要在短时间内注入不锈钢筒，注入时石膏浆最好不要直接倒在不锈钢筒中的蜡树上，而是沿不锈钢筒的内壁缓缓注入，如图 5-23 所示，直至石膏浆没过蜡树顶端约 1～2cm。石膏浆灌注完毕后需继续抽真空，直到石膏浆中所有的气体全部被抽取完毕（约 2～3min），然后关闭真空泵，打开排气阀，将灌注好石膏浆的不锈钢筒自然放置 1～2h 至石膏浆完全凝固。

图 5-22　不锈钢筒（内注有石膏）实物

图 5-23　真空灌浆

（4）焙烧石膏型壳。

石膏型壳的焙烧是保证浇注正常进行的重要工序，焙烧的作用主要有：脱蜡、干燥和浇注保温。该过程直接影响到铸型的强度、表面质量等，当型壳焙烧不良时，铸件经常出现披缝、砂眼、表面粗糙等缺陷。

通常情况下，18K 金的铸模焙烧时间为 6～12h，铂金的铸模焙烧时间为 12～20h，铜的铸模焙烧时间为 8～12 小时。在拟定石膏型壳的焙烧温度程序时，为使石膏型壳在加热焙烧过程中的热膨胀和收缩尽量均匀，减小内部应力，一般采用多平台保温机制。以铜合金的铸模焙烧为例，脱蜡温度为 0～250℃，加热时间为 3h，在 250℃的环境下保温 2h；干燥温度为 350～600℃，保温时间为 2～3h；浇注保温温度为 600～800℃，保温时间为 1～2h。

一般的焙烧过程是：首先将电阻炉预热到起始温度，将石膏型壳浇注口朝下放入炉中，以便使蜡液流出蒸发；在起始温区恒温 1～2h 后，再以 1～2h 的间隔逐步升/降温和恒温。注意升温（或降温）速度应该保持在 100～200℃/h，升温过快容易使石膏型壳形成裂纹，严重的可能造成石膏型壳损坏或报废，升温过慢又容易造成遗蜡或石膏型壳干燥不彻底，影响铸件的质量。石膏型壳的烘焙时间主要取决于蜡树的大小和复杂程度，可以根据具体情况进行调整。图 5-24 所示为铜合金的石膏型壳焙烧温度曲线图。

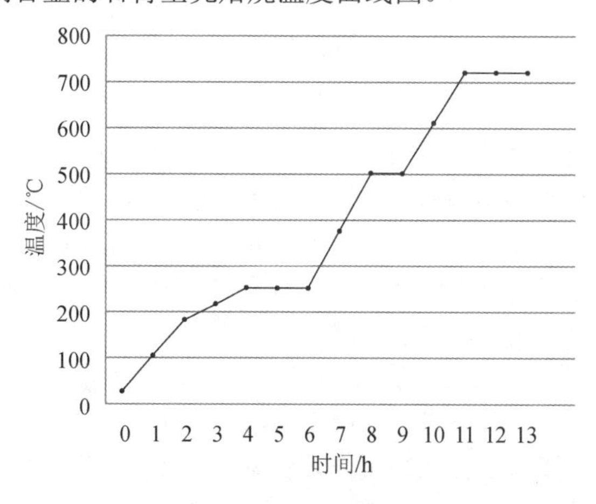

图 5-24　铜合金的石膏型壳焙烧温度曲线图

3. 金属液的熔融与浇注

浇注是铸造工艺过程中重要的一步，是指将金属或其他材料熔化成液态后注入带有一定形状型腔的模具中，待其冷却凝固成型的过程。

（1）原材料。

本项目采用黄铜为原材料来进行创意金属工艺品的制作。

黄铜是以铜和锌为主要成分的合金，铸造常用的普通黄铜（见图 5-25）结晶温度范围很小，因此具有良好的铸造性能。其流动性好，形成晶内偏析及缩松的倾向很小，铸件内生成的集中缩孔，可用较大的浇冒口给予补缩。此外，锌本身就是很好的脱氧剂，故在熔炼时可以脱氧。同时，由于锌具有很高的蒸气压，所以也可以防止合金吸收气体。

铸造用的特殊黄铜的种类较多，其中常用的硅黄铜具有很好的流动性，体积收缩较小，容易获得致密铸件。由于其含锌量较低，所以硅黄铜的蒸发和氧化倾向小，但其吸气倾向比其他黄铜大，它的铸造性能介于黄铜和锡青铜之间。锰黄铜的体积收缩较大，凝固温度范围较小，易形成集中缩孔。因此铸造锰黄铜铸件需设较大的浇冒口，以致铸件的成品率低，同时锰黄铜的收缩率大，铸件有时也可能产生热裂。

铸造铜合金的熔融温度为 900℃左右，但为了保证金属完全熔融，且提高其充型能力，一般将熔融温度设定为 1000℃左右。

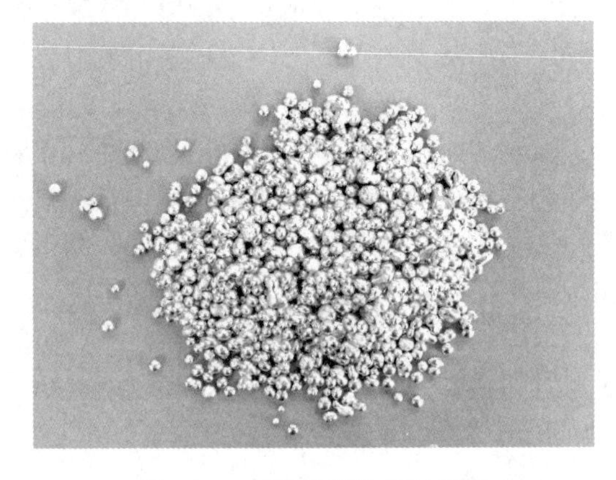

图 5-25　铸造常用的普通黄铜

（2）熔融、浇注。

熔融、浇注过程比较快速。一般熔融、浇注过程一起进行，若采用合适的设备，一般耗时仅约 20min，但是却是整个熔模铸造过程中最重要的一步。浇注操作不当会产生浇不足、冷隔、气孔、缩孔和夹渣等铸造缺陷。目前工业和实验室中普遍采用自动或半自动的浇注机进行浇注，常用的浇注方式为真空浇注。本项目采用工程训练中心现有的微电脑半自动真空浇注机进行浇注，操作简便安全，属于真空加压铸造。

首先，打开真空浇注机的上部机盖，在熔金坩埚中加入称量好的原材料铜粒，盖上机盖，设定预加热温度，开始熔融。待材料达到接近熔融状态［约 10min，见图 5-26（a）］时，在真空浇注机的下部机舱中放入已保温完全的石膏型壳，盖好机盖。待温度达到预加热温度，金属完全融化后将下部机舱抽真空，并按下上部机舱加压进气按钮（微压），打开上下部联通开关，机器自动进入浇注状态，上部金属液在压力作用下自动流入下部机舱的石膏型壳中，即开始浇注，约 1～2min 完成。浇注充型完成后，打开气阀进行放气，待系统恢复至大气压后可打开机盖取出石膏型壳进行冷却，如图 5-26（b）所示。

在这种特定的真空条件下，熔炼过程中溶解于金属液中的气体易于从金属液中析出，使得随后成型的铸件中气体含量相对较少；在真空条件下，金属液表面也不易形成氧化膜，这也有利于金属液的纯净化。另外，真空浇注时，由于铸型型腔内空气稀薄，可避免由浇注充型时金属液紊流卷气、型腔窝气造成的铸件内部侵入性气孔和轮廓欠浇缺陷的产生。与在大气环境下浇注相比，金属液在真空状态下填充时，来自型腔中气体的阻力大大降低，金属液前沿的氧化大大减少，金属液流表面张力也大大降低，因此金属液的流动性大幅提高。此外，对上部熔炼金属的机舱进行加压处理，也可以提高金属液的流动速度和充型能力。

（a）

（b）

图 5-26　熔融的金属液和浇注完成待冷却的石膏型壳

4．创意金属工艺品的成型及后处理

金属液的浇注完成后，熔模铸造过程已经进行了大半，大部分情况下，铸造产品冷却成型后还需进行一些后处理程序。

（1）成型。

浇注完成后，将石膏型壳（连同内部金属液）放置于空气中冷却 20min 待其内部的金属液完全凝固成型。

注意：从真空铸造机中取出石膏型壳时，石膏型壳内的金属液可能还未完全凝固，此时不可剧烈晃动型体，应将石膏型壳放置在无人的空地处空冷至金属产品成型。形状较为复杂或者精度要求较高的精密铸件，也可考虑将石膏型壳放置在高温焙烧炉中随炉冷却。

（2）清洗。

金属产品成型后，可将石膏型壳放入冷水中，水溶型石膏遇水能溶解或溃散，之后留下浇注成型的产品。

随后，采用高压冲洗机或其他清洗设备将金属产品上残留的石膏冲洗干净，即可进行下一步的处理。对于结构较为复杂的产品，产品上附着的石膏可能较难处理，必要时可使用软毛刷、铜刷等工具进行手动清理。

（3）切割与打磨。

清洗完成后，得到的是金属产品和浇道组成的金属产品树，如图 5-27 所示，单个的金属产品需要从金属树上切割下来再进行后续的处理。对于小型的金属工艺品或者装饰品等产品，可以采用虎口钳、小型切割机或者手持砂轮切割机进行切割。

切割后产生的较为锋利的切口属于金属产品的余量，较大的余量需要通过二次切割的方式进行进一步的处理，较小的余量需要采用钳工工具或者其他加工方法进行打磨，从而得到和产品原型形状相同的金属产品。

对产品切割后的余量和浇注产生的氧化皮、划痕等表面缺陷，可以采用打磨等表面处理的方法进行去除。打磨工艺大多采用水砂纸去除表面瑕疵，一般使用200～2500目砂纸。

图5-27　金属产品和浇道组成的金属产品树

（4）酸洗。

浇注完成后，将金属液在高温的状态下置于空气中进行冷却凝固，极易发生氧化反应，成型后的产品部分表面会产生黑色氧化物，影响产品的表面美观，因此需要在产品切割、打磨掉余量后对其进行酸洗，去除氧化物。以铜合金制作的产品为例，铜和铜合金件的化学抛光又称光亮酸洗或“药黄”，通常采用高浓度的硝酸，其优点是速度快、光亮性好，缺点是反应剧烈，生产过程中有大量的氮氧化物气体产生，需要专门的处理设备；且硝酸在装运和使用过程中有危险性。因此，在实践实验类教学中，普遍采用工业铜光亮清洗剂对铸造铜产品进行初步的清洗工作。如N-1铜酸洗光亮剂，可以不用硝酸或少用硝酸，其作用缓和，不会产生过腐蚀，使用过程中氮氧化物气体逸出少，可减少污染，使用起来比较安全，成本较低。

（5）抛光。

抛光是指利用机械、化学或电化学的原理，使工件表面粗糙度降低，以获得光亮、平整表面的加工方法，是利用抛光工具和磨料颗粒或其他抛光介质对工件表面进行的修饰加工。抛光不能提高工件的尺寸精度或几何形状精度，而是以得到光滑表面或镜面光泽为目的，有时也用以消除光泽。常用的抛光方法有机械抛光、化学抛光、电解抛光、超声波抛光、流体抛光、磁力抛光等。

① 机械抛光。机械抛光是靠切削、材料表面塑性变形去掉凸部而得到平滑面的抛光方法，一般使用油石条、羊毛轮、砂纸等，以手工操作为主。特殊零件（如回转体表面）可使用转台等辅助工具，表面质量要求高的可采用超精研抛的方法。

② 化学抛光。化学抛光是让材料表面微观凸出的部分在化学介质中较凹部分优先溶解，从而得到平滑面。这种方法的主要优点是不需要复杂设备，可以抛光形状复杂的工件，也可以同时抛光很多工件，效率高。

③ 电解抛光。电解抛光的基本原理与化学抛光相同，即靠选择性地溶解材料表面微小凸出部分，使表面光滑。与化学抛光相比，电解抛光可以消除阴极反应的影响，效果较好。

④ 磁力抛光。磁力抛光又称磁研磨抛光，是利用磁性磨料在磁场作用下形成的磨料刷，

对工件进行磨削加工，如图 5-28 所示的磁力抛光机。这种方法加工效率高，获得的表面质量好，采用合适的磨料，表面粗糙度 Ra 可以达到 0.1μm。

本项目中的工艺品形状复杂，表面有镂空、花纹等装饰，结构复杂，可选择磁力抛光的方式进行抛光，抛光后的工艺品表面状态明显较好，如图 5-29 所示。

图 5-28　磁力抛光机

图 5-29　抛光后的工艺品

5.4.3　创意金属工艺品的后续加工

本项目中，除了创意铜制工艺品主体的熔模制作外，还应考虑引入其他工艺和新技术完成一个多材质、多部件的完整、复杂且兼具功能性的小型工艺品的制作。如选用钳工、数控加工、特种加工、焊接、陶艺、激光标记等工艺进行其他部件的制作与装配等。

1. 创意金属工艺品的部件焊接

在已经完成创意金属工艺品主体部分的情况下，本项目可选择传统的普通机械加工、数控加工、钳工和特种加工等工艺制作创意金属工艺品的其他部件（如底座、装饰配件），然后将工艺品主体与其他部件进行焊接操作，完成完整工艺品的制作。

电阻焊是利用电流流经工件接触面及邻近区域产生的电阻热效应将工件加热到熔化或塑性状态，使之形成金属结合的一种方法。电阻焊方法主要有四种，分别为点焊、缝焊、凸焊、对焊。点焊是将焊件装配成搭接接头，并压紧在两柱状电极之间，利用电阻热熔化母材金属，形成焊点的电阻焊方法。

创意金属工艺品的焊接，应该首选点焊。点焊的焊点不明显，外观漂亮，虽然焊接强度不如熔焊，但可以满足工艺品的强度需求，并且点焊没有焊接耗材损耗（不需要焊条、焊丝、气体保护等），对焊接技术要求较低，具有普通人经过简单培训即可操作的优势，适合学生用于完成项目式的工程训练。

2. 创意金属工艺品的部件镶嵌

本项目可根据学生的自主设计选择是否在后续加工时选取其他材质工艺品作为镶嵌材料进行镶嵌加工。其他材质工艺品可选择不同颜色的金属、宝石、陶瓷、木质或者塑料等材质工艺品部件，通过陶艺、机械加工、快速成型等方法进行加工，既丰富了创意金属工艺品材质种类，提高了工艺品的外形美观度，也贴近工程创意项目训练的主题，可实现多学科、多工种的交叉融合。

珠宝镶嵌工艺通俗讲就是将宝石（包括各种天然的宝石、人工合成的宝石、半宝石）用各种适当的方法（爪、嵌、逼、卡等）固定在托架（用来镶宝石的吊坠、耳饰和项链等首饰或工艺品）上的一种工艺，如图 5-30 所示。木镶嵌工艺是将各种质地的材料嵌入木中，组成各种图案的工艺。

陶瓷与金属的连接方法主要有黏结剂粘结、机械连接、熔焊、钎焊、固相扩散连接、自蔓延高温合成连接、瞬时液相连接等连接方法，金属陶瓷结合工艺品如图 5-31 所示。

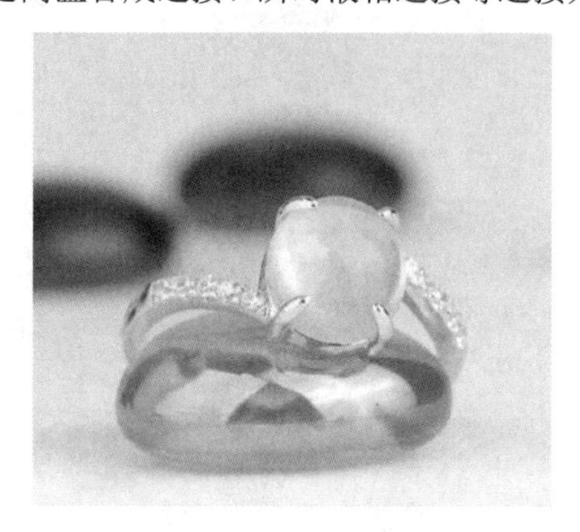

图 5-30　珠宝戒指

图 5-31　金属陶瓷结合工艺品

3．创意金属工艺品的激光标记

在本项目的实施过程中，若条件允许，则可要求参与制作的学生将其姓名及其他信息（如学号、学校名称、学校简称等）通过激光打标等方法刻印在工艺品上，具体标印位置由学生自行选择。

激光打标是激光加工最大的应用领域之一。激光打标是利用高能量密度的激光对工件进行局部照射，使表层材料汽化或发生颜色变化的化学反应，从而留下永久性标记的一种打标方法。激光打标可以打出各种文字、符号和图案等，字符大小可以从毫米到微米量级，这对产品的防伪有特殊的意义。

5.5　示例分析

本节以带有埃菲尔铁塔的铜制工艺品（笔筒）的制作为例，介绍创意金属工艺品制作的一般步骤，仅供参考。在创意金属工艺品的制作过程中，需学生自主设计工艺品模型、自主选择加工工艺并完成方案制定，确定具体的制作流程。

1．项目概述

项目名称：创意金属工艺品——带有埃菲尔铁塔的铜制工艺品（笔筒）。

项目简介：本示例项目拟采用熔模铸造工艺制作创意金属工艺品的主体——埃菲尔铁塔，并结合工程训练的其他训练项目，完成一个兼具功能性和美观性的创意金属工艺品成品，包括埃菲尔铁塔主体和其他辅助结构及配件。

2．模型设计

本项目结合 CAD/CAM 课程，采用 Creo 6.0 软件进行埃菲尔铁塔三维模型的设计，如图 5-32 所示。

图 5-32　埃菲尔铁塔的三维模型

3．确定工艺方案

确定项目基本的工艺方案：光固化成形制作熔模—采用熔模铸造工艺制作工艺品主体—机械加工—表面处理（化学酸洗和机械抛光）—采用冲压工艺制作笔筒—采用数控加工制作工艺品底座—激光标记—焊接，后期实践过程中可根据实际情况进行调整。

确定项目小组成员的分工，探讨项目可行性及难点解决方案。

4．光固化成形制作熔模

对设计出的三维模型进行前期处理后，使用大业 D100 工业级光固化成型机进行树脂熔模的制作，如图 5-33 所示，并完成模型的清洗、吹干，二次固化，去除支撑，打磨抛光等操作（详见 5.4.1 节）。

图 5-33　打印出的树脂熔模

5. 熔模铸造制作铜制埃菲尔铁塔

对成型的树脂熔模进行熔模铸造，其中包括浇注系统的设计（见图 5-34）、石膏型壳的制作、金属液的熔融与浇注、金属产品的成型及后处理等操作，得到的铜制埃菲尔铁塔如图 5-35 所示。

在进行熔模铸造前，需要根据工艺方案确定熔模铸造使用的原材料，可以根据现有条件进行选择（如工程训练中心向学生提供的黄铜粒等熔炼原材料），也可以根据需求采购其他类型的原材料（如白银等），选择时需要考虑项目成本预算和设备生产能力。

对于产品的后处理程序，根据项目工艺设计中美观度的要求，选择合适的后处理方案，包括高压冲洗、砂纸打磨、酸洗去除氧化物和杂质、磁力抛光等程序，现有条件无法完成的，可以根据项目需求将产品送至其他专业机构进行后处理加工（详见 5.4.2 节）。

图 5-34　熔模铸造浇注系统的设计

图 5-35　熔模铸造出的铜制埃菲尔铁塔

6. 结合其他工艺进行工艺品制作

本示例在铜制埃菲尔铁塔采用熔模铸造制作完成后，拟采用其他工艺制作工艺品的其余部件：采用冲压工艺制作笔筒、数控加工工艺制作底座，在底座上采用激光标记工艺雕刻制作者姓名等信息，完成后采用焊接工艺对三者进行焊合，如图 5-36 所示。

学生通过自主设计工艺流程可自由选择工艺品其余部件的制作工艺，根据实际情况，尽量优先选择工程训练中心现有的设备和加工方法。

图 5-36　带有埃菲尔铁塔的铜制工艺品（笔筒）

第 6 章　创意花器的设计与制作

6.1　项目训练任务

6.1.1　训练内容

通过陶艺方法设计并制作一款创意陶瓷花器，具体包括陶瓷花器的设计、基础成型的练习、从二维到三维造型的转变、成型与装饰的结合。设计灵感来源于传统或现代，亦可从生活出发，从国内外或是以往的学生经典案例出发，选择有新意的方案。根据设计方案进行方案落实，将成型装饰手法应用于设计中。

6.1.2　训练形式

训练项目采用团队分工合作的形式完成：学生以 2～3 人为一组，每组设一名组长担任总设计师，其余组员分别承担不同任务，最终合作完成项目训练任务。

6.1.3　训练要求

（1）完成陶瓷花器的创意方案设计，以手绘为主。

（2）完成陶瓷花器成型与装饰的制作，要求将所学制作方法灵活应用于成型过程，装饰手法与造型相结合。

6.1.4　训练目的

（1）让学生了解陶瓷的历史，培养学生的文化涵养与设计创新意识。

（2）培养学生将工科与艺术相结合及团队合作的能力。

6.2　陶瓷花器概论

陶艺是陶瓷艺术的简称，是火与土的完美结合。“陶瓷”一词是广义的，它分为日用陶瓷、艺术陶瓷、工业陶瓷。另外，陶瓷还有“传统陶瓷”和“现代陶瓷”两个范畴。从古至今，陶瓷的发展融合了各个时代的政治、经济、文化、艺术等，功能与美感始终贯穿着陶瓷的发展。张道一说过，“在上万年的历史岁月中，它像一条光洁的链条，一环扣一环，与科学技术同步发展，并适应着生活的需要与审美的变化，不断创新，成为物质的和精神的双重形态。”

作为现代艺术的一支，陶瓷花器糅合了日用陶瓷与艺术陶瓷，以其泥性特有的艺术语言参与了现代人的生活，调和了现代人的审美，对传统审美标准、评判标准进行了突破。陶瓷花器在室内陈设中起到了重要的作用，它不仅承载着传统文化，还代表了当代的审美潮流，并成为了人们生活中极具表现力的装饰物。

陶瓷花器从古至今，由手工制作转向机械生产，其形态也发生了显著的变化。追溯古代插花艺术的历史，随着瓶花插制的出现，后期衍生了各种材质的花器。从唐代开始，随着插花的盛行，陶瓷花器开始流行起来。

宋代是我国古代制瓷业的高峰，百花齐放，几乎每个窑口都有花器的生产，陶瓷花器的造型、釉色、纹饰、装饰工艺已有了时代风格，并成了当时人们生活中的重要器皿。宋元时期的陶瓷花器造型多样，多由唐朝的壶罂造型袭用而来，宋元花器的代表类型有玉壶春瓶（见图 6-1）、梅瓶、胆瓶、花瓶等。

明代因私家园林的发展，室内陈设也越来越受重视，促进了陶瓷花器的发展，其器型种类越来越丰富，可以分为瓶类、盆类、钵类、筒类等。插花艺术在明清时期已经成熟完善及系统化，陶瓷花器成为了主流（见图 6-2）。

图 6-1 宋代玉壶春瓶

图 6-2 明代钧窑花盆

不同时期、不同地域的陶瓷花器，其材质、形态、颜色、质感、表面彩绘等都不一样。工业革命以后，特别是随着西方科学技术的大力发展，陶瓷花器也不断趋向机械化生产，其表现形式变得单一，缺乏手工美感。近年来，随着社会的发展，多方位的审美使陶瓷花器的设计逐渐倾向于个性化。

陶瓷作为一种花器制作的材质，取材自然，其成型手法、装饰手法多样，无论是作为插花艺术的一部分，还是作为独立的装饰陈设品，都与室内空间产生互动关系，因此陶瓷花器与环境相互影响，传递了文化内涵。

6.3 陶瓷花器造型

6.3.1 传统陶瓷花器造型

传统陶瓷花器造型简洁明快、清新高雅，常在厅堂、书房等处陈设，常见款式有梅瓶、玉壶春瓶、直颈瓶等。

1. 梅瓶

梅瓶小口短颈，丰肩圆折，直腹斜收。北方地区多产于磁州窑，其展示着同时期的工艺，如宋代珍珠地划花和黑剔花；而南方吉州窑的黑釉剔花梅瓶（见图6-3）也很生动。

梅瓶造型虽早晚有别，但均为修腹长身、器可容升。与之相比，宋元时期还有一类形似梅瓶而体量短矮的瓶式，被称为“矮梅瓶”，如图6-4所示，当时市井间流行的插花小坛，或有矮梅瓶之属。然而梅瓶得名虽然取自“口径之小仅与梅之瘦骨相称”，但是其造价颇高，故其他款式的花器更得文人钟爱。这一时期频列于书案、枕屏旁的檀梅精舍，往往称作“胆瓶”。

图6-3　吉州窑黑釉剔花梅瓶

图6-4　矮梅瓶

2. 胆瓶

胆瓶插梅，在诗词文学中被反复题咏，“胆瓶谁汲寒溪水，带月和烟簪一枝”“胆瓶温水，一握春如洗”，均是小瓶贮芳条、花落砚池香的生动写照。宋元时期胆瓶的制式实际上并不唯一，胆瓶是修颈、垂腹类花瓶的泛称，其款式有五种。

（1）直口直颈瓶（见图6-5）。根据瓶颈粗细和器腹样态分为两类：一类细颈修长，腹若垂胆；另一类粗颈，扁圆腹，日本学者称之为“下芜形瓶”，物例以宋元时期的龙泉窑产品最为突出。

（2）盘口直颈瓶（见图6-1）。有瓶颈粗细和器腹圜扁之别，多以弦纹为饰。

（3）纸槌、蒲槌瓶（见图6-7）。此式在《瓶花谱》和《遵生八笺》中均有提及，为书斋清供佳品，其制如《宋扇画面胆瓶秋卉图》中所绘，盘口、直颈、折肩。

图6-5　直口直颈瓶

图6-6　盘口直颈瓶

图6-7　蒲槌瓶

（4）玉壶春瓶（见图 6-8）。小口微侈，修颈鼓腹，最宜插花容枝。

（5）鹅颈瓶（见图 6-9）。与玉壶春瓶类似，唯体形更为浑圆，颈略短，腹较圆。

图 6-8 玉壶春瓶

图 6-9 鹅颈瓶

3．花瓶

花瓶多为敞口、长颈、弧腹，矮喇叭足，或青碧一色，或镶嵌为饰。这类花瓶在宋元时期多用于祭祀场所，或祭祀先祖，或供奉寺观，如图 6-10 所示。北方以花口器为主流，或一色素面，或刻绘为饰，或加施粉杠。南宋中期以后，花口瓜棱瓶在南方趋于式微，而在北方继续发展，足墙高而外撇，体形颀长，元代更加饰耳、座。

4．花觚

花觚是仿青铜器的作品，喇叭形口、凸腹、胫外撇、浅圈足为其常见器型，至万历年间时，式样更为丰富，有圆形、四方、四方撇口、方腹折角、六方和出戟形等式样，最高可至 74 厘米，如图 6-11 所示。

图 6-10　花瓶

图 6-11　花觚

5．花插

“花插”一词始于明代。正德年间流行的器皿呈圆球形，或梅花筒形，或鼓式，顶部开有六个小圆孔，器身饰青花地白缠枝莲纹、栀子花或青花缠枝花，有的器物上堆贴露胎的四兽面装饰，如图 6-12 所示，在明代很多家庭都有花插艺术品。

6. 壁瓶

壁瓶是瓶类花器中比较特殊的一种器型，因挂于壁面而得名，为万历年间的创新器型。瓶体为整体的半剖，器型多样，有葫芦式、半圆式、莲花口式、瓜棱式等，尺寸也有大小之分，如图6-13所示。

瓷花瓶多由晋唐宗教、日用壶罂袭用而来，更多展现了当时人们关注日常、追求精雅的生活美学，见证了百工精益的市井繁华，也流露出典雅士风的品味，低调中隐见繁华，简约中不乏创新。小小的瓶花精舍，既可管窥宋元时期官民并举的工艺生产模式，又可览观士民雅俗兼顾的时代审美取向。陶瓷花器点缀着市井酒肆的铺排喧闹，寄托着博雅君子的清疏士风，跻身在民间寺院的虔诚香火中。

图6-12 花插

图6-13 壁瓶

6.3.2 现代陶瓷花器的设计

现代陶瓷花器以陶、瓷为原料，融合了现代审美与实用功能，注重艺术家个人情感的表达。陶瓷花器的设计美学依据的是对不同时代、环境的把握。陶瓷花器设计要做到真正的创新，必须在设计思想方面更新设计观念。在现代生活中，陶瓷花器逐渐与其他艺术相结合，其艺术性占有很重要的地位，其中表现形式的创新尤为重要。陶瓷花器的造型种类有简洁、复杂之分，也有方、圆、几何体、仿生造型之分，其造型不再受传统器型限制，对称平衡不再是唯一标准，陶瓷花器隶属于陶艺范畴，是现代陶艺与传统陶艺的结合。

1. 仿生设计在陶瓷花器中的运用

在设计中可以运用仿生、拟人的设计手法让花器增加趣味效果，从古至今，人们都有运用仿生和拟人手法来设计更具形态的产品的实例。春秋时期的立鹤方壶、六朝时期的鸡首壶（见图6-14）都采用了仿生手法。时代不同，其当代艺术性不一样，艺术品的形式也不一样。从拟人和仿生的手法来讲，动物的形态、人物的特殊形态与线条、植物的自然有机曲线都可以增加陶瓷产品造型的趣味性，图6-15所示为Jennifer McCurdy的作品。因此，陶瓷产品的仿生设计手法与趣味性设计是重合的。

图 6-14 六朝时期的鸡首壶

图 6-15 Jennifer McCurdy 的作品

（1）自然界有机形态模仿。

我国古代就有“制器象尚”之说，陶瓷工匠擅长在大自然中寻找素材，将自然与花器造型相结合，做到形式和功能的完美统一。大自然是最好的老师，当代设计师应向自然学习，了解自然界的生态规律，学习自然界的造物法则，模拟自然界美妙的形态，用当代的审美将自然界千姿百态的有机形态合理应用在陶瓷花器设计上，创作出各种新颖的造型，让使用者感受到自然美。陶瓷花器设计师可通过从自然中筛选、借鉴美好的事物，从而最大限度地发挥来源于自然的本色。

古代中唐时期出现花朵造型的陶瓷器，此后经历各个朝代的发展，工匠将自然形态有目的地进行艺术概括、提炼并加以变化，进行艺术再创作，制作了一批以植物形象为特征的花器，因此，自然仿生花器设计应依据器物造型特点及功能要求，创作形式和功能完美统一的仿生造型并强调文化内涵的表达，赋予其一定的意义。如借鉴山、水、花瓣元素，结合容器的功能特点，设计出体现自然美的器皿。

（2）人物、动物模仿。

部分文化遗址出土了新石器时期的模仿人物、动物的彩陶器，其将人物、动物造型与器皿融为一体，体现了原始信仰，如四坝文化人形罐（见图 6-16），华泉村出土的鹰鼎（见图 6-17），齐家文化鸟形容器（见图 6-18）。

现代仿生花器特别是仿动物类的容器（见图 6-19），符合现代年轻人的审美趣味，有可爱卡通风格，也有魔幻风格。

图 6-16 四坝文化人形罐

图 6-17 华泉村出土的鹰鼎

图 6-18 齐家文化鸟形容器

图 6-19 现代仿动物花器

（3）现有物模仿。

黄河地区出土了新石器时期的彩陶鞋状容器（见图 6-20），可见当时对现有物的模仿已经很流行，体现了古人对鞋子等日常用品的重视。到了汉代，随着丧葬文化的普及，各类随葬品应运而生，建筑明器（见图 6-21）便是很重要的一种，通过对当时建筑形式的模仿，展现了汉人对生活的见解。

现代陶瓷花器对现有物模仿的素材多样，如衣裳、靴子、帽子等生活用品，或者建筑、交通工具等都可借鉴。通过对现有物的模仿，反映了花器的时代性，拉近了使用者与器皿之间的距离。现代陶瓷花器在对现有物进行模仿时需要对现有物进行取舍，抓住物品的特征及其美的一面，甚至可以进行夸张处理，表现其艺术性。

（4）其他材质工艺品的模仿。

南宋龙泉官窑琮式瓶（见图 6-22）是对新石器时期的玉琮的模仿，展现了对崇礼之风的演绎。清代德化窑乳白仿木桶器型表现了清代中后期，陶瓷工匠在技艺上的各种比试，尝试用陶瓷材料去模仿其他材料器皿。

图 6-20 新石器时期的彩陶鞋状容器

图 6-21 汉代建筑明器

图 6-22 南宋龙泉官窑琮式瓶

2. 抽象造型的设计

抽象形态的陶瓷花器与具象形态的陶瓷花器有明显的区别，抽象陶瓷花器设计通过形态的点、线、面、体等来传达情感。点在陶瓷花器造型中具有直观的视觉效果，陶瓷花器通过表现装饰数目、大小、位置、聚散等的点来传达情感。而线在陶瓷艺术中的应用更广泛。以直线为主的花器给人以规整、严肃的视觉感受，如图 6-23 所示，以曲线为主的花器给人以生动、活泼、含蓄、柔和的视觉感受。

抽象陶瓷花器是指在设计中利用夸张的设计手法，将原陶瓷产品通过解构、扭曲、变形、分割、重组等方式设计成具有新的陶瓷造型元素的产品。

（1）扭曲与变形。

摆脱传统的对称形态，以活泼、不规则的曲线来设计，拉长瓶口、加宽形体、扭曲，把花器拟人化，从而使其具有幽默感，如图 6-24 所示，这种简约的造型适合现代家居装饰，其特别的幽默性增加了室内的“人情味”。

图 6-23　传统花器

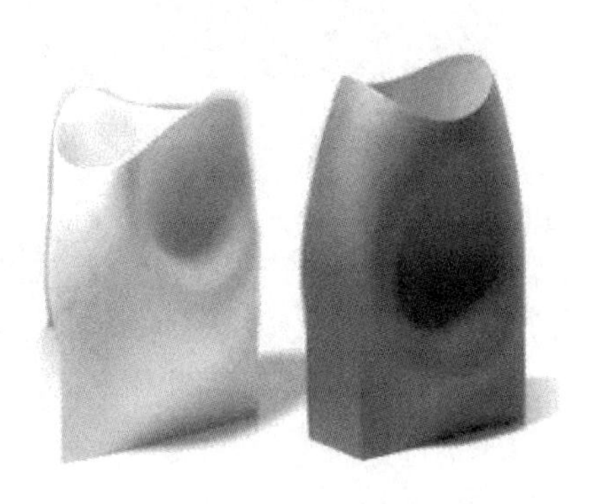

图 6-24　扭曲花器

（2）分割与重组。

在符合人体工程学和不改变陶瓷花器使用功能的基础上，运用分割与重组的方法对容器进行多样性创造，充分实现对陶瓷花器造型的改变，如图 6-25 所示。无论是以分割的形式还是以重组的形式出现，都要恰当地与室内环境融合在一起，做到和谐统一。通过对传统器型的分割与重组，实现在古典美的基础上带有一定的现代感，古今的完美结合，体现陶瓷花器的多样性。

（3）线、面的组合变化。

从空间构成来看，陶瓷花器是由点、线、面构成的具有一定空间体积的造型器皿，在这些基本构成要素中，线在衔接、转折、起伏中起了关键作用，直接影响了面的组合。在陶瓷花器设计中，线、面的组合变化表现了不同空间造型的艺术性，体现了陶瓷的美及气质特征，如图 6-26 所示。

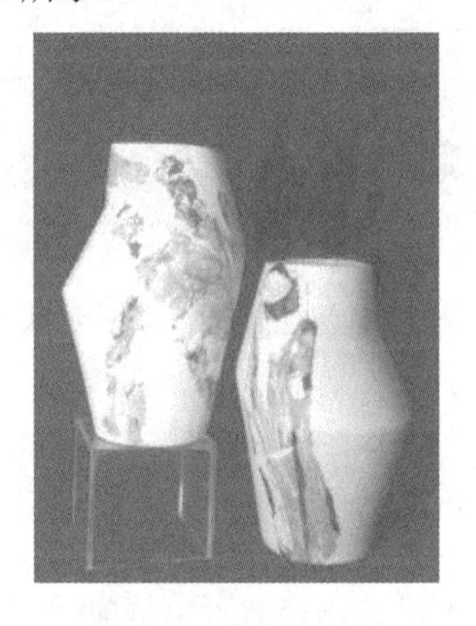

图 6-25　分割与重组

图 6-26　线、面组合变化的花器

6.4　陶瓷花器的成型手法

6.4.1　泥料

陶瓷原料有陶土、瓷土等，不同泥料的成分不一样，所含氧化物及其比例也不一样。在陶艺创作中，作品的色、质、形是作品的主要表现形式，要使作品呈现理想的色彩效果，可以在泥料中加入适量的金属氧化物，调整泥料的颜色，也可以在泥料中加入其他有机物，如谷物、蚌壳、珍珠岩等，改变烧成后坯体的效果。

6.4.2　揉泥

揉泥是指反复搓揉泥料，使泥料中的水分均匀并增加泥料的黏性和可塑性，另外也有利于排除泥中的气体，防止烧制时炸裂。图6-27所示为羊头揉泥法。

图6-27　羊头揉泥法

6.4.3　制陶工具

原始社会最初仅用双手捏塑简单的器皿及陶塑，后来为了实现更为复杂的造型发明了各种工具。到了现代社会，制陶工具款式多样，材质丰富。

转盘：早在新石器时期，原始先民为了制作出对称的器皿，发明了木质转盘，此为轱辘拉坯转盘的雏形。现代台式转盘由金属支架和转面组成，方便制陶时从不同角度观察和制作，如图6-28所示。

木板：一般选用木料或木工板，陶瓷的制作过程均在木板上完成，木板吸水性强、易于搬动，是必不可少的工具之一，如图6-29所示。

图6-28　转盘

图6-29　木板

雕塑刀：有木质及金属材质，用于制陶时切、刮、塑、按、挖、削等操作，如图 6-30 所示，也可根据设计者的需求自制。

钻孔器：一般用于特殊造型和装饰钻孔，如图 6-31 所示。

擀压棒：用于擀压泥板，擀压时可与木条同时使用，将木条放置于泥的两边作为厚度标尺，可使擀压的泥板厚度均匀，如图 6-32 所示。

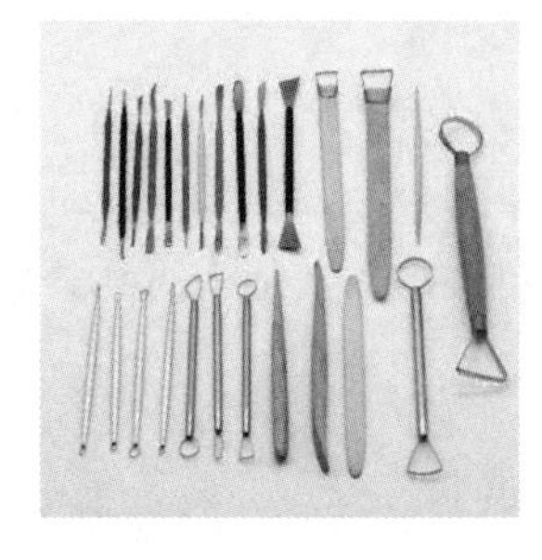

图 6-30　雕塑刀

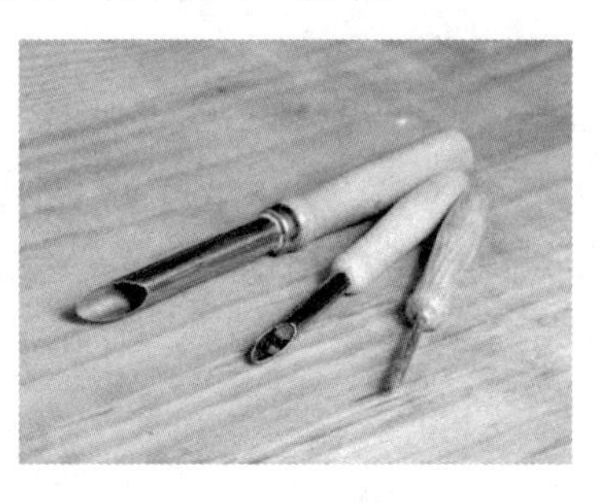

图 6-31　钻孔器

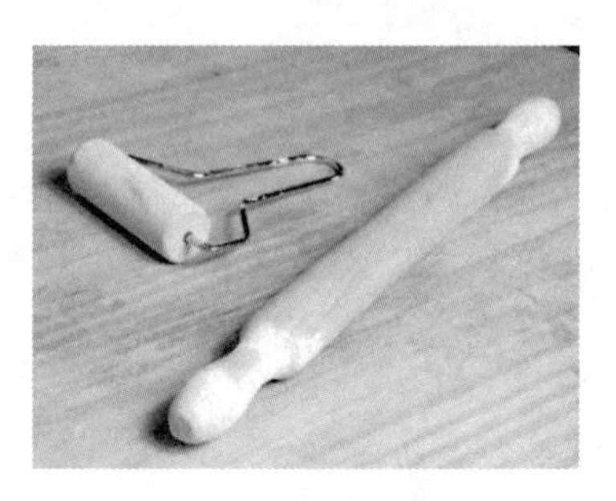

图 6-32　擀压棒

6.4.4　成型种类

陶瓷成型是陶瓷坯体形成的一个过程，在外力作用下，采用不同的工具使泥料形成丰富多样的造型，不同的造型采用的成型工艺完全不一样，较常用的有泥条盘筑、泥片成型、拉坯成型、印坯成型、挖空成型、模具印压注浆成型等。每种工艺自成一体，各具特点，而不同的成型手法又可相互结合运用，手法多样，熟悉每一种成型工艺是制作陶艺作品非常重要的环节。

1. 泥条盘筑

泥条盘筑成型是最古老的手法，早在新石器时期，原始先民就用此法制作陶器。图 6-33 所示为采用泥条盘筑成型工艺制作的彩陶容器。现代陶瓷花器将这一传统成型方法继承下来，结合当代的艺术审美，形成了具有现代时代特征的成型工艺。

图 6-33　彩陶容器

泥条盘筑的方法：

首先，将泥巴搓成泥条，泥条一般为手指的粗细；然后，让泥条从作品底部边沿开始层层向上盘筑，每层泥条之间都需要抹上泥浆，每盘几层需将器皿里侧或外侧抹平，使泥条上下得以很好地结合。根据设计作品的造型，逐渐变换泥条走向；最后，对盘筑好的作品表面进行装饰。图 6-34～图 6-37 所示为泥条盘筑的过程。

图 6-34　搓泥条

图 6-35　抹泥浆

图 6-36　盘泥条

图 6-37　抹匀

2．泥片成型

泥片成型是将泥巴制成泥片并进行切割后，将其拼接或卷接成型，通过对泥巴干湿度、泥片厚度的控制，实现立体多样的造型。

泥片的制法：

泥片制作有滚压、木板拍制、割制、压制等方式。在我国，用木板拍制成型是一种传统的制陶法，如图 6-38 所示；而西方则多用滚压法，如图 6-39 所示。我们在实践中，可融合两种方法，以达到更好的效果。

图 6-38　用木板拍制成型

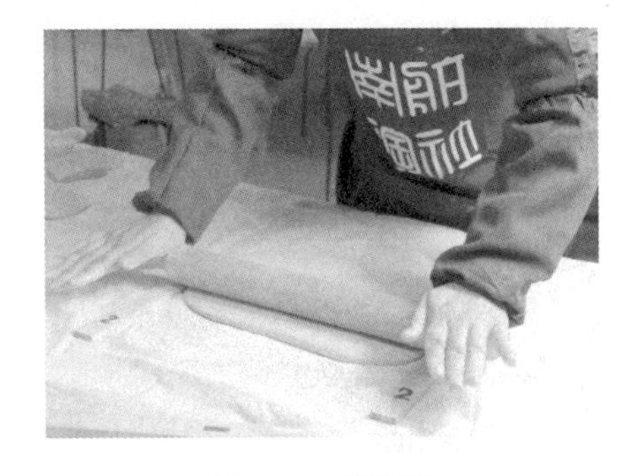

图 6-39　滚压法

泥片成型的方法：

（1）卷接成型。

在泥片湿润有塑性时，将其做成卷曲造型并挤压变形，打破常规的筒状，使花器的线条如海浪般富有流动性，制作过程如图 6-40～图 6-45 所示。

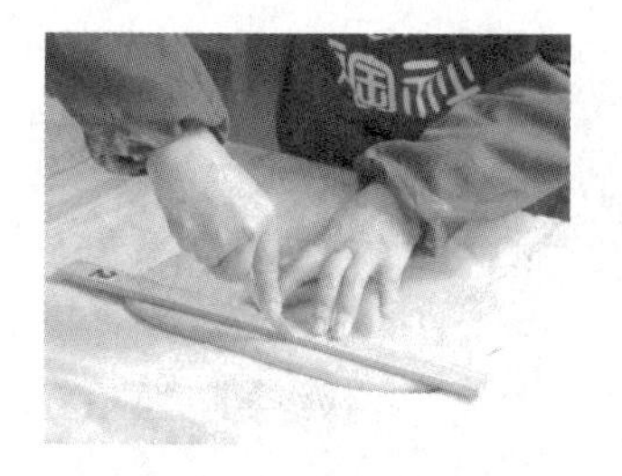

图 6-40　切割泥片

图 6-41　在底部泥片上抹泥浆

图 6-42　卷泥片并在接缝处抹泥浆

图 6-43　粘好泥片

图 6-44　用泥条修补接缝

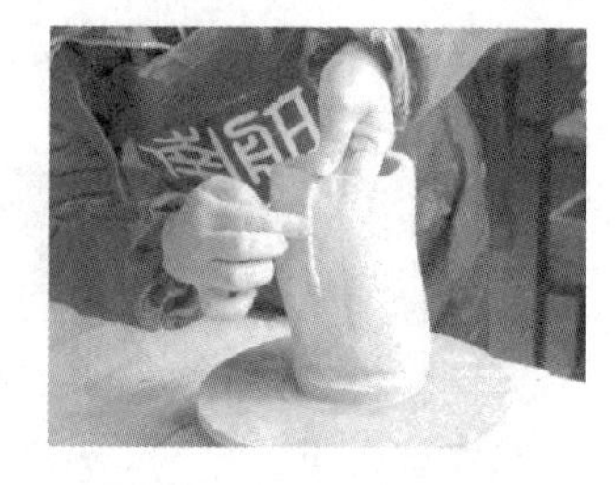

图 6-45　对造型进行修饰

（2）拼接成型。

首先，将滚压好的泥片切割成所需形状，拼接处切成斜角，如图 6-46 所示；然后，在接缝处抹上泥浆进行拼接，如图 6-47 所示；最后，将接缝用泥条补上，并对造型进行修饰，如图 6-48、图 6-49 所示。

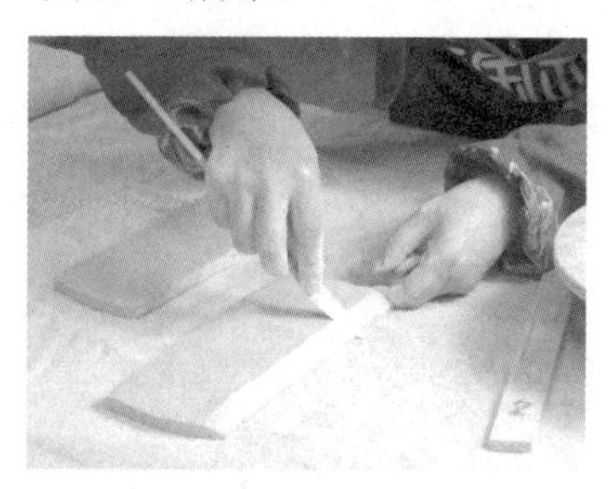

图 6-46　切割泥片

图 6-47　在接缝处抹上泥浆

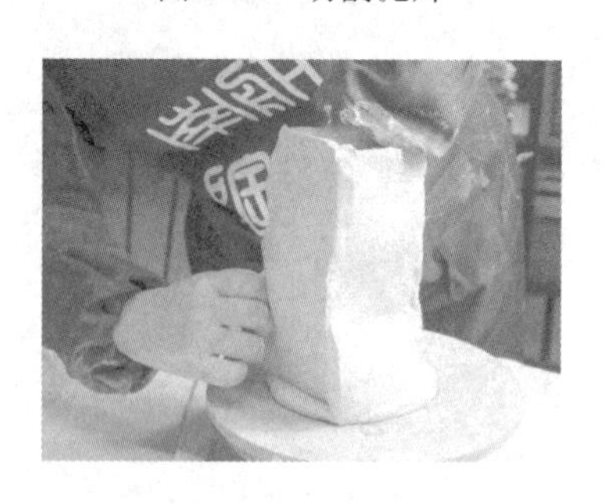

图 6-48　用泥条补接缝

图 6-49　造型修饰

操作要点：无论是卷接成型还是拼接成型，几张泥片的干湿度都要保持一致，否则在干燥过程中容易开裂。根据设计稿成型时，要控制好泥片的干湿度，过湿则易变形坍塌，过干则不利于粘接。泥片成型可以被用来创作多种形式的作品，可豪放刚直，亦可自然舒缓。该手法不受花器尺寸、体积的限制。

3. 泥条盘筑与泥片成型相结合

有些不规则造型不能完全用泥片成型来完成，需要用泥条盘筑方法来辅助塑造，如图 6-50～图 6-59 所示。无论是泥片卷接还是泥片拼接，都受到泥片张力的限制，很多细微的弧面能增加造型的生动感，泥条盘筑的灵活性使造型过渡自然，整体效果更好。

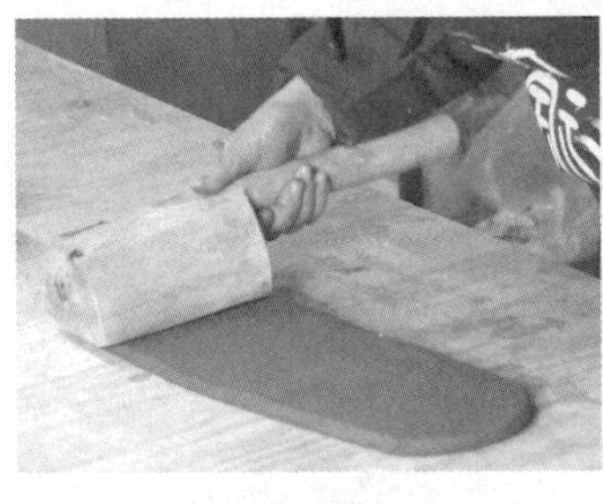

图 6-50　拍打泥片

图 6-51　切割泥片

图 6-52　用圆规切割底片

图 6-53　干粉加水，调制泥浆

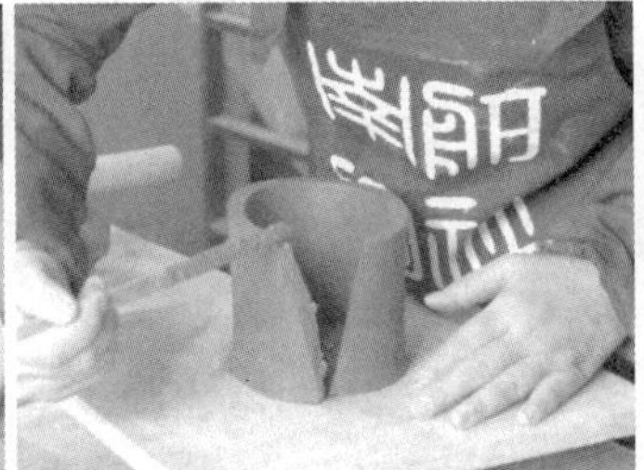

图 6-54　在底片接缝处抹泥浆

图 6-55　在围片上抹泥浆

图 6-56　用泥条修补接缝

图 6-57　用拍子将筒身上部向内拍打

图 6-58　器皿上半部分采用泥条盘筑

4. 拉坯成型

拉坯成型是指利用轮盘的转动惯性，用手的压力使泥团成为空心柱状的容器，规则花器的成型非常适合采用此法，但拉坯成型的技术性强，需要长时间的练习才能掌握。

图 6-59　用刮片将器身刮平

拉坯成型方法：先将揉好的泥团放置在转盘中心，启动拉坯机，使两只手臂支撑在大腿上以保持双手的稳定。再用双手紧握泥团向内挤压，利用两手的压力和转盘的旋转使泥团保持在转盘的中央。最后将泥团自下而上拉升成圆柱体，将大拇指伸向泥的中央，使泥团成凹形，将两手深入泥团使凹形向外慢慢扩大，一边扩大一边向上继续提拉，利用旋转的动力将泥团提拉至需要的厚度、高度和造型。此方法适合制作中空状对称花器，制作过程如图 6-60～图 6-69 所示。

图 6-60　揉泥

图 6-61　将揉好的泥团放在拉坯机的转盘上

图 6-62　杀泥

图 6-63　定中心

图 6-64　拇指嵌入泥团中心挖孔

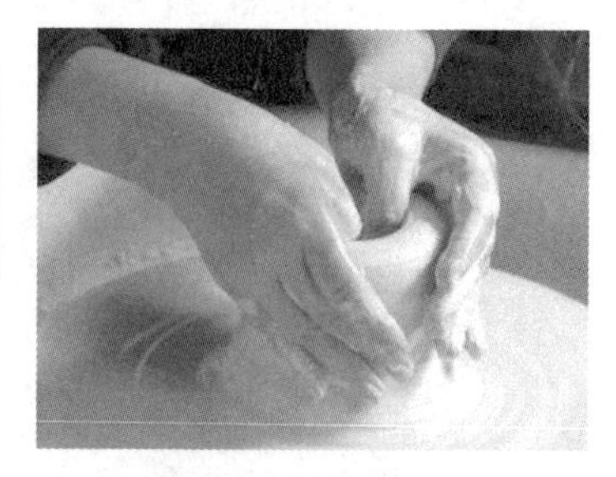

图 6-65　内孔扩张

图 6-66　双手提拉坯体

图 6-67　借助工具提拉坯体并抹匀

图 6-68　修整口沿

图 6-69　用刮刀刮出肌理

5．支撑物辅助成型

支撑物辅助成型是现代陶艺常用的一种创作技法，泥料在湿坯时支撑性较差，容易变形倒塌，成型时泥料稍干又容易开裂，采用支撑物辅助成型可以解决以上问题。常见的支撑物有泡沫、海绵、报纸、石膏体、弧形容器等。

在陶瓷产品成型过程中，平直线的造型可采用镶接成型，但是有些弧面造型在站立时容易变形，需要有辅助物对其进行支撑，图 6-70～图 6-77 所示为将有弧度的木盘和石膏体作为支撑物，制作底部为弧形的不规则器皿。

图 6-70　将打平的泥片置于木盘上

图 6-71　在预先切割好的泥片上抹泥浆

图 6-72　泥片拼接

图 6-73　抹光滑

图 6-74　将擀好的泥片置于石膏体表面上

图 6-75　切割泥片

图 6-76　烘干泥片

图 6-77　将坯体正过来进行造型塑造

6.5　陶瓷花器的装饰手法

陶瓷花器的造型与装饰是一个统一的整体，许多花器造型本身就十分具有装饰性，陶瓷手工花器也不例外。陶瓷手工花器要在满足实用性的前提下通过造型来达到装饰的效果，通过造型将空间立体主义表现到极致。陶瓷花器表面除了纯白色的设计外，还有其他装饰手法。

6.5.1 肌理的应用

肌理装饰是人为或利用泥釉料在陶瓷花器表面呈现的一种装饰，一般包括视觉肌理和触觉肌理，视觉肌理一般是通过颜色釉给人以直观的感受，而触觉肌理则是指用手触摸可以感觉到的有凹凸感的纹理。

可以利用拍印、刻划、按压、挤压、切削、雕刻、粘贴等方式在泥片上进行肌理创作，也可以用手将泥料搓、捏、揉，使泥料形成点、线、面等不同元素，粘贴在坯体表面，按压形成肌理。

选择各种不同材料在湿坯上印压，可产生与材料形状相似的肌理。在创作前，可收集一些自然材料、废弃物来制作肌理，如石头、青砖、破石膏、布条、木棍、树皮等，将使泥片呈现一种自然的原始视觉效果，如图 6-78～图 6-85 所示。作品通过拉坯成型或泥片成型，在花器的表面形成有规律的纹理，表面凹凸不平的肌理搭配合适的釉色，形成强烈的视觉效果与触觉感。

图 6-78　肌理棒滚压肌理

图 6-79　花纹模具印压肌理

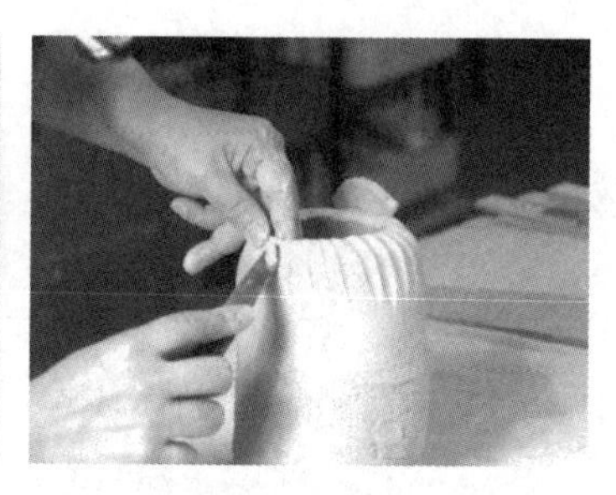

图 6-80　刮刀刮刻纹理

图 6-81　树叶印压肌理

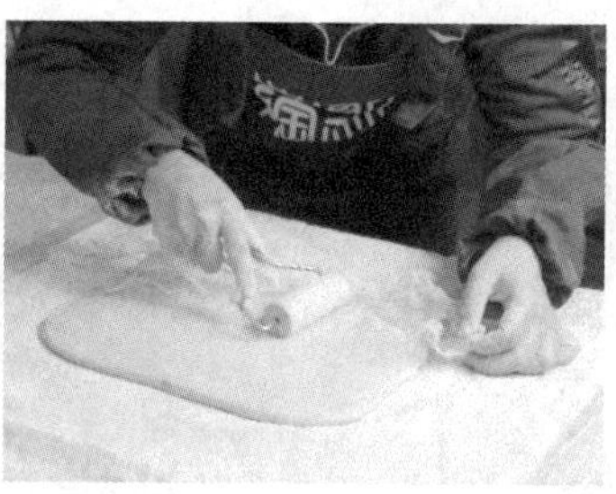

图 6-82　网布印压肌理

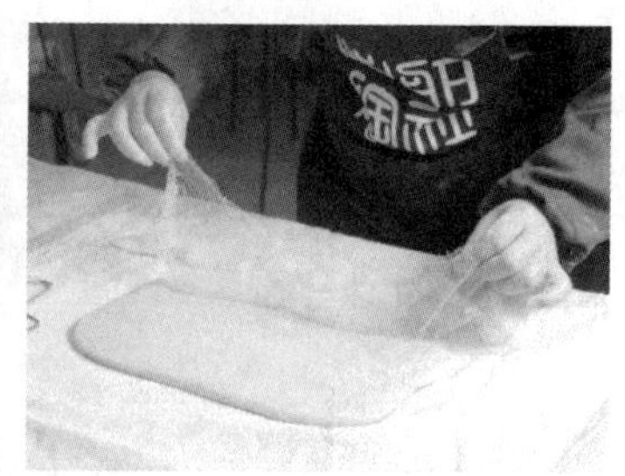

图 6-83　将网布轻轻揭开露出纹理

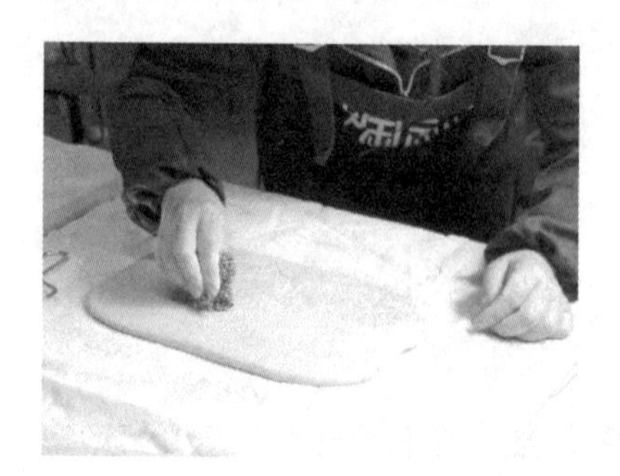

图 6-84　钢丝网印压肌理

图 6-85　蕾丝印压肌理

6.5.2　化妆土剔花装饰

化妆土剔花装饰以宋代磁州窑系制品为代表。它是先用刷子在素胎上涂上一层不同色的化妆土，再在稍干的化妆土上剔刻纹样，露出底色的胎土，最后挂透明釉烧成的装饰手法，如图6-86、图6-87所示。化妆土剔花装饰的花纹凸起，具有浅浮雕装饰的效果，对比强烈，艺术效果鲜明。

图6-86　用钢刷刷出肌理

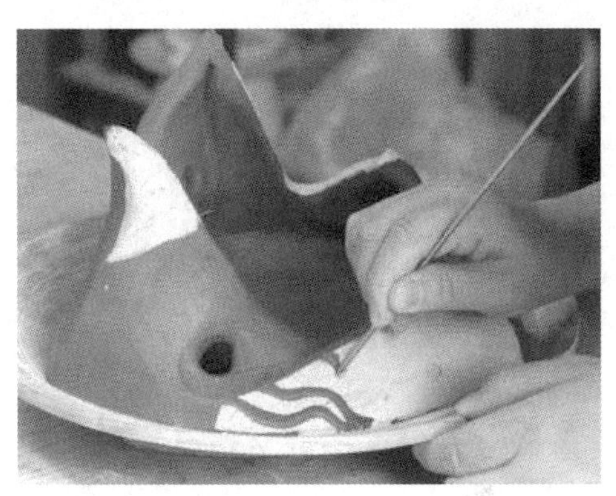

图6-87　用刻刀刻出纹样

6.5.3　贴花装饰

1．手工捏花

捏花装饰也称堆塑、捏塑，该装饰手法使花器更具有立体效果。传统的手工捏花装饰多采用写实的表现手法，塑造形态细腻、生动的自然元素。图6-88所示为传统手捏瓷花。

图6-88　传统手捏瓷花

现代花器的捏花装饰可以是传统写实造型，亦可以是抽象元素的捏塑粘贴，让花器更有立体感、层次感。捏塑制作时必须注意把握泥的湿度、粘接时泥料的支撑性。图6-89～图6-92所示为其制作过程。

图 6-89　将小块瓷泥在手中捏成瓣状

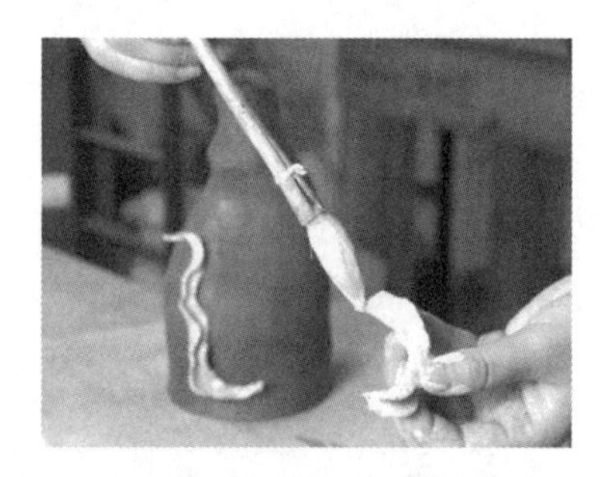

图 6-90　在粘接处抹上泥浆

图 6-91　将捏好的造型粘在器皿上

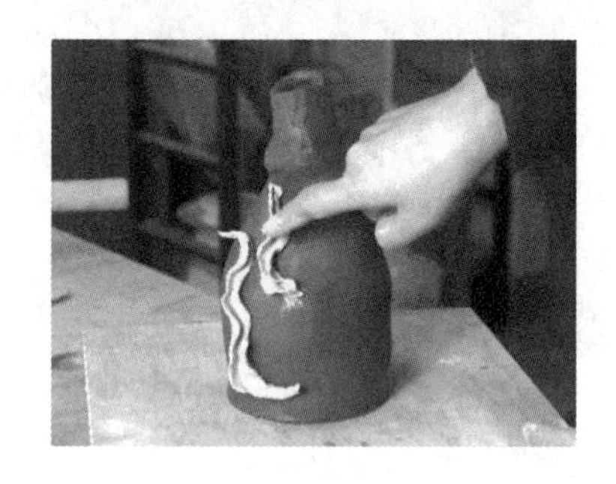

图 6-92　成型

2. 模印贴花

用模子先印好浮雕状纹饰，贴在未干的花器坯胎上，阴干素烧，罩上透明釉烧成。此装饰手法纹饰突出，层次分明，体量感强，因采用模子印压，所以可批量制作纹饰，提高制作效率。其制作过程如图 6-93～图 6-96 所示。

图 6-93　用模具在擀好的泥片上按压

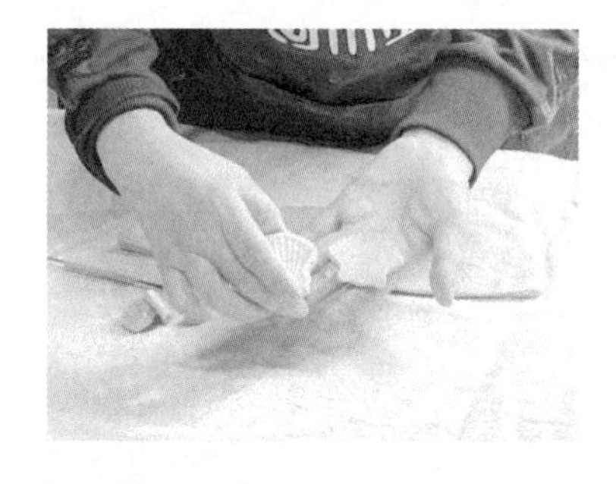

图 6-94　将按压好的泥片保湿保存

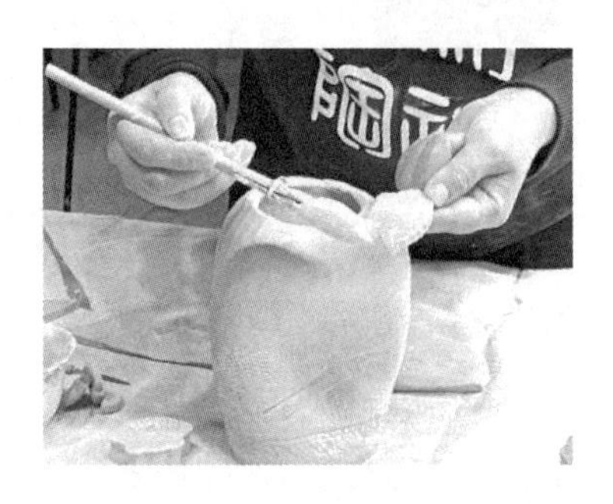

图 6-95　在粘接处抹上泥浆

图 6-96　成型

6.5.4　雕刻的应用

1. 刻花

刻花装饰早在宋代就已经被应用于景德镇窑和龙泉窑生产的青瓷上，该手法是指在素坯上雕刻纹饰，罩上透明青釉，烧成后，刻划的纹饰被釉料填充，积留在纹饰里的釉料显现出花纹。图 6-97 所示为龙泉青瓷。刻花装饰有多种刻法，如半刀泥和挖地皮。现代陶艺延续传统刻花技法的同时，融合了当代艺术思潮，将传统与现代相结合。图 6-98 所示为解晓明的青瓷作品。

图 6-97　龙泉青瓷

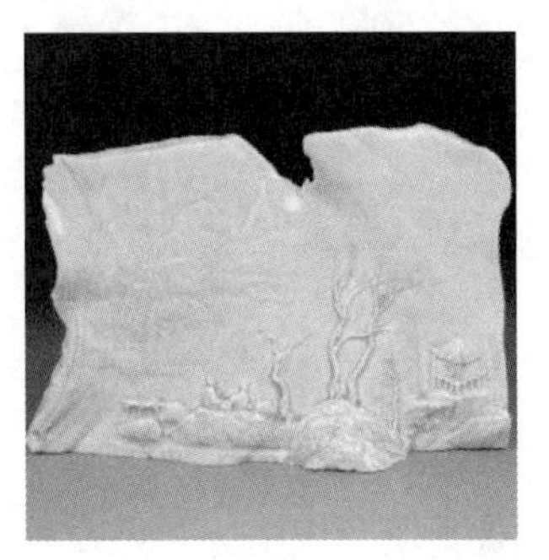

图 6-98　解晓明的青瓷作品

2. 镂空

镂空装饰就是用钻孔器及刻刀将未干的陶瓷坯体刻透、挖空，如图 6-99 所示，再上釉烧成。该装饰手法给人一种通透、虚实感。在坯体上雕刻穿透，装饰纹样不宜过大，纹饰之间要考虑相互支撑的结构强度，雕刻时把握好坯体的干湿度，以免变形坍塌。图 6-100 所示为古代灯器。

图 6-99　用钻孔器在坯体上钻孔

图 6-100　古代灯器

6.5.5　施釉

常用的施釉方法有四种：浸釉（见图 6-101）、蘸釉、刷釉和喷釉。在施釉的过程中也可以借助一些特殊的材料，蜡、乳胶都可以作为很好的辅助材料。当代陶瓷花器的手工制作性，也为釉色的多样性提供了无限的可能，极大地拓宽了其表现形式，呈现出更加多样的艺术魅力。而这种艺术魅力并不是杂乱无章的，最终都统一于当下自然审美情感的法则之中。

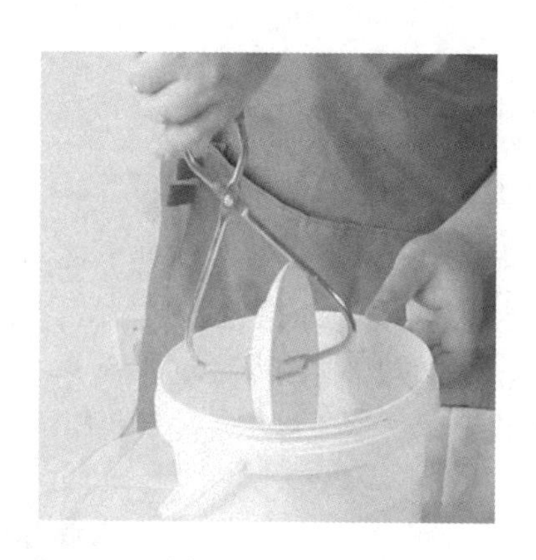

图 6-101　浸釉

6.5.6　釉下彩

釉下彩主要采用一些高温成色的金属氧化物作为色料，在未成瓷的坯胎上绘制纹饰，罩上透明釉后经高温烧成。釉下彩有景德镇的青花釉里红、醴陵的釉下五彩等。

1．青花

青花料在未烧成前呈烟灰色或褐色，含有锰、氧化钴和氧化铁等成分，高温烧成后呈现蓝色，可对青花料水进行分水，与中国画的墨分五色一样，靠单色的明暗层次达到装饰的效果。

图 6-102 所示为准备材料，如勾线笔、鸡头笔和坯体等。

图 6-103 所示为调制浓淡不一的青花料水。

图 6-102　准备材料

图 6-103　调制浓淡不一的青花料水

图 6-104 所示为给坯体补水。

图 6-105 所示为用铅笔在坯体上勾画图形。

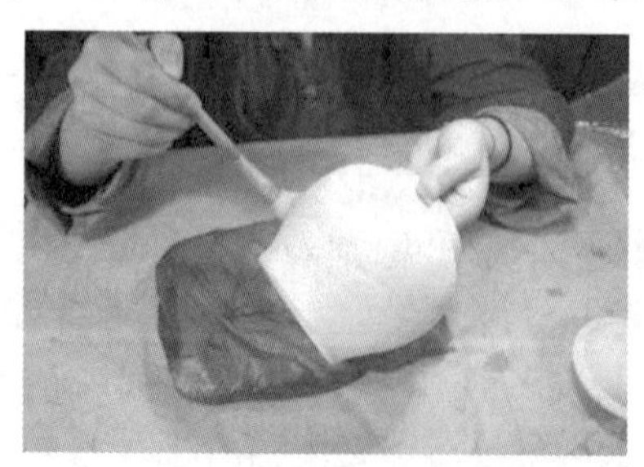

图 6-104　给坯体补水

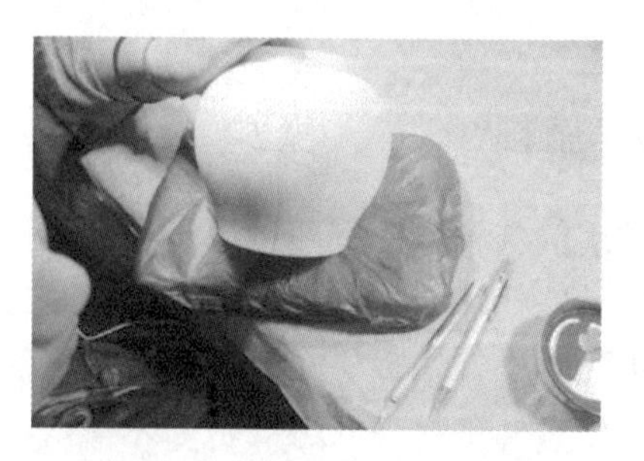

图 6-105　用铅笔在坯体上勾画图形

图 6-106 所示为用勾线笔蘸深色料水勾线。

图 6-107 所示为用鸡头笔蘸较淡料水填色。

图 6-106　用勾线笔蘸深色料水勾线

图 6-107　用鸡头笔蘸较淡料水填色

图 6-108 所示为晕染出浓淡层次。

图 6-109 所示为绘制完成后，罩以透明釉并烧制。

图 6-108　晕染出浓淡层次

图 6-109　罩以透明釉并烧制

2．青花瓷器欣赏

图 6-110 所示为明正统青花松竹梅纹罐，图 6-111 所示为清康熙青花山水人物纹盖罐。

图 6-110　明正统青花松竹梅纹罐

图 6-111　清康熙青花山水人物纹盖罐

6.5.7　釉上彩

釉上彩采用低温成色的金属氧化物作为色料，在成瓷或陶上绘制纹饰，经低温烧制完成，烧成温度在 800℃左右。釉上彩有粉彩、古彩、红绿彩、新彩等。

釉上新彩的工艺过程如下。

① 准备材料和成瓷坯，如图 6-112 所示。

② 将乳香油慢慢加入抹匀的新彩粉料中，控制好干湿度，如图 6-113 所示。

③ 用刮刀将调制好的颜料搓均匀后刮入瓷盒中储存，如图 6-114 所示。

④ 用毛笔蘸新彩料在成瓷坯上绘画，如图 6-115 所示。

⑤ 用海绵蘸新彩料在成瓷坯上拍打均匀，染色，如图 6-116 所示。

⑥ 绘制完成后，800℃烧制，如图 6-117 所示。

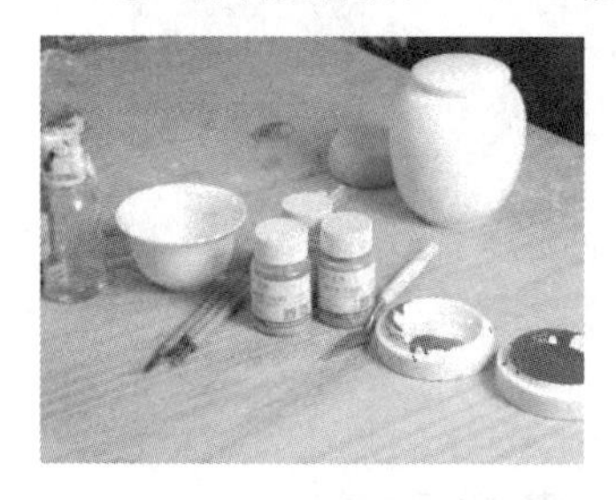

图 6-112　准备材料和成瓷坯

图 6-113　将乳香油慢慢加入抹匀的新彩粉料中

图 6-114　将调制好的颜料刮入瓷盒

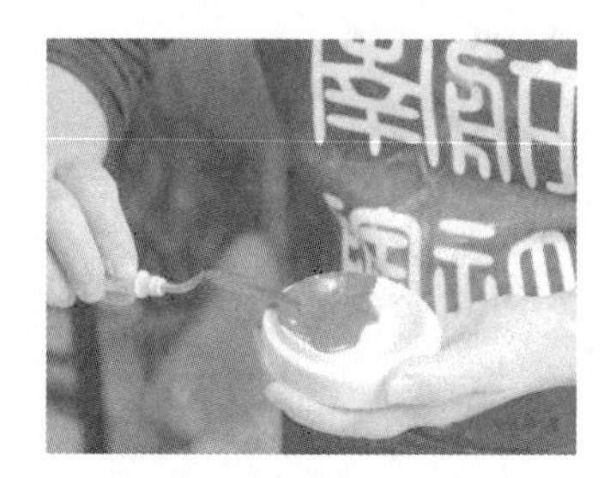

图 6-115　用毛笔蘸新彩料在成瓷坯上绘画

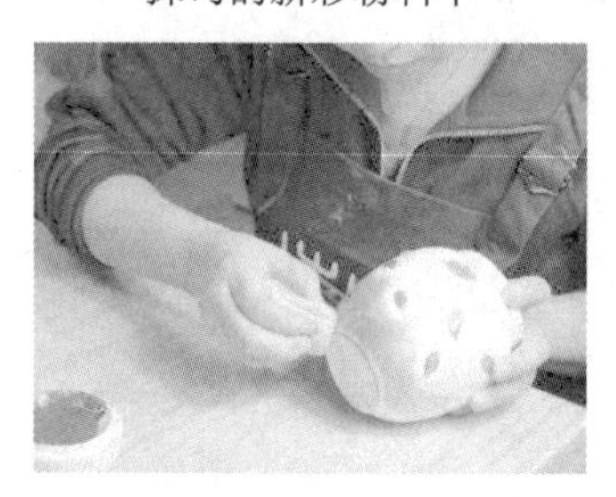

图 6-116　用海绵蘸新彩料在成瓷坯上拍打均匀，染色

图 6-117　绘制完成后，800℃烧制

新彩作品赏析：如图 6-118、图 6-119 所示均为新彩瓷盘。

图 6-118　新彩瓷盘（1）

图 6-119　新彩瓷盘（2）

6.6　陶瓷 3D 打印技术在花器制作上的应用

随着 3D 打印技术的发展，各国都在陶瓷设计与制作中引入了 3D 打印技术。陶瓷 3D 打

印技术是3D打印技术的一种，以陶土或瓷土为原材料，扩大了3D打印的材料范围，突破了传统陶瓷花器手工制作的方法。采用陶瓷3D打印技术成型的花器，造型复杂多变，具有机械美、秩序美，富有创新、个性、前卫的花器造型更快、更易出品。

陶瓷3D打印技术属于增材制造技术，其基于“分层—叠加”的原理，首先用三维软件制作三维模型，Rhino和Maya是较为常用的软件；然后将建成的模型输入Repetie-Host软件中进行切片处理，切片后的模型由层层截面组成；最后打印机通过读取计算机中的三维信息，将提前加工好的陶瓷泥料注入针管容器并将这些截面逐层打印出来，每个截面按图有序堆积，形成立体造型，如图6-120所示。用来打印的泥料水分要控制好，否则打印过程中容易出现坯体变形和坍塌现象，特别是大型器物更容易在打印过程中出现损坏。因此在打印过程中，为了让坯体快点干燥，可放置小风扇使先打印出来的坯体快速变干，以便有一定的支撑力，从而使后面打印出的坯体不变形。

陶瓷3D打印虽然可制作较为复杂的造型，但也有不足之处。陶瓷3D打印技术能打印出利用计算机绘制的以几何元素为主的花器造型，造型复杂、新颖，传统手工难以完成，并可以反复、批量化生产。但是陶瓷3D打印花器缺少手工的古朴、灵动之气，并且成本较高。所以，要充分掌握陶瓷3D打印花器需要的特殊材料、工艺，综合发挥手工成型和3D打印的优点，扬长避短。图6-121所示为Emre Can的陶瓷3D打印作品，图6-122所示为奥利弗·万·和普特的作品。

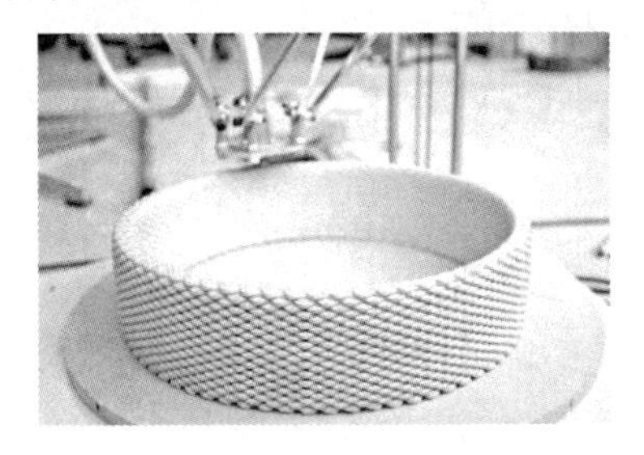

图6-120 陶瓷3D打印过程

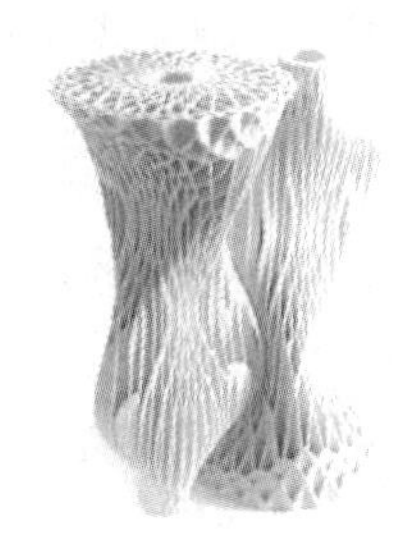

图6-121 Emre Can的陶瓷3D打印作品

图6-122 奥利弗·万·和普特的作品

参考文献

[1] 季林红，阎绍泽. 机械设计综合实践[M]. 北京：清华大学出版社，2011.

[2] 郭仁生. 机械设计基础[M]. 3 版. 北京：清华大学出版社，2011.

[3] 景维华，曹双. 机器人创新设计——基于慧鱼创意组合模型的机器人制作[M]. 北京：清华大学出版社，2014.

[4] 全权. 多旋翼飞行器设计与控制[M]. 杜光勋，等译. 北京：电子工业出版社，2018.

[5] 冯新宇，范红刚，辛亮. 四旋翼无人飞行器设计[M]. 北京：清华大学出版社，2017.

[6] 刘志东. 特种加工（第 2 版）[M]. 北京：北京大学出版社，2017.

[7] 杨永强，王迪，宋长辉，等. 金属 3D 打印技术[M]. 武汉：华中科技大学出版社，2020.

[8] 王广春. 增材制造技术及应用实例[M]. 北京：机械工业出版社，2014.

[9] 李彦生，尚奕彤，袁艳萍，等. 3D 打印技术中的数据文件格式[J]. 北京工业大学学报，2016（7）：1010-1015.

[10] 许飞，黄筱调，袁鸿，等. STL 文件参数对熔融沉积成型过程的影响研究[J]. 现代制造工程，2018（6）：58-62.

[11] 张海鸥，黄丞，李润声，等. 高端金属零件微铸锻铣复合超短流程绿色制造方法及其能耗分析[J]. 中国机械工程，2018（21）：2553-2558.

[12] 陈怡，贾平，袁培培，等. 航天领域增材制造技术由地面制造向太空制造拓展[J]. 智能制造，2019（6）：13-17.

[13] 李鹏，焦飞飞，刘郢，等. 金属超声波增材制造技术的发展[J]. 航空制造技术，2016（12）：49-53.

[14] 成思源，等. 逆向工程技术[M]. 北京：机械工业出版社，2017.

[15] 王霄. 逆向工程技术及其应用[M]. 北京：化学工业出版社，2004.

[16] 金涛，童水光，等. 逆向工程技术[M]. 北京：机械工业出版社，2003.

[17] 辛志杰. 逆向设计与 3D 打印实用技术[M]. 北京：化学工业出版社，2016.

[18] 袁锋. UG 逆向工程范例教程[M]. 北京：机械工业出版社，2006.

[19] 潘海文，韩亚东. 光固化成形工艺的发展及应用[J]. 苏州市职业大学学报，2018，19（1）：32-34，80.

[20] 陈雪芳，孙春华. 逆向工程与快速成型技术应用[M]. 北京：机械工业出版社，2015.

[21] 刘伟军，等. 快速成型技术及应用[M]. 北京：机械工业出版社，2005.

[22] 李玉青. 特种加工技术[M]. 北京：机械工业出版社，2014.

[23] 洪军，武殿梁，卢秉恒. 光固化快速成形中待支撑区域识别技术研究[J]. 中国机械工程，2000，11（0z1）：28-30.

[24] 陈绍兴，袁军平，梁谦裕，等. 浇注系统对首饰铸造质量的影响[J]. 铸造技术，2013，034（005）：655-657.